# 中国网络视频史

陆地 靳戈/著

ONLINE
VIDEO

中国广播影视出版社

# 自　序

踏上北京地铁，十有七八的乘客在用手机看视频。如果哪一天忘记带手机，或是前一天晚上忘记下载路上要看的视频，那一定是一场无聊透顶的旅途。

网络视频在国内出现不足十五年，即使算上它的雏形（如电视台网站），这段历史也才刚刚够二十年。但就是这短短的时间，网络视频已经成为都市生活不可缺少的内容、传媒产业重要的组成部分和互联网商业的流量来源。它何以"少年得志"？不仅是作为竞争对手的电视台好奇，就连网络视频从业者自己也好奇。关于它成长的记载散布于各类网站、报道和研究报告中，官方广播电视年鉴也没有详细的记录。加上互联网从业者流动非常频繁，客观上不利于行业历史资料的积累。因而，了解网络视频行业全貌面临资料少、碎的困难。

但是，当下传媒研究绕不开网络视频，它处于媒体融合的交界地带，是互联网与传统媒体的接触面之一。近年来各类学术刊物上也出现了一些研究网络视频的文章，网络视频的发展现状、发展策略等频频成为学术论坛的重要议题。一项研究领域成型的标志是理论、历史和实务三者皆备。目前关于网络视频的研究，尚停留在实务的阶段。关注网络视频生产过程、传播方式、营销策略和盈利模式的研究文章不少，但由于缺少理论和历史的根基，总显得隔靴搔痒、流于表面。要么是空话、大话连篇，看起来都对、想起来都不对；要么作者在某一篇文章里信誓旦旦提出若干种策略，但很快在另一篇文章中又改变主意拿出新方案。惭愧的是，这种文章笔者也写过。因此才决心痛定思痛，尝试从理论或者历史着手，对网络视频进行一番系统研究。

在笔者看来，理论绝不是空中楼阁，要么是遵循演绎逻辑根据其他理论推导而来，要么是按照归纳逻辑由历史的经验提炼而出。网络视频研究可借鉴的现有理论非常少，自然也谈不上逻辑推导。因此，只能先从历史的经验和研究着手。

严格地说，网络视频史研究属于媒介史研究的子领域。目前，报刊史、图书史、广播史、电视史、互联网史等领域已经有比较多的著作面世，网络视频史的研究尚属空白。个中原因，也许是因为网络视频处于电视与互联网的交叉领域，需要复杂的知识结构应对两方面的史料；也许是因为网络视频始终没有获得官方的认可，就连行业年鉴也提之甚少，收集足够的史料困难较多。当然，也可能是网络视频的历史不长，一切尚处于当下，即所谓当代不修史，活人不立传。

其实，研究当下既是一种挑战，也是新闻传播学的魅力。历史奔流如江海，谁又能预言哪些信息会沉淀，哪些信息会被抛弃？如果将来发现当时的抛弃和忽视是天大的错误，追悔莫及又有何用？与其将来后悔，不如现在动手记录和研究当下。因此，笔者选择目前还是新闻传播学研究空白的中国网络视频发展史作为研究对象，力图把"流动"的信息用学术研究的方式固定在字里行间，以便为后人研究留下一点基础性的资料。

北京大学视听传播研究中心的研究团队收集整理了现有的文件资料，访谈了部分网络视频从业者和网络视频行政主管部门工作人员，用一手资料补充了一些残缺的记载，采用交叉印证的方法纠正了一些习以为常的谬误记载，基本理清了1996年至2016年中国网络视频产业发展的线索。关于1996年之前的网络视频"史前史"部分，研究团队也收集了一些资料，因为尚嫌零碎，暂未纳入书中。

此书虽为国内第一本中国网络视频发展史研究专著，且我们也确实为此书面世熬过了无数的不眠之夜，但我们的自我定位也就是抛砖引玉。希望此书能够帮助辛苦而伟大的中国网络视频从业者们理清所走过的路径和得失，为中国网络视频产业的发展和研究略尽点滴心力。

是为序。

陆地　靳戈

2017 年 6 月 10 日

# 目录

### 第一章　雏形：2006年之前 / 1

一、网络视频的技术基础 / 1
二、中国互联网早期情况 / 9
三、视频网站的初级形态 / 17

### 第二章　萌发：2006年至2008年 / 26

一、出现探路者 / 27
二、探索经营模式 / 37
三、两种发展思路的分歧 / 40
四、尚不成熟的产业生态 / 42

### 第三章　竞争：2009年至2013年 / 47

一、"国家队"来了 / 47
二、资本市场的青睐 / 58
三、版权争夺战 / 64

### 第四章　进化：2014年至2015年 / 96

一、从购买到自制 / 99

二、从 UGC 到 PGC/ 108
三、从互联网到移动互联网 / 111
四、从免费到付费 / 122
五、网络视频超越电视？/ 128

**第五章　未来：2016 年及以后** / 137

一、2016 年的遗产与遗憾 / 137
二、中国网络视频的未来 / 144

**附　录　学术团队关于网络视频的研究论文** / 152

**后记** / 269

# 第一章 雏形：2006年之前

## 一、网络视频的技术基础

### （一）多媒体技术：从数字到声画

说起互联网的功能，但凡有些互联网使用经验的人大概都会说互联网的主要功能是数据传输。的确，互联网极大地提高了信息传播的效率。书信、电话等传统沟通方式遇上了互联网，在速度上相形见绌是毫无疑问的。在20世纪60年代，加拿大一位语言学教授麦克卢汉通过考察人类使用媒介的历史，提出了"地球村"的预言：电子信息瞬息万里，使全球生活同步化，全球经济趋同、整合，游戏规则走向同一，网络生活同一，时空差别不复存在，昔日遥不可及的海角天涯刹那可达——谁不说这就是弹丸之地？①

然而，麦氏所处的传媒生态，仍属于今人所说的"传统媒体"时代，信息传输的速度虽已超越了第一次工业革命，但还不足以支撑麦氏的判断。那个时代传媒生态并不足以支撑麦氏的判断。人们很长时间一直对麦氏这一论断半信半疑，直到互联网带来的信息传输速度革命，为这一预言提供了实现的条件。借助即时通讯软件，"望穿秋水"等待远方来信的场景只存在于诗歌的意象中；电子商务的普及，加快了商品的跨地域甚至跨国流动，在网站上轻轻一点，远方的商品就会很快寄到用户的面前——这已经越来越接近于村口小卖部的体验。

然而，如果把视线放得更远一些，超越互联网商业化的历史，触及互联网的起源，就会发现互联网最初的设计动力并非为了加快信息传输速度，而

---

① 马歇尔·麦克卢汉著，何道宽译：《理解媒介：论人的延伸》，译林出版社2011年版，第11页。

是对超级<sup>①</sup>计算能力的追求。全球公认美国国防部组建的阿帕网<sup>②</sup>（Advanced Research Projects Agency Network，ARPANET）是现代互联网的雏形，而阿帕网实际上是一个提升军方武器设计效率的高性能计算平台。后来，阿帕网的开发者将这一平台向高校和科研单位开放，并最终向企业敞开大门，使商业力量进入互联网领域，互联网"逃离"了单一色调的计算功能，"下凡"到纷繁多彩的世俗世界。

互联网为追求超级计算能力而生，但它借助商业的力量，成为全球通用又惠及全球的信息传播技术。计算与商业的结合，是互联网时代大部分应用形态的中心模式。这对于深入理解之后一系列的互联网服务，如即时通讯、电子商务、网络视频，至关重要。

互联网在商业化伊始即被用于信息的传输。计算机在诞生的早期时候，只能处理由0和1组成的二进制机器语言。在20世纪50年代末60年代初，美国——计算机技术的起源地——制定了二进制数码与英语字母表对应转换的ASCII码<sup>③</sup>系统。在ASCII码中，用7位或8位二进制数的组合来表示英语中的字符（含有标点符号和特殊符号），并使用不同的数字组合区分大小写。诞生于1968年的阿帕网，自然直接使用上了ASCII码，可以直接传输英语文本。后来，计算机之所以能够传输包括汉字在内的多种语言，也是通过ASCII码与0和1的机器语言进行转换的。

在20世纪90年代之前，大部分的计算机还不能显示彩色的图片，无法播放复杂的声音，更不用说连续的动态影像。受制于计算机的处理能力，互联网只能传输文本信息。这是因为彩色图片、复杂声音和动态图像在由计算机处理的过程中必须通过数码来表达，但相对于纯粹的文本，彩色图片、复

---

① "超级"并非严肃的学术表达，但的确是计算机领域的常用词汇，如超级计算机、超级互联网等。笔者在此想避开这一词汇，但思量再三，没有找到更合适的替代。

② 阿帕网：阿帕网（Advanced Research Projects Agency Network，ARPANET），美国国防部高级研究计划局组建的计算机网，又称ARPA网。现在的Internet是在APRA的基础上才建立起来的。阿帕网于1968年开始组建，1969年第一期工程投入使用。开始时只有4个节点。

③ ASCII（American Standard Code for Information Interchange，美国标准信息交换代码）是基于拉丁字母的一套电脑编码系统，主要用于显示现代英语和其他西欧语言。

杂声音和动态图像要使用更多的数码——这需要更大存储空间和更强计算能力的支撑。然而，当时大部分家用计算机的处理能力和互联网的传输带宽都达不到这一要求。

20世纪90年代初，随着计算机性能的不断提升，家用计算机也可以生成彩色图片、复杂声音和动态图像。但此时距离计算机播放视频还差着一步——多媒体。多媒体不是一项单一的技术，而是一系列涉及图形和声音的技术与协议的集合，比如视频格式标准和数据压缩技术。没有声音的配合，动态图像不能称之为视频。没有配套的压缩技术，直接从自然界采样的图片文件和声音文件存在较大的冗余信息，体积比较大，传输效率较低，不利于在民用领域的推广。

有人会问，计算机的显示器看起来和电视机差不多，为什么计算机多媒体技术会比电视机"彩色"技术出现得晚许多？需要指出的是，计算机作为一种集信号制作、传输和接收于一体的设备，与电视机这种单纯的信号接收设备在技术方案上差异很大。电视机不需要考虑编码和发射的问题，只是作为一个信息的接收终端。计算机作为一个综合体，既要解决编码问题，又要兼顾传输和接收的需要，这就要求计算机必须有强大的多任务处理能力，还要把不同编码格式的文件（如文字、图像和声音）按照统一的格式进行处理。更重要的是，人与电视机的互动形式非常有限，屈指可数；而计算机与人的互动形式极其丰富，有无限种可能。因此，在计算机上实现多媒体功能，在20世纪90年代之前一直未能有突破。

有需求就有研发的动力。一系列的视频协议、音频协议和压缩协议在20世纪90年代被提出，声画协同技术和文件压缩技术得以低成本地实现，并在民用领域快速普及。家用计算机也能进行音视频采集和输出工作。计算机由此进入多媒体时代。

多媒体技术是计算机实现娱乐功能的基础性条件。在多媒体技术出现之前，缺少能够把图像和声音进行统一编码的技术和标准。多媒体技术使文字、声音、图像可以同时糅合在一种文件格式下，三者通过一定的逻辑组合，转变成具有意义的动态图像——这就是视频的雏形。多媒体技术极大地拓展了计算机所能处理的文件类型，使计算机与人的交互方式在文字、图像、声音之外又增加了视频。这一新形式远比文字更具体、比声音和图像更生动，更"贴合"人的自然交互习惯。

视频的出现，使计算机与人的交互更加友善，用户可以用更加"自然"的方式向计算机发布命令和接收计算机的反馈。但是，直到20世纪末人们仍无法在互联网上流畅地点播视频。因为，多媒体技术仅解决了将声音和图像"生成"视频这一问题。如何将视频搬到互联网上并提供流畅的观看体验，还需要合适的传输技术。这是下一节的主题。

（二）流媒体技术：从等待到即时

读罢上一节，读者可能会问，计算机不是已经可以制作视频、实现了多媒体功能吗？借助当时的互联网技术将视频传输到世界各地，不就是如今的网络视频吗？

实现在线观看视频的功能并非像想象中的那样简单——仅仅是把视频上传到互联网上。若是这般，网络视频就与"视频下载"没有区别。在20世纪90年代末和21世纪初，国内许多地区尚未普及宽带互联网，一些用户仍然在使用带宽峰值只有56k的电话拨号方式上网。在这种硬件条件下，即使使用多线程[①]下载软件（如网络蚂蚁、网际快车等），下载一部电影仍需要数十个小时甚至几天的时间。

21世纪初，ADSL[②]开始在全国普及，居民上网速度有了明显提升。由于不同环境下ADSL的传输差异较大，因此很难说ADSL比普通的电话拨号具体能快多少，但可以确定的是ADSL的传输速度已经和电话拨号上网不在

---

① 多线程下载：线程可以理解为下载的通道，一个线程就是一个文件的下载通道，多线程也就是同时开启好几个下载通道。当服务器提供下载服务时，使用下载者是共享带宽的，在优先级相同的情况下，总服务器会对总下载线程进行平均分配。线程越多，下载就越快。

② ADSL技术采用频分复用技术把普通的电话线分成了电话、上行和下行三个相对独立的信道，从而避免了相互之间的干扰。用户可以边打电话边上网，不用担心上网速率和通话质量下降的情况。理论上，ADSL可在5 km的范围内，在一对铜缆双绞线上提供最高1 Mbps的上行速率和最高8Mbps的下行速率，能同时提供话音和数据业务。

一个数量级。然而，即使 ADSL 和更快的光纤宽带①普及之后，下载一部电影的时间也至少要以分钟计算。不过，本书这里要讨论的视频下载，重点并不是它的下载时间，而是这种模式与用户的互动机制——用户下载视频必须要付出时间成本（下载时间）和空间成本（磁盘空间）。这些成本，尤其是时间成本，使用户与视频之间的互动并不是直接的——就像你去百货商场买了一件东西，却被告知只能带回家后才能拆开包装看。不妨把网络视频看作是淋浴，把视频下载看作是浴缸——相比较来说，淋浴比浴缸省空间，也省去了预先灌满水的时间。

网络视频作为一种新型互联网应用，其革命性的意义在于能够提供实时的观看体验，不需要用户提前支付时间成本，对空间成本的占用也比较少。达到这种实时观看体验的基本思路是内容随下（载）随播（放）、随播（放）随删（除）。从内容与介质（计算机硬盘）的物理关系上看，它是一种临时的存在——所占用的时间与空间都是转瞬即逝的；从这种关系的社会属性上看，它又是永久的——用户可以通过任何一台接入互联网的设备观看网络视频。临时存在，却时刻触手可及；触手可及，却不属于你（网民）。这种极有张力的关系，是网络视频区别于视频下载的关键特征。

实现这种具有张力的关系，需要与之配套的网络传输技术/协议的支持。这种传输技术/协议必须要实现以下功能：将完整的视频文件在发送端拆解成若干个小文件，传输端要保证这些拆解后的小文件按顺序准确无误地发送到客户端，客户端把这些破碎的小文件按时间顺序无缝播放。在这种一边拆、一边传、一边播的机制中，上文提到的临时又永久的关系就建立起来——用户可以实时在线观看网络视频。这种技术具有若干种实现路径，被统称为"流媒体"（Stream Media）技术。流媒体，恰如其名地概括了上文提到

---

① 光纤宽带：光纤宽带就是把要传送的数据由电信号转换为光信号进行通讯。在光纤的两端分别都装有"光猫"进行信号转换。光纤是宽带网络中多种传输媒介中最理想的一种，它的特点是传输容量大，传输质量好，损耗小，中继距离长等。光纤传输使用的是波分复用，即是把小区里的多个用户的数据利用 PON 技术汇接成为高速信号，然后调制到不同波长的光信号在一根光纤里传输。光纤宽带和 ADSL 接入方式的区别就是：ADSL 是电信号传播，光纤宽带是光信号传播。

的一边拆、一边传、一边播的模式——如同溪流一般,低头看到的流水是小溪的一部分,抬头看到的却是整个蜿蜒的溪流。好似永远流动,却又总是一体。由于这种多媒体文件能够在网络上像水一样不断流动,用户可以在接收新文件的同时观看已经收到的部分,而不需要等待整个文件全部下载完成。因此,流媒体传输具有"缩短等待时间、节省存储空间和能够实时播放"等特点。

最早将流媒体技术商业化的是美国 RealNetworks 公司,大名鼎鼎的流媒体播放软件 Realplayer 就是这家公司的产品。Realplayer 的技术方案即公司名——RealNetworks。之后,美国微软公司以 Windows Media 方案、苹果公司以 Quick Time 方案也加入了流媒体阵营。这是目前流媒体技术的三大主流方案。在这三大主流方案中,还可以细分为两种传输方式:顺序流(Progressive Streaming)和实时流(Real Time Streaming)。所谓顺序流,是指在传输端被拆分的若干小文件必须按照时间顺序进行传输,客户端也要按照时间顺序进行接收和播出。用户在客户端不能进行除了开始和终止以外的其他操作,只能按照线性播出顺序观看视频,与电视节目的播放方式十分类似。这种传输方式禁止来自用户的快进、快退指令,降低了信息传输的压力,适合对传输时效要求较高的网络直播。实时流默认采用的是顺序流的传输逻辑,但允许用户的前进和后退的操作。发送端在接到用户的前进或后退的指令后,会实时调取指定的内容传输到客户端。这种模式对传输带宽的要求较高,会产生一定的延迟,但允许用户快进、快退等简单命令,适合网络视频点播。

流媒体技术可以在网络带宽提升有限的情况下,通过优化传输算法,实现高码率视频的实时传送。多媒体文件这艘巨轮,借流媒体技术对内容进行打碎和重组,化整为零在互联网弯弯曲曲的小溪中畅行无阻。

(三)网络宽带技术:从小溪到江海

尽管流媒体技术可以在带宽有限的条件下提升网络视频的画质和观看流畅度,但实际上提升带宽对提升用户观看体验更加直接有效。如果把流媒体技术带来的观看效果提升比作"盖上锅盖",那么提升带宽就好比"釜底添薪"。带宽,通俗意义上讲是指网络传输信道的容量,一般以比特率(bps)作为计量单位,指的是每秒传输的数据大小。自"计算机之父"冯·诺依曼于 20 世纪 30 年代提出在计算机设计中使用二进制替代十进制以来,虽然计算机的硬件和软件更迭了多代,但如今的计算机依然是冯·诺依曼理论的产物,仍然采用二进制。二进制,是通过 0 和 1 表示信息的方法。在电路设计中,关闭可以代表 0,开启可以代表 1,因此二进制是电路设计中最容易实现的计数方法。0 和 1 通过 ASCII 码表转换为字母,进而再通过字母表达自然语言。相应地,也存在一套转换机制将 0 和 1 转化为汉字、图像、声音和视频。一般来说,记录一个汉字所需的磁盘空间要比记录一个字母大(一个英文字母占一个字节的空间,一个中文汉字占两个字节的空间),声音、图像和视频则需要更多的字节来表示。因此,互联网在传输声音、图像和视频时,要比传输单纯的文本占用更多的带宽。这也就是为什么文字传输最先在互联网上实现,而实时点播的网络视频要在互联网出现近五十年才开始普及。

相较于传输电子邮件等简单的文本或图片信息,互联网在传输视频时需要占用更多的带宽。在 2004 年,笔者第一次使用 56k 的电话拨号上网,使用多线程下载软件网络蚂蚁获取一首 MP3 格式的音乐需要近十分钟。在 2007 年,笔者第一次使用 ADSL 时,下载一首同大小的 MP3 音乐只需要不到两分钟。今天,笔者已经使用上了光纤专线,现在下载一首 MP3 音乐基本可以瞬时完成。足够的网络带宽能够明显提升数据传输的速度,接收数据的体验也会更好。而且,数据量越大,带宽增加带来的体验提升就越明显。

任何一门产业的发展都需要基础设施的配套支持,网络视频也是一样——网络带宽就是重要的基础条件。根据中国互联网络信息中心(CNNIC)的数据,自 1997 年以来,我国国际出口带宽每年均有较大的增幅(如图 1–1 所示)。

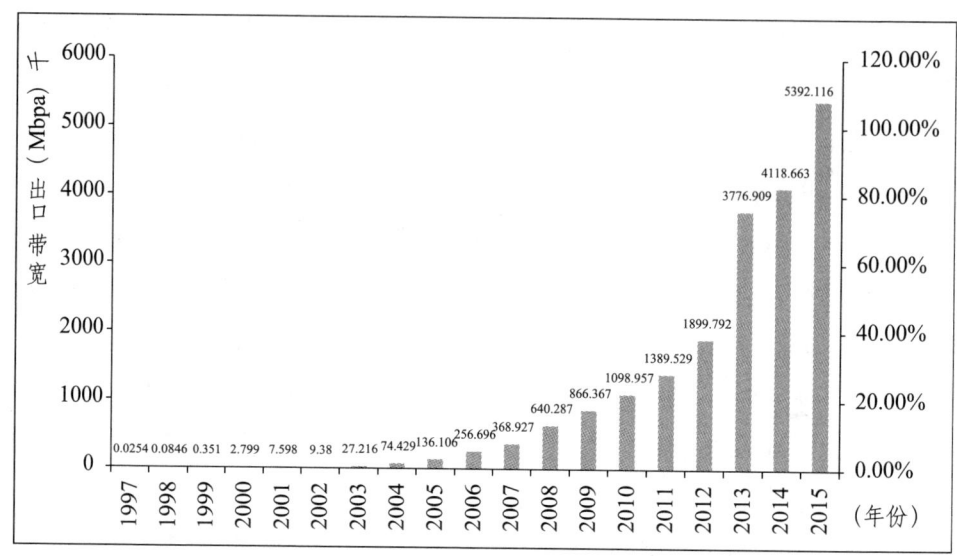

图1-1　1997年至2015年中国国际出口带宽变化情况

在2005年之前，中国政府推出了一系列加速互联网带宽提升、带动互联网产业发展的政策。在1997年的全国信息化工作会议上，互联网被列入国家信息基础设施建设目录。1998年，中国公用计算机互联网二期工程启动，将主干网带宽扩充至155兆比特每秒。2000年，北京国家级互联网交换中心开通，使中国主要互联网网间互通带宽由原来的每秒不足10兆比特提高到每秒100兆比特。2002年，作为国家"十五"规划的信息化子规划，《国民经济和社会发展第十个五年计划信息化重点专项规划》明确提出大力发展高速信息网，提高信息网络传输能力，满足社会日益增长的带宽需求，大力发展以下一代互联网为代表的高速宽带信息网。在一系列政策的支持下，中国互联网的带宽发展得到了快速提升（见图1-1），虽然与发达国家相比仍有差距，但进步依然可观。

本节分析了网络视频传输的三大基础性技术：多媒体、流媒体和宽带。这是网络视频得以出现的基本技术条件。下一章节将分析网络视频在中国诞生的社会性条件，其中最主要的因素是互联网在全社会的普及——尤其是在人们意识中的启蒙。

## 二、中国互联网早期情况

互联网在中国的发展道路与美国很相似——首先服务于科研领域，之后向商用领域开放，最终实现全面普及。20世纪80年代，中国科学院高能物理研究所参与了欧洲核子中心高能电子对撞机计划国际合作项目，该研究所的工作人员于1986年8月25日从北京通过国际互联网向瑞士日内瓦欧洲核子中心的科学家斯坦伯格发了一封"跨越长城，走向世界"[①]的电子邮件。这是中国互联网史上第一封发自我国境内的国际电子邮件。

从1989年开始，国家着手建设四张重点骨干互联网，包括中关村教育与科研示范网络（中国科技网的前身）、中国公用计算机互联网（China Net）、中国教育和科研计算机网（CERNET）、中国金桥信息网（China GBN）。其中，中国科技网（CSTNET）先后经历了"中关村教育与科研示范网络"、"中国科学院院网"和"中国科技网"三个阶段，是最早与美国国家科学基金网（NSFNET）直接互联的中国骨干网，将中国互联网带入国际互联网的"大世界"。

中国公用计算机互联网是由中国邮电电信总局[②]负责建设的公共计算机互联网，承担面向全国提供普遍服务的义务。该网络与其他三个骨干网相连，与国际互联网相连，主要向国内民用市场提供互联网服务。

中国教育和科研计算机网是由国家投资建设、教育部负责管理，华北、西北、华南、西南、华东北、华东南、华中、东北八个地区科研实力较强的高等学校[③]承担建设和管理运行的全国性学术计算机互联网络。该网络分四级管理，分别是全国网络中心、地区网络中心和地区主结点、省教育科研网、大学校园网。全国网络中心设在清华大学，负责全国主干网运行管理，且设有专门的国际出口。

---

① 原文为："Across the Great Wall we can reach every corner in the world"。
② 中国邮电电信总局前身是1994年从国家邮电部分离出来的企业局——"电信总局"，后以"中国邮电电信总局"的名义进行企业法人登记。
③ 八所院校分别为：清华大学、西安交通大学、华南理工大学、电子科技大学、东南大学、上海交通大学、华中科技大学、东北大学。

中国金桥信息网又名国家公用经济信息通信网，是国民经济信息化的基础设施，是"金桥工程"的业务网，支持金关、金税、金卡等"金"字头工程的应用。其中，"金桥工程"是一个连接国务院、各部委的专用网，与各省市、大中型企业以及国家重点工程相连的国家公用经济信息通信网，可传输文本、语音、图像等数据，为各类信息的流通提供物理通道。"金卡工程"主要应用于电子货币领域。"金税工程"主要应用于全国税收领域。"金关工程"是国家经济贸易信息网络工程，可以用计算机对整个国家的物资市场流动实施高效管理。简单地说，中国金桥信息网是一个专用信息网，主要承载涉及国民经济发展关键数据的传输服务。

四大骨干网各有特点和专长，如中国科技网的科研数据库、中国教育网的在线教育功能、中国公用计算机互联网的开放特征和中国金桥信息网的专用属性。其中，中国公用计算机互联网是面向商用和民用的骨干网，与网络视频的关系最密切。

（一）互联网普及情况

研究互联网普及的历史，离不开基础数据的支持。目前，国内公认的权威互联网数据提供机构是中国互联网络信息中心。该中心成立于1997年，是当年全国信息化工作会议的成果之一。自1997年以来，该中心每年都会发布《中国互联网络发展调查统计报告》（1997年、1998年为一年一份，1999年之后为半年一份）。本节引用中国互联网络信息中心的数据，旨在描述1997年至2005年中国互联网的发展趋势和截至2005年的发展进度，为第二章介绍网络视频在国内的兴起提供一个行业环境描述。

1. 网民规模与结构

根据中国互联网络信息中心的报告，截止到2005年12月31日，中国网民达1.11亿人。其中通过专线上网的人数约2910万人，拨号上网的人数约为5100万人，宽带上网约6430万人（有网民通过多种方式上网）。[①] 北京、上

---

[①]《第十七次中国互联网络发展状况调查统计报告》，http://www.cnnic.net.cn/hlwfzyj/hlwxzbg/200906/P020120709345358064145.pdf。

海、天津三地的网民占当地居民总数的比例超过了20%，其中北京的比例最高为28.7%。

自1997年开始，我国网民数量每年均呈现上升态势（见图1-2）。尤其是在2000年之前，甚至出现了翻倍增长。2005年，我国网民规模首次破亿。根据当时的人口统计情况，我国将近10%的人口在使用互联网。作为一个人口基数较大的国家，如此规模的网民数量和明显的年增长率，提供了较大的互联网服务市场空间。

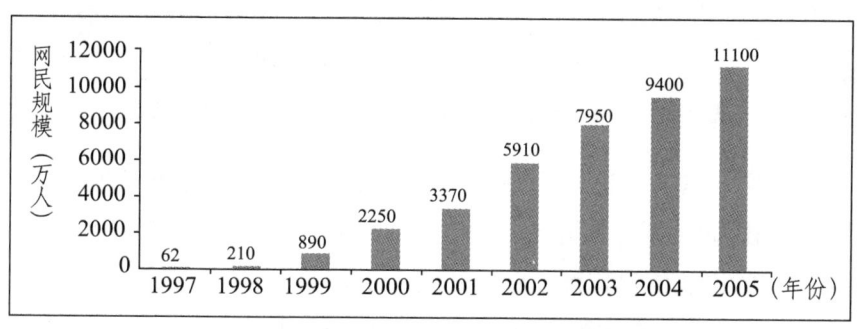

图1-2　1997年至2005年我国网民规模变化情况①

在2005年，男性网民占总网民数的58.7%，女性的数据为41.3%。② 与上年度相比，男女网民比例略有变化。男性网民比例下降（原为60.6%），相应的女性呈现上升趋势。截止到2015年12月31日，男性网民6516万人，比上年同期增加了820万人，增长率为14.4%；女性网民4584万人，比上年同期增加880万人，增长率为23.8%，明显高于男性。从普及率看，男性网民占男性总人口的9.7%，女性为7.3%。我国互联网在男性中的普及率高于女性，同世界很多发达国家的情况基本一致。但如果抛开男性网民规模与女性网民规模的整体比较，转而审视二者每年的增长情况，会发现女性网民占总网民的比例在逐年上升，而男性网民占总网民的比例却在逐年下降（见图1-3）。

---

① 数据来源：1997年至2006年《中国互联网络发展状况调查统计报告》。
② 《第十七次中国互联网络发展状况调查统计报告》：http://www.cnnic.net.cn/hlwfzyj/hlwxzbg/200906/P020120709345358064145.pdf。

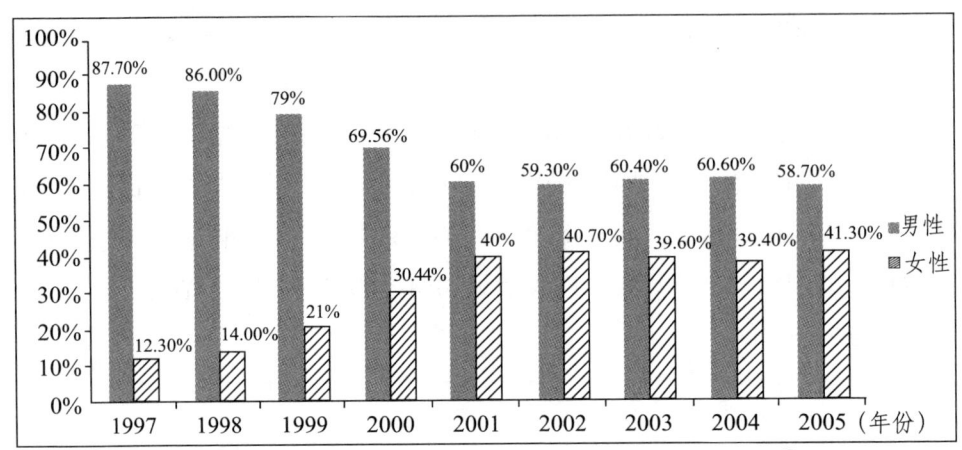

图 1-3　1997 年至 2005 年我国不同性别网民的变化情况[1]

自 1997 年以来，我国男性网民占总网民的比例总体呈现下降趋势，女性网民占总网民的比例总体呈现上升趋势（见图 1-3）。由此，所谓男性网民"统治"互联网的说法值得怀疑。女性网民在 2005 年时已经占网民总规模的 40% 以上。不过，从 1997 年的数据来看，最开始接触互联网的人群以男性居多。这一方面可能是因为互联网最初以一种技术形态被引入，第一批接触人的大多是工程师、科学家、程序员，这都是男性占多数的职业。另一方面，互联网在社会上普及，网吧功不可没，而男性又是不折不扣的网吧消费主力军。从网民性别比例的变化，可以看出互联网的社会角色正在由一种技术形态变为一种娱乐形态——互联网技术是男性占比较大的职业，而女性则是娱乐消费的主力军。在 2005 年，这个现象可能还不够突出。但如果站在 2015 年，审视电子商务、网络视频等互联网热门应用为何如此流行，以及互联网新闻资讯业务为什么日渐衰落，会发现 1997 年至 2005 年女性网民比例的增加已经预示了十年后的这一趋势。

根据中国互联网络信息中心 2006 年年初的数据，在网民群体中，未婚网民约占总网民的 57.9%，已婚的数据约为 42.1%。[2] 相比较而言，未婚人士占

---

[1] 数据来源：1997 年至 2006 年《中国互联网络发展状况调查统计报告》。
[2]《第十七次中国互联网络发展状况调查统计报告》：http://www.cnnic.net.cn/hlwfzyj/hlwxzbg/200906/P020120709345358064145.pdf。

比较大。这一现象可能与年龄有一定的相关性——一般而言，已婚人群的平均年龄要大于未婚人群。

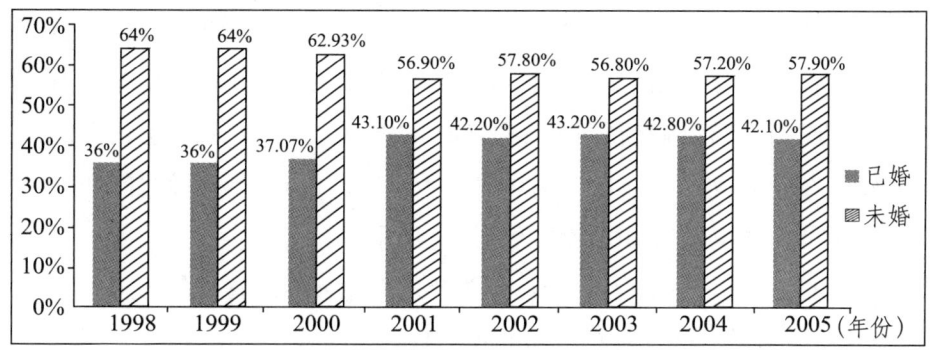

图 1-4　1997 年至 2005 年我国不同婚姻状况网民的变化情况①

从 8 年的数据来看，我国不同婚姻状况网民的比例总体比较稳定，但两者比例的差距在逐渐缩小。

《第十七次中国互联网络发展状况调查统计报告》还显示，网民中 18 岁至 24 岁的年轻人占总网民的比例最高，其次分别是 25 岁至 30 岁和 18 岁以下的网民。

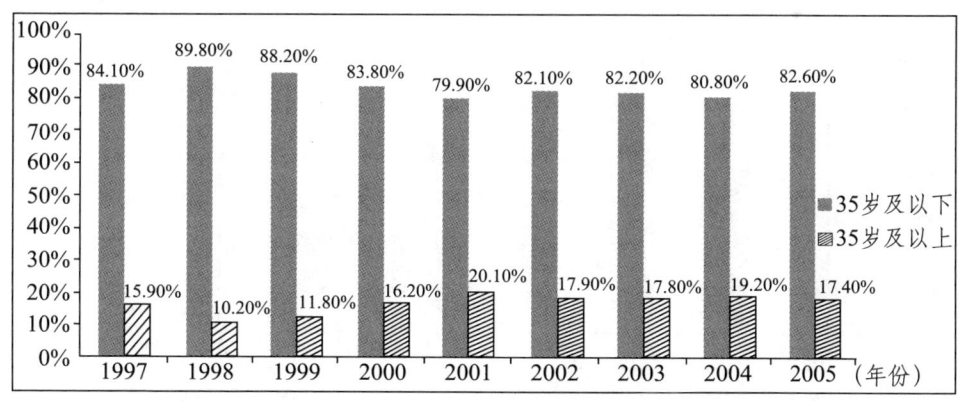

图 1-5　1997 年至 2005 年我国不同年龄网民的变化情况②

从 1997 年至 2005 年，我国不同年龄段网民比例并没有明显的变化。以我国人口平均寿命为 70 岁计算，35 岁年龄段正好是人口寿命的中间位置。中

---

① 数据来源：1997 年至 2006 年《中国互联网络发展状况调查统计报告》。
② 数据来源：1997 年至 2006 年《中国互联网络发展状况调查统计报告》。

国互联网络信息中心将全国网民的年龄划分为七个阶段①，其中35岁年龄段也位于中间。2005年年龄为35岁的网民，应为1970年左右出生；1997年年龄为35岁的网民，应为1962年左右出生。从互联网在我国的发展历史来看，1997年前后互联网在国内更多地作为一项技术存在，其娱乐性功能尚未被发掘，因此那时网民接触互联网大多是工作的需要。然而，从事互联网相关工作的人，又不是1997年前后全国居民中大多数。由此，可以解释1997年至2005年期间，35岁以上网民比例较低这一现象。

在文化程度这一指标上，2005年当年的数据显示以青少年为主体的高中专生占网民的多数，其次是本科和大专。②

从7年的数据③变化情况来看（见图1-6），本科以下学历网民占总网民数量的比例在上升，而大学本科以上学历的网民比例在下降。一方面，这种变化说明在我国使用互联网的学历门槛在不断降低，互联网并非只存在于需要高学历的领域。另一方面，低学历人群占网民总体的比例不断升高，他们的审美判断潜移默化地影响了整个中国互联网的主流审美取向。

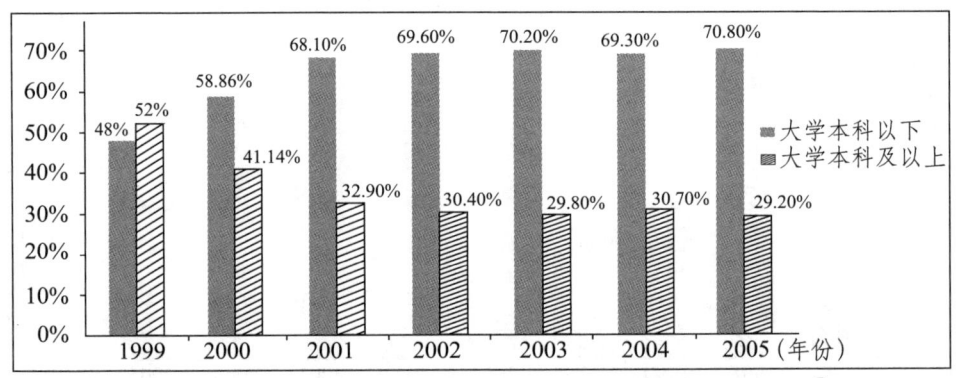

图1-6　1999年至2005年我国不同受教育程度的网民变化情况④

① 这七个年龄段分别为：18岁至24岁，25岁至30岁，31岁至35岁，36岁至40岁，41岁至50岁，51岁至60岁，60岁以上。
② 《第十七次中国互联网络发展状况调查统计报告》，http://www.cnnic.net.cn/hlwfzyj/hlwxzbg/200906/P020120709345358064145.pdf。
③ 中国互联网络信息中心1999年之前的调查报告没有网民受教育程度的数据。
④ 数据来源：1999年至2006年《中国互联网络发展状况调查统计报告》。

关于 2005 年网民结构的调查还显示，个人月收入在 500 元以下的网民占总网民的比例最高，为 21.8%。从职业上看，网民中学生的比例最大，为 35.1%；其次为企业单位工作人员，占 29.7%。

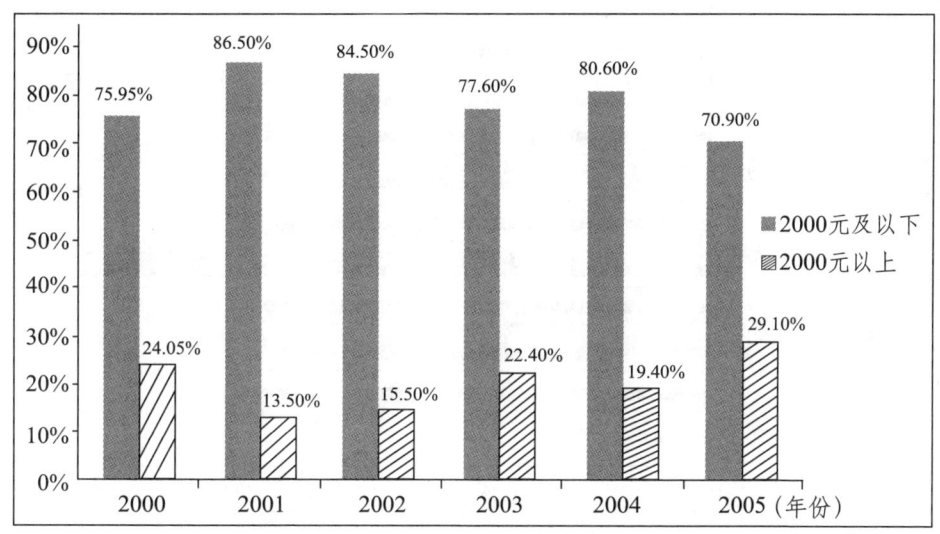

图 1-7　2000 年至 2005 年我国不同月收入网民的变化情况[①]

从 6 年的数据[②]变化来看（见图 1-7），虽然 2001 年月收入在 2000 元以上的网民数量有所增加，但两种收入情况的网民的比例在趋势上保持稳定。这一趋势与图 1-6 的现象非常类似，互联网在中国的使用门槛较低，低收入、低学历人群占网民的大多数。

**2. 互联网内容消费形态**

根据《第十七次中国互联网络发展研究报告》，在 2005 年，浏览新闻、使用搜索引擎、收发邮件是网民最常使用的三大网络服务。三者的使用比率分别是 67.9%、65.7%、64.7%。使用率 40% 上下波动的网络服务"第二阵营"，主要是即时通信、论坛、讨论组、BBS、视频观看等。网上购物、聊天、校友录等低于 30%。

---

① 数据来源：2000 年至 2006 年《中国互联网络发展状况调查统计报告》。
② 中国互联网络信息中心 2000 年之前的调查报告没有网民受教育程度的数据。

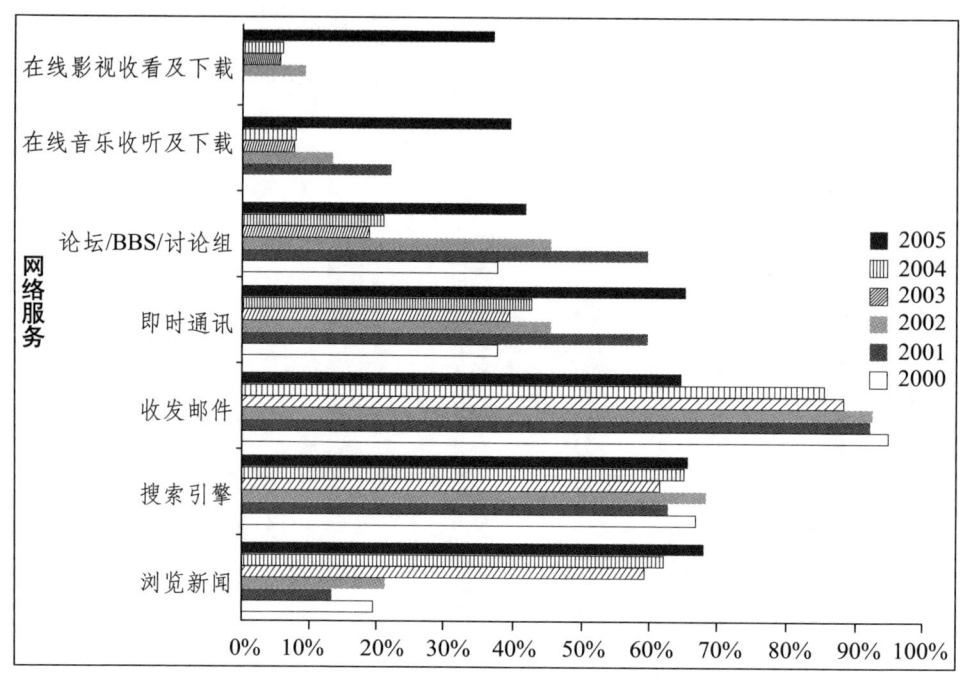

图 1-8  2000 年至 2005 年我国网民使用网络服务的变化情况[1]

从 6 年的变化趋势来看，收发电子邮件的使用比例在逐渐下降，搜索引擎的使用比例基本保持稳定，浏览新闻、论坛和收听、下载音视频等内容消费的比例在上升，尤其是音视频领域。

总之，在 2005 年前后，我国网民总体规模不断增长，总体呈现中青年、低学历、低收入的特点，内容消费占据了互联网服务的主流。这一系列的特征，勾画了中国互联网诞生时的市场环境。

---

[1] 图 1-8 对比的七项网络服务，是基于 2006 年 1 月 CNNIC 发布的《中国互联网络发展状况统计报告》中的"网民上网经常使用的网络服务"统计结果，选取该结果的前八项。其中，第六项"获取信息"2005 年以前多年统计缺失，因横向对比需要故去除该项。即时通讯，在 2004 年及以前称为"网上聊天"。在线音乐收听及下载、在线影视收看及下载，也曾广泛属于"多媒体娱乐"。在 2000 年及以前，没有相关统计；1999 年开始出现"网上游戏娱乐"；2001 年正式出现"多媒体娱乐"，包括 VOD 点播、网上直播、MP3、Flash 欣赏等，2002 年开始，VOD 点播、网上直播与 MP3 网络服务分开统计，故将前者合并与"在线视频收看及下载"归为同类服务在不同阶段的发展状态，进行横向对比；同理，将后者与"在线音乐收听及下载"进行对比。

## 三、视频网站的初级形态

中国互联网的视频下载业务存在已久,早期的 FTP[①] 平台就承担了互联网视频共享网站的角色,一些广播电台和电视台的网站也提供音视频下载功能。但受制于有限的带宽和不成熟的流媒体技术,互联网在中国普及的第一个十年间,用互联网观看视频一直没有形成规模——一方面互联网上可供观看的视频资源比较少,另一方面由于带宽实在有限,在互联网上观看视频的体验非常差,经常出现卡顿、丢帧和文件错误等问题。同时,由于家用手持拍摄设备价格较高,普及率较低,彼时互联网上的视频大多是盗版的影视节目,很少有网民自己上传的内容。

这里有必要区分一下网络视频和视频网站。从字面意思上理解,网络视频指的是一种以视频为主要形式的互联网内容形态,而视频网站则是呈现这一内容形态的平台。然而,在现实中,视频网站和网络视频这两个词在大多数时候可以混用,比如既可以说优酷网属于视频网站,又可以说属于网络视频。但国家相关的行政管理规定,均以网络视频称呼所有与网络视听业务相关的企业、网站和服务。本书采用这一习惯用法,认为网络视频既包括视频的内容形态又包括传播平台,而视频网站则专指播出平台。

2006 年以前,中央电视台网站、上海文广集团"东方宽频"网等电视台自办网站提供了简单的视频点播和下载功能。[②] 此外,还有一些电信服务提供商利用套餐捆绑,推出影视内容增值服务业务。如 2002 年 5 月,中国电信"互联星空"在广东试点,提供视频点播服务,次年 9 月在南方 16 省市开通。"互联星空"本身并不是视频网站,但是它作为网络服务提供商,为开展音视频内容服务的网站提供网络带宽资源和用户认证、费用结算的服务,为音视频内容在网站上的传播提供了"一揽子"的技术方案和管理模式,网络内容供

---

[①] FTP:FTP 是 File Transfer Protocol(文件传输协议)的英文简称,而中文简称为"文传协议"。用于 Internet 上的控制文件的双向传输。同时,它也是一个应用程序(Application)。基于不同的操作系统有不同的 FTP 应用程序,而所有这些应用程序都遵守同一种协议以传输文件。在 FTP 的使用当中,用户可通过客户机程序向(从)远程主机上传(下载)文件。

[②] 中国广播电视年鉴社:《中国广播电视年鉴》(2006 年版),第 221 页。

应商可以专注于音视频内容的制作与发布。有少数网站开始尝试运用数字压缩技术让用户通过特定软件下载音视频内容,但宽带等互联网基础设施尚不完善,还不能实现在线流畅播放。当时互联网普及率也很低,用户尚未形成规模。因此,此时视频服务还称不上是真正的网络视频,仅仅是网络视频的雏形,视频网站还处于萌芽阶段。网络视频在发展的早期,由于技术上不成熟和带宽条件的限制,并不是当时主流网站的主要业务,不论是在用户数量还是在影响力上都十分有限。BBS(网络论坛),又名电子公告板,依然是当时最有影响力和用户渗透力的互联网应用。2000年,博客进入中国,并在此后很长一段时间成为国内互联网用户规模较大的应用之一。随着博客的繁荣,一些用户开始在个人博客中插入一些自制的音频或视频内容。久而久之,这其中一些有趣、有观众的音视频代替了文字,成为网民浏览的主要内容。早期的网络视频散布在电视台网站、商业门户网站和博客等平台上,尚未形成统一的模式。

(一)视频网站的早期形态

**1. 电视节目网上点播**

电视台是国内视听节目的主要供给方,掌握了大量的节目资源。可以说,电视台创办视频网站的资源是得天独厚的,只待平台和传输技术的成熟。中央电视台于1996年在国际互联网上申请了域名、建立了网站,但内容基本以图文为主。之后,各省市级电视台紧跟其后,建立了自己的网站,其中一些网站提供了视频点播功能。但受制于有限的带宽,视频点播功能的体验并不友好,没有广泛普及。到2005年年底,除了青海省之外,国内34个省(包括台湾省)、直辖市、自治区、特别行政区的省级电视台都建立了网站;大部分的地市级电视台也建立了自己的网站。由于带宽条件有所改善,提供视频点播业务的电视台网站越来越多。

2000年12月20日,中央电视台旗下的"央视国际网"挂牌成立。该网站在2001年划入中央电视台总编室序列,成立网络宣传部,明确为中央电视台的节目宣传部门。根据《中国广播电视年鉴》中的材料,中央电视台将这一网站的职能定位于"依托央视资源、实现自身发展",包括"依托央视资源,做好重点宣传""依托央视资源,传播先进文化""依托央视资源,创办名牌栏目"等。① "'央视国际网'服务于电视宣传……电视栏目上网步伐加快。"② 同时,"央视国际网"也开办了一些自己的自办栏目,但总体基调上跳不出"服务央视"的框架,如《线上故事》(口号:讲述央视故事,聆听网友倾诉)、《在线主持》(口号:真情互动、沟通你我)、《"网评天下"论坛》(口号:关注人、关注新闻)等。

在地方电视台中,广东电视台和上海电视台上网较早,北京电视台每天提供 2—3 小时的网上新闻直播,节目内容保留 30 天,在此期间节目可以被点播。上海文广新闻传媒集团旗下的"东方宽频"网(www.smgbb.cn)在 2003年 9 月 9 日上线。2004 年 1 月,由文广集团设立的"上海东方宽频传播有限公司"正式运营。在传输渠道建设上,东方宽频在国内的扩张选择与电信运营商结盟,尤其是与中国电信和中国网通建立了战略合作伙伴关系,通过电信运营商的门户网站向用户提供视频点播服务。在海外市场拓展方面,东方宽频选择了依靠微软这棵"大树",建设了基于 windows media DRM10 技术的全球数字版权管理系统,并借微软的内容渠道(windowsmedia.com)走向海外。

### 2. 播客:博客的副产品

博客是把自己的所见所闻、思想观点通过文字和图片的方式在互联网上传播,供他人点击、浏览。提供博客服务的网站会为每一个用户生成一个"小网站",包括基本的编辑功能和留言、评论等互动功能。对于评论量、阅读量较大的博客文章,网站还会提供推广服务。世界上最早的博客诞生于 1997 年,美国人 Jorn Barger 以"weblog"命名"Robotwisdomweblog"网站。博客刚刚出现时,没有引起人们太多注意。直到 2001 年的"9·11"事件发生,博客成为有关"9·11"新闻报道的重要素材来源。因为在各主流媒体记者尚

---

① 中国广播电视年鉴社:《中国广播电视年鉴》(2002 年版),第 324 页。
② 中国广播电视年鉴社:《中国广播电视年鉴》(2004 年版),第 331 页。

未到达现场之前,网民就已经把现场的所见所闻写成文字、拍成图片上传到自己的博客。在记者还没有来得及确认遇难者家属和幸存人员时,这些人已经"自觉地"在博客上"诉说"自己的经历。从此,博客走入人们的视线,引起社会各界的关注。博客文章最开始主要由文字和图片组成。后来,文字与图片不再能满足人们对信息形态多样性的需要。2001年,美国人 Dave Winer 将声音元素置入博客文章,由此世界上诞生了最早的播客。2004年2月12日,英国《卫报》一篇《听觉革命:在线广播遍地开花》的文章中最早提到"Podcasting"一词。博客音视频逐渐从博客中独立出来,形成另一种表现形式更加丰富的"网络日志"——播客。

在中国大陆地区,最早的播客可以追溯到2002年,以署名为"黑冰制作、小宝传播联合制作"《大史记》的系列视频为标志。《大史记1》的素材来自《鬼子来了》《茶馆》《有话好好说》和《智取威虎山》等电影,制作者将电影重新剪辑、配音。作品没有完整的故事情节,多为针砭时弊兼具喜剧效果的内容,长约19分钟。《大史记2》(又名《分家在十月》),取自两部前苏联革命影片《列宁在十月》和《列宁在1918》部分片段,经重新剪辑、配音后形成新的作品,讲的是某电视台节目组闹分家的故事,时长30分钟。《大史记3》使用的母本是1959年出品的抗战题材的故事片《粮食》,讲述的仍然是电视台内部的故事,将鬼子抢粮的情节改变为记者争夺新闻素材的故事,长约14分钟。

2003年,昵称为"胖大海"的网民开始在网上陆续发表作品,主持《有一说二》播客节目。《有一说二》的内容以时事评论为主,语言诙谐幽默、通俗易懂。2004年12月,广州天艺音像为"胖大海"录制了第一张个人专辑《网络痞侠胖大海》。

个人播客在互联网上掀起了一阵旋风,受到年轻网民的青睐和追捧,并逐渐进入人们的视线。一些网络用户开始尝试涉足播客这种形式,并希望以此作为成名的手段。播客按传播内容可分为音频播客和视频播客,就数量来说,音频播客所占比重较大(这可能与制作难度有关)。除了网络上零零散散布在博客中的音频播客外,也有较为著名的专门化的音频播客网站,如

2005年5月开播的反波网(www.antiwave.net)、2005年8月开播的派派网(www.piekee.com)等。有一些网民不甘于音频播客比较单一的表现形式，尝试制作视频博客，把日常所见所闻经过简单的剪辑编排后上传到自己的博客上。

### 3. 诞生于大型局域网的视频点播服务

在商业网站领域，播客扮演了网络视频"播火者"的角色。商业网站处于广域网之中，传播面较广，网站的经营受版权保护法规的影响较大。但是，如前文所述，在中国这片较大的广域网内，还存在着一些大型的教育科研局域网。这些大型局域网的接入者大多并非以盈利为目的，且网络管理员可以通过简单的访问地址限制，将教学科研所用网络资源的访问权限设定在高校和科研院所范围内，为这些大型局域网内的用户发展内容业务构建起得天独厚的版权"避风港"[①]。教育网外是播客在探索，教育网内也有一些"先行者"在尝试相似的业务。

在教育网孕育的一系列视频网站中，PPLive是最知名的代表。它的雏形是华中科技大学学生姚欣于2004年末休学创办的视频点播平台。最初负责这一平台运行的是姚欣的几位同学。根据媒体的公开报道，姚欣的团队很快获得了软银中国的投资。2005年5月，以PPLive为基础的上海聚力传媒技术有限公司成立。2005年8月，曾有50万人通过PPLive在线收看当年知名的电视选秀节目"超级女声"的总决赛。从2006年开始，PPLive开始给上海文广、光线传媒、凤凰卫视等电视台提供网络在线视频的技术支持。

PPLive的模式很快被互联网世界所关注，一些与PPLive业务相似的应用纷纷出现，如PPS、风行、UUSee网络电视、皮皮高清影视等。这些网站普遍以点播业务和直播业务为主，内容资源大多来自互联网。为了追求更好的观看体验，它们在点播技术的改进上投入了大量的精力，但相对来说内容建设较为薄弱。如果说播客传播了网络视频内容形态的火种，那么这些重技术、轻内容的点播和直播网站，就是视频播放技术商业化的最早实践者和改良者。

---

① "避风港"原则：指在发生著作权侵权案件时，当网络服务提供商(ISP)只提供空间服务，并不制作网页内容，如果ISP被告知侵权，则有删除的义务，否则就被视为侵权。如果侵权内容既不在ISP的服务器上存储，又没有被告知哪些内容应该删除，则ISP不承担侵权责任。

### 4. 门户网站的视频点播业务

互联网在中国的普及，各省电信网络运营商扮演了重要的推广角色。推广互联网业务，必须得先有内容才能吸引用户。在2000年至2005年期间，多省市的电信网络服务商开办了当地的互联网"信息港"，如河南省郑州市的商都信息港。这些"信息港"与新浪、搜狐等商业门户网站，共同组成了当时中国网民的互联网世界。这些门户网站的特点是内容多、板块全、流量大，大部分新出现的网络应用都能在门户网站上找到，包括网络视频。

不过，受制于较小带宽和落后的流媒体算法，2005年前后门户网站的视频点播业务使用体验并不理想，用户数量也比较有限。彼时，网络视频也缺少内容资源，尽管视频在表现力上强于文字和图片，但是资源少、体验差，当时几乎没有门户网站决心以网络视频作为未来重要的发展方向。在门户网站浩瀚的内容海洋里，网络视频充其量只是一个"小配角"。

### 5. IPTV：网络视频的近亲

IPTV是指利用宽带网、采用流媒体技术、通过互联网协议来提供包括视频节目在内的多媒体交互业务，其终端可以是"机顶盒＋电视机"模式，也可以是计算机，还可以是手机。从定义上和实现方法上看，IPTV与网络视频难分彼此，完全找不出显著的区分。但在实际操作中，IPTV的发展特点是电视网络化播出（即可点播），网络视频的发展特点是社交化（即用户上传内容）。故而IPTV虽然与网络视频有千万种相似之处，但在中国广电的发展实践中二者走上了不同的道路，只能算是近亲。

从事IPTV业务，必须有广电总局颁发的网络视听内容集成运营商牌照。上海文广新闻传媒集团于2005年5月最早获得了该牌照，被批准开办的业务包括自办播放和节目集成运营两项。这就意味着，上海电视台既可以在互联网电视平台上播放自己开办的广播电视频道和视频点播节目，又可以将其他机构所播放的节目集成到自己的播出平台上，再向用户提供播放服务。然而，电视台在网络建设维护和用户管理方面并不具有技术优势，需要外部力量的支持。上海文广新闻传媒集团在获得牌照的同一年，就与中国网通哈尔滨分公司合作共同开展 IPTV 的联合运营。其中，中国网通哈尔滨分公司负责建设和维护运营 IPTV 所需的网络硬件设备，负责开发收费平台和用户管理；上海文广新闻传媒集团作为内容运营商负责拍照、内容、集成运营品台、机顶盒设备和政府关系协调。与上海文广集团的合作，使哈尔滨成为国内第一个 IPTV 商用城市和国内最大的 IPTV 商用城市。①

（二）视频质量

2006 年之前，我国的视频网站大多处于探索阶段，对于视频的质量要求很低。一些自制的视频的用户缺乏专业的训练和专业的设备，拍摄目的也并非为了获得利益，因而他们上传的节目清晰度低、内容混乱，甚至有些完全是破碎的毫无逻辑的视频片段。此外，还有一些用户打法律的"擦边球"，上传受版权保护的视频资源。但是受制于当时的网络带宽，视频网站无法满足原尺寸视频上传的要求，而是要求用户将视频压缩到一定大小后才能上传。在这个压缩的过程中，由于标准和协议的缺失，许多视频丢失了大量的帧和画面细节，效果远远不如在电视平台上观看。

（三）产业生态

彼时的视频网站，是一个相当弱小的行业，既没有内容提供商的支持，也没有专门的营销策划公司。视频网站内容的主要来源有二：用户自行上传、视频网站组织上传。用户上传的大多是自制内容，并不存在版权争议。但视频网站组织上传的许多节目，大多是受版权保护的。虽然全国人大常委会于 2001 年修改了 1990 年版的《中华人民共和国著作权法》，将信息网络传播权纳入著作权所包括的人身权和财产权之内，但关于如何在司法实践层面细化对信息网络传播权的认识、明确侵权行为的内涵与外延，直到 2006 年 5 月国务院常务会议通过的《信息网络传播权保护条例》才予以明确。在 2006 年之前，关于视频节目在网络上复制与传播的问题，现行的法律法规缺少细化的准则，互联网上的版权侵权行为面临认定难、判决难的问题。

除了版权保护，网络视频行业另一个比较受关注的政策法规议题是关于

---

① 中国广播电视年鉴社：《中国广播电视年鉴》，2006 年版，第 222 页。

行业准入规则。2003年1月7日，广电总局颁布15号令《互联网等信息网络传播视听节目管理办法》。一年后（2004年7月6日）又对该办法进行了更新（广电总局第39号令），名称不变，但内容作了较大的调整，同时宣布废止15号令。对比15号令和39号令，广电总局关于网络视听节目服务的管理体现了更细、更严的特点。首先，39号令对何为"信息网络"的规定更加明确——"以互联网协议作为主要技术形态……"，同时将许可证名称由《网上传播视听节目许可证》改为《信息网络传播视听节目许可证》；其次，明确了外商独资、中外合资、中外合作机构不得从事信息网络传播视听节目的业务；最后，要求申请许可证的机构必须要有可行的价目监控方案。此外，39号令删去了15号令中"中央、国家部、委、局只能有一家下属事业单位从事网络视听节目服务"的规定，调整了网络视听节目传输服务的内涵（15号令允许持有许可证的机构传播和编辑电台、电视台的节目，39号令允许持证机构传播电台、电视台的节目，未明确是否允许编辑后再次传播）。值得注意的是，广电总局于2004年7月6日还颁布了《广播电视视频点播业务管理办法》（35号令）。虽然网络视频也具有点播功能，但35号令中点播功能的前提是"通过广播电视技术系统"，而非互联网传输协议系统——这是电视点播功能与网络视频点播功能的显著区别。

作为一个新兴的行业，网络视频在2006年之前缺少清晰的盈利模式。一些成规模的视频网站，大多以广告作为主要的收入来源——这很显然是从传统电视行业取的"经"。然而，传统电视行业的广告收入有一套完整的体系，包括收视率评估、制片人制、广告分成等。新兴的视频网站却没有这一套机制，广告主通过什么指标来计算广告成本、视频网站的广告收入应如何分配、如何以广告收入激励内部团队工作的积极性，这些问题对于视频网站来说都是未知数。

视频网站同样面对人才短缺的困难。在21世纪之初，以互联网为职业的大多是工程师，少部分商业门户网站会招聘内容编辑。然而，视频网站作为一个内容主导的行业，工程师并不能把网站带向繁荣，大部分文字编辑对于视频处理无能为力。视频网站处于创业伊始,在资金方面捉襟见肘,难以觅到优秀的视频制作和策划人才,更不用说从电视媒体"挖"人了。

总体而言,2006年之前的视频网站,在法律、政策、内容资源、营销策划、人才培养等多个方面尚处于探索阶段。但技术、市场已经准备得当,一些先行者的探索提供了关于网络视频这一业务的基本理念和运营经验。这一行业等待一家有规划、有实力的公司进入,确定网络视频的基本形态,并探索盈利模式,以吸引更多的企业加入。

# 第二章 萌发：2006年至2008年

在进入这一章节之前，笔者认为有必要对网络视频的概念进行界定。根据广电总局相关规定的描述，网络视频的正式称呼为"互联网视听节目服务"，是指"制作、编辑、集成并通过互联网向公众提供视音频节目，以及为他人提供上载传播视听节目服务的活动"。① 在具体的产业实践中，网络视频行业实际上包括了两类：第一类是由电台、电视台办的网站，这些网站的内容主要是电台、电视台的节目（偶有网站自制节目），如央视网（中央电视台）、中国广播网（中央人民广播电台）和国际在线（中国国际广播电台）；第二类是由民间资本成立的视频网站，这些网站内容的来源比较广泛，有电视节目、电影、电视剧、经过编辑的视频片段和网民上传的自制内容，如优酷网、土豆网和乐视网。虽然电台、电视台自办网站出现在商业视频网站之前，但2009年之后两类网站的经营模式（资本来源除外）趋于一致，而这一模式又是由商业视频网站的发展经验所确立的。因此如无特殊说明，本书之后所提到的网络视频采用狭义的定义。

中国互联网产业在2006年之前的发展经验和探索历程，为网络视频这一新内容形态的出现提供了技术基础和市场基础。多媒体技术、流媒体技术的引入，和国内居民上网带宽的提升，三种要素使网络视频这种内容形态在中国的出现几近成为必然。互联网进入中国之后，很快就开始了商业化的步伐，快速积累了市场人气——从1997年到2005年中国网民的增长率和结构变化情况提供了最直接的证据。中国人口的基数大，10%的互联网普及率就意味着中国网民的数量已经超过了许多国家的总人口。20世纪最后一个十年和21

---

① 《互联网视听节目服务管理规定》（广电总局、信息产业部2007年第56号令）。

世纪第一个十年，也是中国经济依托人口红利和改革红利飞速增长的阶段。庞大的人口基数、可观的网民增长率和持续高速发展的经济，互联网在中国商业化、大众化的步伐飞快，互联网经济的市场规模同步扩大。

经过了 2005 年的经验积累，中国网络视频业在 2006 年迎来了飞速发展。有人将 2006 年称作中国网络视频产业发展的元年。[①] 网络视频这一互联网服务与新闻、论坛等不同，它对上网条件的要求较高。普通的 56k 电话拨号线路难以提供流畅的观看体验，必须使用 ADSL 宽带或者光纤。中国网络视频业能够在 2006 年走上快速发展的道路，与当年中国家用宽带的飞跃式普及有很大的关系。2005 年，中国的宽带用户为 5300 万。到 2006 年，这一数据达到了 7700 万，增长率为 45%。趁着家用宽带快速普及的风潮，中国出现了网络视频的第一批探路者。

## 一、出现探路者

### （一）土豆网

2005 年，在完成了 9 年的留学生涯之后，来自福建的 32 岁青年王微在上海创建了土豆网。根据媒体公开报道，王微在美国和法国曾接触了"播客"，并认为这是一种有商业价值的互联网应用。2005 年 4 月 15 日，土豆网在中国上线，并开始上传内容。

这里有一个小争议。关于谁是中国第一家视频网站乃至谁是世界第一家视频网站，由于评判标准多种多样，比如以注册时间划分、以上线时间划分、以上传第一条视频的时间划分等，很难说清楚究竟谁是首创。但毫无疑问的是，土豆网不但是国内最早的视频网站之一，甚至要早于世界知名的视频网站 YouTube[②]，而且奠定了之后中国网络视频的许多基本特征，如门户化、用户上传内容 (User Generated Content, UGC) 等。因此，回到谁是中国网络视频业在创业时代的旗手和实践先行者这一问题，土豆网是当之无愧的。

---

① 元年：指某个事物或时间开始发生的时间。

② YouTube 于 2005 年 5 月上传第一条内容。

根据媒体对王微的采访，王微在国外无意间使用了 Podcast，了解了播客这一互联网服务。当时的播客，允许用户将自己制作的音视频"广播节目"上传到网上分享给其他人。王微对这个颠覆了传统被动收听方式、转为主动选择式收听的新模式非常有兴趣，开始逐步勾勒在中国开发"视频播客"的想法。2005 年 4 月，王微放弃了跨国公司高级管理者的职位，开始经营土豆网。① 而此时，YouTube 也恰巧成立。从这个角度来看，中国的视频网站的起步一点也不晚，土豆和 YouTube 两家公司同时开始探索视频 UGC 模式。

王微说：以前不觉得自己受到了福建文化的多少影响，不过在辞职创业以后他越来越深刻地感受到自己身上带有福建文化的印记。根据媒体的公开报道，王微曾表示他对童年时长辈叮嘱自己"宁可做个小老板"的记忆尤为深刻。② 《中国新通信》杂志曾经在王微的人物采访中写道："他不但是一名成功的企业家，而且是一名充满想法的文艺家。他管理过大公司，敢于冒险和挑战；他喜欢登山和骑单车，并用文字记录下旅程和心得；他还曾经写过剧本和小说，是一个十足的文艺青年。这么多不同的气质加在一个人的身上就注定了他的选择，他不会一辈子待在同一个位置太久。此前身为贝塔斯曼在线中国区总裁的他，发现自己未来的人生轨迹已经可以看得一清二楚，于是便有了决定抽身去开创一项新的事业的想法。如今说起这些来可以坦然轻松，但在当时，从一个令人羡慕的企业高管，突然变成了白手起家的网站创业者，只有五名员工的小团队，在一套租来的小区套房里办公，这一切还是很让人费解，很多人会觉得这个人是疯子，但真正懂他的人都会理解他的做法。"③ 王微说："人生就是一场赌博，如果一直在大公司里爬，三十多岁做到全球副总裁什么的，这个前景太清楚了。我愿意赌一把，而且，我们成功的可能性很大。"④ 这段采访，对理解土豆网的发展

---

① 《土豆网投资研报》(2011 年 6 月 IPO 版)，http://www.donews.com/net/201101/1677776.shtm?mobile。
② 《王微和土豆网》：《人民日报（海外版）》，2008 年 8 月 13 日第 7 版。
③ 王进：《王微和土豆网：自己生活 自己导演》，《中国新通信》，2008 年第 16 期。
④ 《王微和土豆网》：《人民日报（海外版）》，2008 年 8 月 13 日第 7 版。

道路非常有帮助。

关于土豆网名字的由来，有一种说法是其灵感来源于"沙发土豆"（Couch Potato）一词。"沙发土豆"是一个舶来词，传播学批判学派的理论中用这个词形容因为长期沉迷于电视、缺乏锻炼而导致身材臃肿的电视观众。但是，这一词汇在历史的变迁中逐渐失去了原先的讽刺意味，变得"可爱"起来，成为电视观众的自我解嘲与调侃。土豆网的"土豆"正借此意。

土豆网在创立之初，内容生产与传播的模式与之前的播客非常相似——基于社交分享的内容生产。这与创始人王微受 Podcast 的启发而创建土豆网有一定的关系。而彼时，网站自制节目尚未形成规模，土豆网采用的"用户产生内容"是当时视频网站的主导模式，也是一直以来人们对网络视频门槛低、平民化等印象的来源。土豆网强调"用户自制内容"的思维也体现在"每个人都是生活的导演"这一口号中，这一口号成为之后十年里中国网络视频业历久弥新的一句标语——可以说，这是网络视频业在中国发展的"初心"。

有了先发优势，土豆网以用户上传的内容起家，进入快速发展的通道。网站下设的频道数在 2005 年就达到了 1.6 万个，日访问量约为 5 万，注册用户数达到 15 万。这一数据今天看起来虽然少得可怜，但已经给土豆网的服务器带来巨大的压力。在 2006 年，为了缓解短时间内用户集中访问带来的带宽压力，同时也为了降低日渐沉重的带宽成本[①]，土豆网推出了一款名为"飞速土豆"的软件。该软件的功能是把视频的数据传输从"用户与服务器"的客户端对主机模式转变为"用户与用户"的客户端对客户端模式。这一新模式可以在不增加服务器带宽的前提下通过算法优化数据传输效率，提升观看体验。这一"加速器"对于彼时的视频网站来说，仍是开风气之先。同年，土豆网还推出了视频广告收入分成计划"Tudou AD"：凡是申请"Tudou AD"业务的用户可以在视频中插播广告，广告收入由土豆网和用户分成。同时，为了

---

① 带宽成本是指视频网站因在电信运营商机房内设置服务器而产生的流量费用，该词将在中国网络视频发展史上反复出现。

避免版权和经济纠纷,"Tudou AD"要求参与该计划的用户上传的必须是原创内容。①

创业初期的土豆网,除了广告业务之外,尚缺少其他更有效的盈利模式。在"Tudou AD"之外,土豆网在广告投放系统上也做了新尝试。广告主在土豆网广告投放系统上获得的是动态的用户观看数据,可以根据用户的行为特征调整前贴片广告和背景广告的发布计划。相比传统媒体只能提供静态用户数据,有了视频网站提供的动态数据,广告主投放广告的自主性和针对性更强。一般广告理论认为,基于动态用户数据的广告投放,能够帮助广告主找到那一半浪费的广告费②,可以在降低广告主的总花费的同时提高广告信息的准确到达率。

根据 Nielsen 的监测数据,2007 年 5 月至 8 月,土豆网一周视频播放量从 1.3 亿次升至 3.6 亿次,一周独立用户数从 1149 万增长到 2884 万。2007 年 8 月播放量和独立用户数分别是 5 月份的 2.75 倍和 2.5 倍。③然而,随着土豆网用户规模不断增加,广告收入的积累难以支付急剧增长的带宽成本和渠道成本,探索新的盈利模式迫在眉睫。2008 年,在继续保持"用户产生内容"模式的同时,土豆网试水付费观看。2008 年 9 月 18 日,土豆网推出高清正版视频专区——黑豆,以正版视频为基础,土豆网尝试建立新的版权广告分成系统。

黑豆的出现,为土豆网内容生产提供了新的模式,为增加营收提供了新的可能。但是,土豆网发展的当务之急——资金,还需要通过资本市场获得——毕竟视频网站庞大的带宽成本和版权成本不是土豆网当时的经营收入和普通银行贷款所能承受的。继 2005 年 12 月土豆网在第一轮融资中获得来自 IDG 的 50 万美元投资后,第二轮、第三轮融资接连展开。在 2008 年 4 月,土豆网在第四轮融资中获得了 5700 万美元,累计总融资额超过 8000 万美元。融资额如此之高的网站,其盈利模式依然不清晰。土豆网的管理团队认为,

---

① 高丽华编著:《新媒体经营》,机械工业出版社,2009 年 4 月,第 164 页。

② 原话是"我知道我的广告费有一半浪费了,但是我不知道是哪一半。"语出被誉为"世界百货商店之父"的约翰·沃纳梅克。

③ Nielsen 公布土豆网流量:http://www.cnetnews.com.cn/2007/0907/495039.shtml。

网络视频是一个前期高投入的行业,并且土豆网已然稳居国内市场第一阵营,只要资本市场看好网络视频行业,土豆网就能不断地获得资本注入。

(二)优酷网

相对于先知先觉的土豆网,优酷网出现得要晚一步。当2006年土豆网已经开始为带宽成本发愁的时候,优酷网才刚刚成立。早期的优酷网,基本与土豆网的发展思路一致,强调"用户产生内容"模式,以广告收入作为主要的盈利来源。

优酷网的创建者是古永锵。与土豆网的创始人王微一样,古永锵也有长期的海外生活经历。古永锵出生于香港,在澳大利亚和美国生活多年,有丰富的企业经营管理经验。在创建优酷网之前,古永锵是国内知名互联网公司搜狐的总裁。在这之前,他是风险投资机构富国投资的副总裁。古永锵在互联网与风险投资两个行业的从业经历,为优酷网之后独特的发展路径埋下伏笔。有媒体评论:如果说王微在开始他的"土豆"事业之前还只是互联网领域里的新兵,那么古永锵在创办优酷网之前就已经是互联网领域里的老将了。

关于"优酷"这个名称的由来,并不像"土豆"那样简单直白。根据媒体的公开报道,古永锵曾这样解释"优酷":"优,代表服务品质,优酷倡导一种精品视频文化,让精品内容浮出水面,让用户价值充分展现;酷,代表用户体验,第一时间品味独特的视频自助餐,满足人人参与的热情与个性化生活方式的表达。"[①]

与土豆"每个人都是生活的导演"的口号不同,优酷的口号是"世界都在看",少了一份艺术感,多了一份商业气。古永锵将优酷的口号定义为一种全新的网络生活方式,试图把优酷网打造成一个视频展会、视频仓库。

内容生产模式与土豆网相同,盈利模式与土豆网相同,作为行业"新兵"的优酷网必须得拿出一些"硬货"来确立市场地位。机缘巧合,从2006年开始,由于互联网的影响力日渐扩大,人们开始把一些个人利益诉求发布到网上以求引起共鸣、扩大影响。这种现象最早诞生在网络论坛上。视频网站出

---

[①] 梁晓涛、汪文斌主编:《网络视频》,武汉大学出版社,2013年7月,第85页。

现后，由于声画语言更具感染力和传播力，网络视频成为网民表达对社会不满的重要形式之一。这期间，优酷网的推广力度大、播放和上传体验好，成为网民上传此类视频的首选地。在网络上一度沸反盈天的"最牛钉子户"抗拒拆迁的视频，就是从优酷网开始传播的。依靠此类社会热点事件视频的广泛传播，优酷网的知名度也越来越大，完成了最早的知名度积累。

虽然起步比土豆网晚了将近两年，但优酷网四轮融资的总额也达到了8000万美元，与土豆网基本持平。这与优酷网创始人古永锵在资本市场摸爬滚打多年的背景分不开，也可以说是优酷网借土豆网的东风驶船（土豆网完成了网络视频的基本类型探索，并使网络视频这一业务被市场和资本所认知），得行业发展之便利。

2008年，优酷网在继续保有"用户产生内容"模式的同时，开始与各大电视台合作，邀请电视台在优酷网上开设视频频道，上传电视台的新闻、综艺、文教等各类节目。这一模式可以概括为优酷搭台、电视台唱戏。对于"唱戏人"电视台来说，制作自己的网络视频平台又力争进入国内第一阵营，投入无疑是可观的、风险又无疑是巨大的。借优酷网这艘大船出海，反而是便利、廉价之选。一时间，除了中央电视台，各级电视台纷纷在优酷网上开设频道、上传节目。根据公开的资料显示，当时至少有25家省级电视台与优酷网结成合作伙伴。虽然这一合作模式因广电行政主管部门要求各级电视台办好网络电视，但这是中国电视业自改革开放以来第一次深度触及互联网，第一次感触到了互联网带来的新型传播模式，是后来多次被写入行业发展指导意见的"网台联动"的雏形。

（三）海内外的后来者

1. YouTube

美国著名的DVD租赁公司Blockbuster早在2001年就开始测试直接在网上播放录像，但当时的带宽和流媒体技术条件下，这个模式因为观看体验较差而终止。Blockbuster短期内未再跟进在线视频业务，客观上给YouTube成为美国网络视频的先行者创造了条件。

关于 YouTube 的成立时间，由于标准不同而至少有两种说法：按照域名注册时间，YouTube 成立于 2005 年 2 月 15 日，由三位 PayPal 的前雇员乍得·贺利（Chad Hurley）、陈士骏（Steve Chen）和贾德·卡林姆（Jawde Karim）注册了；按照上传第一条内容的时间，YouTube 成立于 2005 年 4 月 23 日，贾德·卡林姆在以"Jawde"为用户名在 YouTube 上传了第一段视频[①]；按照公开测试的时间，YouTube 成立于 2005 年 5 月；按照向用户开放的时间，YouTube 成立于 2005 年 12 月。关于 YouTube 的创立目的有两种说法：一种是它旨在让用户观看、下载及分享影片或短片；另一种说法是 YouTube 想要模仿 Facebook 做社交网站，最终升级为视频版的 Hot or Not（美国一家相亲网站，特点是通过照片互相评分进行"牵线搭桥"）。[②]

在 YouTube 测试期间，耐克上传了一段巴西球星罗纳尔多迪尼奥为品牌拍摄的宣传视频，三个月的累计点击量超过了 100 万，是 YouTube 史上第一段点击量超过 100 万的视频。正式对用户开放后，YouTube 很快从红杉资本融资 350 万美元。2006 年 3 月，YouTube 再次融资 800 万美元。到 2006 年的第三个季度，到 YouTube 观看视频的用户每月已累积达到 2000 万，每天的浏览量超过 1 亿次。YouTube 与 CBS（Columbia Broadcasting System，哥伦比亚广播公司，美国三大全国性商业广播电视网之一）签署合作协议，在节目生产、节目传播、节目影响方面开展合作。急于向互联网内容产业进军的谷歌公司看中了 YouTube 的商业价值，于 2006 年 10 月 9 日以 16.5 亿美元的价格收购 YouTube。

被谷歌收购后的 YouTube 充分利用母公司在广告精准投放上的技术积累，于 2007 年年底推出了当时在业内具有革命性的"智能广告"——广告以半透明条幅（banner）出现在视频播放窗口的下方，如果用户将鼠标指针移到广告条幅上，条幅就会由半透明变为不透明；如果用户点击了广告条幅，就能跳

---

① 这段视频名叫《我在动物园》（Meet the Zoo），只有 19 秒的长度，作者站在动物园的大象面前说大象有很长很长的鼻子。

② 陈思：《中国网络视频产业链研究》，北京大学博士研究生学位论文，2017 年。

转到推广页面；如果用户一直没有将鼠标指针移动到页面上，那么广告条幅就会在一段时间后自动消失。该广告投放技术在避免过度干扰用户观看体验的前提下保证了广告投放效果，比过去的贴片广告、插播广告等在与用户的交互逻辑上更加友好，在提升品牌曝光率的同时减少降低美誉度的因素。许多广告主竞相购买这一新颖的广告模式。同时，YouTube 与国内的土豆网一样也对视频制作方提供了广告分成的合作方式。

2. Netflix

目前没有足够的证据证明 Netflix 是受到了 YouTube 的启发而开展在线 DVD 出租业务，但事实的确是前者的在线视频业务直到 2007 年才开展。在此之前，Netflix 是一家在线 DVD 租赁商，简单地说就是用电子商务的模式开展 DVD 租赁业务。美国的老牌录像带租赁商是上文提到 Blockbuster。根据 Blockbuster 的租赁规定，逾期归还录像带（包括 DVD）要缴纳高昂的滞纳金。1997 年，科技界的百万富翁里德·哈斯廷斯（Wilmot Reed Hastings, Jr.）受到滞纳金的启发，推出了一家滞纳金极低的 DVD 租赁公司，即 Netflix。Netflix 与 Blockbuster 的区别不仅在于关于滞纳金的规定，还在于 Netflix 是一家"线上付费+实体租赁"的公司，于之后的电子商务和 O2O 模式非常类似。Netflix 的订户只需通过网站认证信用卡就可以在海量的 DVD 库存中挑选影碟，并且能在下单后的一至两天内从联邦速递员的手中接到影碟。与影碟一同送达的还有已经填好地址、付过邮资的信封，用户看过影片之后只需将光盘放入信封中投入邮筒即可。与传统录像带租赁公司不同，Netflix 一开始就有意识地调查用户的消费习惯和产品认知。它鼓励用户在网站上建立观影清单，每当用户寄回一套观影清单上的 DVD，区域分公司就会自动寄出观众观影清单上的下一部影片。Netflix 很早就开始建立用户社区（如电影主题社区），用户可以在社区内发表影评、查找影评、与其他用户即时互动，这是传统的线下租赁公司无法提供的服务。但这时的 Netflix 尽管提供在线租赁 DVD 的服务，但不提供在线观看影视剧的服务，还不是一家视频网站。

YouTube 的成立带动了美国网民在线观看视频的风潮，被谷歌收购使网络视频业务更加受到市场的关注。到了2007年，在网络上在线观看视频成为美国的流行趋势。虽然2007年前后美国家庭的DVD播放机拥有率从24%增长至37%，但从事在线DVD租赁业务的公司也大量出现，分掉了Netflix的市场份额。在内忧外患的叠加影响下，Netflix在2007年涉足网络视频业务，为支付会员费的用户提供在线点播DVD的服务。但受经营惯性的影响，Netflix的传统业务——DVD租赁一直没有停止，直到后来这一市场几乎消失，该业务完全被网络视频所替代。

虽然Netflix没有被商业巨头收购，但Netflix通过上市的方式获得了来自纳斯达克的资本支持。它于在美国上市，发行价为每股15美元。

3. Hulu

虽然YouTube与几大电视巨头签署了合作协议，但最终还是投入了谷歌的怀抱。YouTube的"背叛"也给了电视巨头以灵感（或者说把电视巨头们逼上了这条路）——电视公司也可以自办视频网站。2007年3月，美国国家广播环球公司（NBC Universal）、新闻集团旗下的福克斯广播公司（FOX）和美国广播公司（ABC）共同注册了Hulu网，并于当年10月推出了测试版。由于有三大电视巨头的支持，Hulu网在内容资源方面可谓得天独厚。除了来自大股东的资源，Hulu还与超过220家的传统媒体合作，其中既有大众影视作品提供方索尼、狮门影业、华纳兄弟、NBA等，也有小众频道如圣丹尼斯（Saint Denis）、喜剧中心（Comedy Central）等。

手握资源优势的同时，Hulu的技术开发也一直走在行业前列。这得益于一名"技术派"的首席执行官——来自亚马逊的杰森·卡勒（Jason Kilar）。Hulu网的视频播客技术、Gif格式文件检索技术、全网视频搜索引擎技术（类似于后来优酷网的"搜库"）都是业界领先的。在2007年Hulu网就能在每秒1兆的网速下提供流畅且清晰的视频，其视频压缩技术带来的观影体验是当时行业中最优秀的。

4. PPLive与PPStream

优酷网和土豆网的模式源自播客和视频门户网站，以PPLive为代表的视频网站则代表了另一种思路——通过客户端开展电视直播业务。土豆网成立之初，关于何为网络视频，并没有普遍且通行的答案。因此国内不少从事相关服务的网站，也开始声称自己所从事的业务是网络视频。最典型的例子当属以 PPLive 和 PPSteam 为代表的网络视频播放软件。此类软件与优酷土豆不同，并不急于打造内容平台，而是花不少精力将电视信号接入互联网，方便网民通过计算机看电视。2005 年前后的中国电视尚未迈出"三网融合"①的步伐，能够在互联网上看电视在当时是一件稀罕事儿。这一服务对缴纳了有线电视费的家庭用户来说并没有明显的吸引力，毕竟盯着电脑十几寸的小屏幕远不如电视几十寸的大屏幕舒服。但是，对于住在集体宿舍、收看电视节目极其不便的大学生群体，能够在互联网上看电视是明显的利好：一台便携的笔记本电脑就可以看电视，省去了购置电视机的费用和空间；通过廉价的校园网络就能看到有线网络的电视节目，也省去了一笔有线电视费。

趁着土豆网和优酷网崛起的风潮，PPLive 和 PPStream 这类 P2P 软件快速发展，势头和土豆网一时无二。PPLive 等软件深耕 P2P 播放技术，为行业的发展积累了大量的技术经验。十年之后，以土豆网为代表的门户模式成为视频网站的主流，但 P2P 软件则相对衰落，一方面是对手太过于强大，另一方面转播电视信号这一业务面临巨大的政策风险。尽管如此，行业依旧不能忘记这类 P2P 软件对于中国网络视频业的贡献——他们是中国网络视频业的早期模式探索者，也是网络视频技术研发和推广的重要参与者。

### 5. 国内其他的探索者

在国内网络视频市场，除了 PPLive、PPStream 这类 P2P 播放软件，还有一些模式与土豆网和优酷网类似的网站，如酷六网、56 网和乐视网。在本章讨论的时间范围内，这三家网站的运营并没有明显区别于土豆网和优酷网的

---

① 三网融合：指电信网、广播电视网、互联网在向宽带通信网、数字电视网、下一代互联网演进过程中，三大网络通过技术改造，其技术功能趋于一致，业务范围趋于相同，网络互联互通、资源共享，能为用户提供语音、数据和广播电视等多种服务。三合并不意味着三大网络的物理合一，而主要是指高层业务应用的融合。三网融合应用广泛，遍及智能交通、环境保护、政府工作、公共安全、平安家居等多个领域。以后的手机可以看电视、上网，电视可以打电话、上网，电脑也可以打电话、看电视。三者之间相互交叉，形成你中有我、我中有你的格局。

特色。实际上，在 2008 年之前，视频网站依然没有解决播放卡顿的问题。网民选择浏览哪家视频网站，一方面是看网站是否提供用户所期待的内容，另一方面是看网站能否提供流畅的观看体验。比如在 2008 年左右 56 网在教育网内布置的服务器较少，在教育网内访问 56 网存在带宽较小的问题，观看体验不够流畅，因此大学生相对不愿意使用 56 网。同样，对于北方的用户，大多会优先选择服务器架设在北方的视频网站（因为播放更加流畅）。这是在网络视频发展初期，用户选择视频网站的朴素逻辑。

## 二、探索经营模式

### （一）用户上传内容

土豆网作为中国第一批视频网站，与后起之秀优酷网不约而同地以"用户产生内容"作为主要的内容生产模式。后来，随着用户上传的内容越来越多，视频网站开始尝试对网民上传的内容进行编辑和编排，一定程度上提升了网站内容的质量。用户产生内容模式是 web2.0 时代逐渐兴起的一种互联网内容生产方式，它不是一种具体的业务，而是用户使用互联网的新方式。UGC 模式的优点是网站不需要关心上传什么内容、从哪里购买内容，只要搭建好稳定、高效的平台，自然有用户主动上传自制内容，并且通过社交化的方式进行分享，如滚雪球一样吸引更多的用户加入内容上传者的行列，可以在短时间内完善视频网站的内容资源库，带来更多的流量和关注度。

土豆网和优酷网在初创期都采用了 UGC 模式，这一模式的确为两个网站带来了内容资源库的"家底"和早期的忠诚用户。但是这种模式也存在缺陷和不足，主要问题是网民上传的作品质量参差不齐，很多视频包括血腥、色情、暴力等法律严格禁止的内容，还有一些视频有可能存在版权纠纷。因此，视频网站的经营者对 UGC 又爱又恨。一方面，视频网站对用户上传内容是否存在侵害他人版权的行为负有责任，视频网站的管理员有义务对不符合国家法律的内容进行监管和删除；另一方面，视频网站管理者的技术和能力有限，无法对网民上传的众多视频内容一一进行筛查——他们既缺乏那样的时间和精力，也无法对内容是否违规做出快速而明确的判断。另外一个不容忽略的现实是，在视频网站发展初期，平台上的内容比较匮乏，很多网站的内容建设过分依靠"打擦边球"。即使视频网站的管理者知道哪些内容应该进行处理，但出于保持网站节目总量的考虑，视频网站大都不愿意删去这些内容。

虽然 UGC 模式问题不少，但是它对于视频网站的发展，尤其是视频网站早期的内容积累，是至关重要的。它是视频网站在中国生根发芽的关键。在 2008 年之后，优酷网和土豆网尝试对 UGC 模式加以改造，使之更加精致。优酷网提出了"青年导演扶持计划"，土豆网策划了"土豆映像节"。虽然名称不同，但本质都是支持和鼓励导演、编剧、摄像、演员等，使他们成为网站上的签约制作者，形成视频网站的利益共同体。

（二）风险投资提供的资金

维持一家视频网站的正常运营投入很大，该行业具有很高的资金壁垒。创建并维护一家视频网站最主要的投入是网络带宽和服务器的成本，然后是内容的版权成本，最后是网站运营的日常维护成本和行政人员开支等。如果在视频网站的发展初期没有风险投资提供资金的话，几乎所有视频网站都没办法生存下去，因为视频网站从创建到运营再到实现盈利健康发展，是一场十足的"烧钱"行动。这其中的花费，不是实体产业和普通银行贷款所能承受的。

土豆网作为新兴网络视频行业的领头羊，在成立的第二年就获得了资本市场的青睐。土豆网在 2005 年 12 月第一轮融资中获得 IDG 投资的 50 万美元，在 2006 年 5 月第二轮融资中获得纪源资本、集富亚洲、IDG 投资的 850 万美元，2007 年 4 月获得由今日资本、General Catalyst 投资的 1900 万美元，在 2008 年 4 月的第四轮融资中获得了来自凯欣亚洲、Venrock、IDG、纪源资本的 5700 万美元的投资，总融资额超过 8000 万美元。

优酷网在融资方面丝毫不弱，于 2006 年 12 月获得硅谷 SutterHill Ventures、国际投资基金 Farallon Capital 和 Chengwei Ventures（成为基金）三家风投共同注资 1200 万美元。2007 年 11 月，贝恩资本集团旗下一支基金及三家现有股东追加2500万美元注资。2008年7月，优酷获得4000万美元融资，包括新增3000万美元的注资及当年5月获得的1000万美元的技术设备贷款（由Western Technology Investment 提供），第四轮融资主要来自原有四家投资方追加投资，新增投资方为Maverick Capital。[①]

（三）视频网站的广告业务

在所有的大众媒体中，电视、广播和网络视频都属于视听媒体。所以当视频网站开始探索盈利模式的时候，首先想到的就是借鉴电视与广播的主要盈利模式：广告。[②] 网络视频广告不仅拥有传统电视广告的优点，如生动的图像、声音、动作等，能在第一时间吸引观众的注意力，而且还有一些自身独特的优势：第一，视频网站能够掌握观众的人口结构信息，如年龄、地域、性别等，分析其爱好、兴趣，更加精准地投放广告；第二，网络视频广告具有交互性，观众可以深度介入广告所创造的氛围；第三，视频网站可以提供更全面的广告效果监测，为下一阶段广告投放提供依据。故而一开始视频网站对广告业务的信心满满。

视频网站的广告有多种形式，如前置式贴片广告、弹窗广告、半透明的活动重叠式广告、暂停界面插入式广告等。前置式贴片广告源自电影和电视，是早期在线视频广告的常用形式，把15秒到30秒不等的电视广告移植到视频网站，用户必须先看完这条广告片，视频正片才能正常播放——这与电影的贴片广告十分类似，具有强制收看的特点。弹窗广告是视频网站从门户网站"克隆"的广告样式，在视频播放页面的右下角弹出一个小型的Flash窗口播放广告内容。半透明的活动重叠式广告是指在打开页面时弹出了一段动画广告，该段广告的背景通常是透明的，并不遮挡页面内容，且播放完毕后自动关闭。暂停界面的插入式广告是指当视频播放被人为暂停后，在播放窗口

---

[①] 风险投资（Venture Capital）简称是VC，在中国是一个约定俗成的具有特定内涵的概念，其实把它翻译成创业投资更为妥当。广义的风险投资泛指一切具有高风险、高潜在收益的投资，狭义的风险投资是指以高新技术为基础，生产与经营技术密集型产品的投资。根据美国全美风险投资协会的定义，风险投资是由职业金融家投入到新兴的、迅速发展的、具有巨大竞争潜力的企业中的一种权益资本。

[②] 事实上，近些年来广告收入占电视台和广播台总收入的比重一直在下降，版权分销、三产收入正在成为电视台和广播台的主要收入来源。

弹出的广告页面,一般包含跳转到广告商品介绍页面的链接。

当时网络视频的广告主,主要来自快速消费品和网络服务领域。快速消费品包括衣服鞋帽、食品、酒水、饮料、化妆品、电子产品等,种类非常丰富,这类广告主的主要目标客户群恰是上网的主力人群——16岁至45周岁的消费者。网络服务主要包括网络游戏、网上征婚交友社区及网络互动社区等,这类广告的目标受众也是长期上网的低年龄用户——他们大多是网络视频的重度使用者。

### (四) 试水状态的付费观看

在萌发阶段,视频网站的收入主要依赖于广告,来源单一。网络视频的持续盈利面临较大风险,一旦广告主减少了对视频广告的投放,或者带宽成本、版权成本增长过快,广告收入难以跟上,视频网站将迅速陷入被动的经营局面。自网络视频在国内出现以来,广告收入就一直难以支撑网站的运营成本,大部分的视频网站迟迟甩不掉"缺少有效盈利模式"的帽子。网络视频行业亟须探索新的盈利模式,这既是实现自身盈利的需要,也是进一步融资的筹码。

新浪网在网络视频付费观看上迈出了第一步。2007年8月9日,获得英国足球超级联赛2007年至2010年度全媒体版权的天盛传媒与新浪网签署新赛季英超视频转播协议。根据协议,新浪网成为中国大陆地区英超赛事网络视频直播的独家门户合作伙伴。新浪网面向中国大陆地区用户,提供该赛季英超联赛包括38轮380场赛事的全程网络直播服务,网络用户可按照单场、包月或包年方式付费收看比赛直播内容,收费标准为包年380元、包月38元、点播3.8元。[①]

## 三、两种发展思路的分歧

在2006年至2008年,各家视频网站对各自的发展定位、发展路径、发展目标都没有清晰的判断,都在不断地根据市场风向和自身优势进行各种尝

---

[①] 新浪试水互联网视频付费:http://www.wangchao.net.cn/web/detail_146482.html。

试，可谓八仙过海各显神通。回望这段历史，当时的视频网站发展方式可以分为四类：第一类是视频分享类网站，土豆网和优酷网是这一类的佼佼者，另外还有酷6网、六间房、56网等；第二类是视频点播类网站，主要包括上海东方宽频、激动网、凤凰宽频等；第三类视频电视直播类网站，如PPstream、PPLive、UUsee等；第四类视频搜索类网站，这类网站起步最晚，如百度视频搜索等。

在这四类发展方式中，根据网站与用户关系亲疏程度的不同，还可以分为社区化视频网站和媒体化视频网站。这两种思路的差异，从萌发阶段产生并长期存在。

（一）社区化

社区化就是把视频网站设计成一个网络社区，将具有相同或相类似兴趣的用户集合在一起，形成一个交流和互动的小圈子网络。社区在满足网民多元化需求的同时形成自身的吸引力与影响力，培养了用户对视频网站的依赖性、忠诚度和长期的注意力。视频网站给用户提供了围绕某种兴趣爱好或情感需求进行互动交流、分享视频的平台，用户利用网络视频分享彼此的生活乐趣，表达自己的审美情趣和喜好。视频网站的社区化发展趋势，将社区的概念融入视频网站的产品形态中，不仅带来了访问流量，提高了用户的黏性，更重要的是提高了视频网站的商业价值，创造出更多的盈利方式。

土豆网和优酷网是社区化的支持者。无论是在创业伊始，还是日后的发展战略，用户产生内容、分享、互动一直都是两者发展的关键词。即使是优酷尝试与电视台合作，也是给电视台一个优酷认证的账号——换言之，电视台也是优酷这个大社区的一部分。

（二）媒体化

媒体化就是学习传统媒体的运行模式，试图将视频网站打造成新媒体环境下的媒体平台。不同于社区化的路子，媒体化的路径更强调视频网站的平台属性，用户之间是一种松散的关系，大家彼此之间互不干涉，互不影响，只是单纯源于对视频的兴趣，来到某个平台看视频。

这一模式的代表是乐视网。乐视网在 UGC 的浪潮中几乎纹丝不动，坚持购买正版版权内容，在 2008 年的版权大战中占尽优势。从乐视网之后的发展战略来看，促成网站会员之间的互动一直不是乐视战略的重点，强化专业自制才是乐视发展的核心——而这与传统媒体的发展思路非常一致。

2005 年至 2008 年，网络视频行业群雄逐鹿。在这三年多的实践中，网络视频业行业的各种新鲜事物层出不穷。在快速变化的现实中，任何的理论都是苍白的。今天用归纳法总结的经验，或者是演绎法推论的原理，很可能在明天就被资本力量主导的实践所推翻。在社区化与媒体化之间，孰优孰劣，只能交给市场去检验。但若从互联网的精神和互联网对中国社会的影响来看，社区化带来的草根精神对中国社会的影响无疑是更大的——这是前所未有的精神启蒙。

## 四、尚不成熟的产业生态

根据 2008 年 7 月《第 22 次中国互联网络发展状况调查统计报告》，中国网民网络视频使用率高达 71%，用户规模超过 1.8 亿人，在所有网络应用中位居第四位。虽然网络视频的市场规模扩张很快，但实现盈利在 2008 年依然无望。大多数的视频网站仍处于原始积累阶段，投入大、利益低。一些视频网站通过资产打包等方式实现了某项业务的盈利，但对于整个行业而言，实现真正盈利仍然有待时日。

维持视频网站运营的带宽成本比较高（占总研发成本的 80% 以上），且当时盈利模式尚不清晰，所以视频网站成立得快、消失得也快。据统计，自 2005 年至 2015 年，在中国至少诞生了百余家视频网站，2016 年仍能叫出名字的不超过十家，其余的都倒在了创业的路上。2008 年，金融危机从美国发端，进而蔓延到全球，全世界多个行业出现资金链断裂的情况。网络视频作为新兴行业，产业生态不成熟，对资本依赖程度高，受金融危机的影响更加明显。

## （一）内容质量的隐忧

在 2008 年之前，网络视频行业缺少监管标准、行业规范和行业协会引导，各网站之间相互拆台、相互掐架的现象时有发生，播放卡顿、内容不完整的问题经常出现。由于市场发育不成熟、竞争不充分，且行业规范、行业标准尚未建立，2005 年至 2008 年的网络视频质量参差不齐，表现在三个方面：

第一，视频的码率比较低。受制于 2005 年至 2008 年家用手持摄录设备较差的性能（尽管在当时已经是高端产品）和当时互联网比较有限的带宽情况，这一时期网络视频的格式普遍是码率较低的 FLV[①]。然而，就算是 FLV 格式，一些网站仍然难以保证所播放视频的清晰可看。

第二，视频的版权不规范。与网络视频相伴而生的是用户产生内容（User Generated Contents, UGC）的模式。虽然 2001 年新修订的著作权法将信息网络传播权纳入著作权保护的范围，但直到 2006 年 5 月国家才发布《信息网络传播权保护条例》。在此之前关于信息网络传播权的界定和保护一直缺少明确的规定。所以，在该保护条例实施以前（2006 年 7 月 1 日）著作权权利人很难向视频网站或者上传视频的用户申明权利并要求赔款。一方面著作权权利人无法申明权利，另一方面最先上传视频的网站和网民也无法申明权利，这就给网站之间相互盗版和相互盗链[②]留下了空间。

第三，视频的审美不健全。网络视频刚刚兴起的时候，缺少内容审查标准和机制。视频网站是否有义务和责任审查网民上传的内容，在当时还是待讨论的问题。在此情况下，一些打"擦边球"的视频成为互联网的"热点"，如某明星上传的所谓私生活视频和在电视上被封禁的政治有害内容。

这些不成熟的现象，一方面因为网络视频作为新生事物，相关的管理规

---

① FLV：FLV 是 FLASH VIDEO 的简称，FLV 流媒体格式是随着 Flash MX 的推出发展而来的视频格式。由于它形成的文件极小、加载速度极快，使得网络观看视频文件成为可能，它的出现有效地解决了视频文件导入 Flash 后，使导出的 SWF 文件体积庞大，不能在网络上很好地使用等问题。

② 盗链：指服务提供商自己不提供服务的内容，通过技术手段绕过其他有利益的最终用户界面（如广告），直接在自己的网站上向最终用户提供其他服务提供商的服务内容，骗取最终用户的浏览和点击率。受益者不提供资源或提供很少的资源，而真正的服务提供商却得不到任何的收益。

范不够完善。[①] 另一方面，由于网络视频业务在行政管辖的划归上既属于广播电视行政主管部门，又属于电信部门，谁应该出方案、抓落实，很长一段时间没有明确的答案（2007年年底出台的《互联网视听节目服务管理规定》[②] 终结了这一问题）。

（二）网络视频的"短板"与电视台的"撒手锏"

视频网站的主要来源是用户上传和网站自己制作、购买，这其中用户上传的内容占了大多数。然而，这些内容来源混乱，很多是用户从其他各种非正规渠道复制、下载、转录来的。网站为了充实自己平台的节目数量也会从其他网站盗取视频。以上种种导致行业内各类纠纷不断。缺少对版权内容的正当获取机制与保护机制，在2008年前后成为制约视频网站进一步发展的拦路石。

网络视频的这块"短板"，正是电视台的"撒手锏"。电视台拥有众多具有正规版权的高质量影视作品，因此视频网站与电视台的合作便是一种解决问题的合理方式。这种合作既可以看作是双方的强强合作，亦可以看成是优势互补。总之，视频网站能够通过合理的代价获得优质视频内容，保证稳定的内容输出量，避免陷入版权纠纷和"天价"版权的陷阱；电视台也可以借助与视频网站的合作掌握新媒体运营和管理的经验，拓展自身内容产品的播放渠道，另外还可以获得一些用户生产的内容，得到更多鲜活的节目素材。

但是，视频网站与电视台的这种合作模式并未获得政策的许可或肯定。这为2009年之后电视台自办视频网站埋下了伏笔。

---

① 广电总局2004年第39号令《互联网等信息网络传播视听节目管理办法》在业务资质、节目来源和管理监看等方面做了基本的要求；于2007年年底颁布、2008年年初施行的广电总局、信息产业部2007年第56号令《互联网视听节目服务管理规定》在这方面的规定更加详细。

② 于2007年年底颁布、2008年年初施行的《互联网视听节目服务管理规定》（广电总局、信息产业部2007年第56号令）明确了广电部门和信息产业部门在互联网视听节目服务管理方面的分工：广电总局是互联网视听节目服务的行业主管部门，负责实施监督管理，统筹互联网视听节目服务的产业发展、行业管理、内容建设和安全监管；信息产业部依据电信行业管理职责对互联网视听节目服务实施相应的监督管理。

### (三)"身份"危机

继 2003 年广电总局 15 号令和 2004 年广电总局 39 号令之后,2007 年 12 月 29 日广电总局、信息产业部联合发布了《互联网视听节目服务管理规定》。这一规定在内容上比 15 号令和 39 号令更加详细,明确了互联网视听节目的定义、主管部门、指导思想、准入门槛等多项内容。其中国有控股要求和许可证制度对当时的网络视频行业影响最大。从 2003 年的 15 号令开始,广电总局就要求在互联网上传播视听节目,必须持有"信息网络传播视听节目许可证"。2007 年年底的新规,对申请许可证的资质提出了更严格的要求:

1. 具备法人资格,为国有独资或国有控股单位,且在申请之日前三年内无违法违规记录;

2. 有健全的节目安全传播管理制度和安全保护技术措施;

3. 有与其业务相适应并符合国家规定的视听节目资源;

4. 有与其业务相适应的技术能力、网络资源;

5. 有与其业务相适应的专业人员,且主要出资者和经营者在申请之日前三年内无违法违规记录;

6. 技术方案符合国家标准、行业标准和技术规范;

7. 符合国务院广播电影电视主管部门确定的互联网视听节目服务总体规划、布局和业务指导目录;

8. 符合法律、行政法规和国家有关规定的条件。

其中,"国有独资或国有控股单位"这一要求最为致命,给网络视频带来了身份"危机"。虽然 2003 年和 2004 年广电总局的规定也对申请许可证提出了资质的限制,但并没有给民间资本关上门。2005 年至 2007 年发展势头迅猛的网络视频企业,没有一家是国有独资或国有控股(除了电视台自办网站)。这一要求,基本给当时所有的非电台、电视台主办的视频网站判了死刑,包括三巨头土豆网、优酷网和乐视网。不过,这一政策在执行的过程中有所变通。广电总局以答记者问的形式表示:"只要是《规定》发布之前依法开办、无违法违规行为的互联网视听节目服务单位,可重新登记并继续从业。"①优酷网、土豆网、乐视网、酷六网、56网等视频网站顺利获得了该许可证。

(四)"荒芜"的资本市场

在2008年,除了行政力量带来的政策地震,资本力量同样给视频网站"穿小鞋"。2008年美国爆发次贷危机,导致全球资本市场遇冷,许多视频网站的"金主"纷纷撤离。据公开资料显示,当时百余家中国视频网站陷入了融资难的困境。由于2008年金融危机持续时间长、波及面广,大部分中小型视频网站都没熬过这一关。冲出包围圈的要么是土豆网、优酷网等用户规模庞大、融资能力强的公司,要么是乐视网这样的上市公司,或者如酷六网这样有"金主"(上市公司盛大网络)依靠。这场金融危机过后,无依无靠的56网被收购,之前生龙活虎的新兴视频网站销声匿迹,整个中国网络视频市场狼藉一片。百度、腾讯、搜狐等已上市的、拥有较强投资能力的公司趁机进入,开始大规模涉足网络视频业务。

由于视频网站前期巨大的投入成本,且成长期收入远远抵不上支出费用,2005年到2007年所有视频网站都处于赔钱赚吆喝的状态,网站的运转主要依靠风险投资来维持。到了2008年,金融危机席卷全球各行业,视频网站很难再获得大量的融资,面临前所未有的严峻考验。经过了被风投资金"喂养"的两年,视频网站需要用行动和业绩证明自身的商业价值。

---

① 广电总局、信息产业部负责人:《就〈互联网视听节目服务管理规定〉答记者问》,《人民日报》,2008年2月4日。

# 第三章 竞争：2009年至2013年

## 一、"国家队"来了

这里的"国家队"，并不是指体育运动领域的国家代表队，而是具有政府背景的互联网参与者。2012年后半年，以《人民日报》官方微博为代表的一批主流媒体[①]微博账号在舆论场中特别活跃。这批非个人所有的微博账号被称为是微博上的"国家队"。与一般微博账号的"草根"性不同，这些"国家队"代表了主流的立场、取向和判断。本章所指的"国家队"与微博"国家队"非常类似，也是指具有政府背景的视频网站，如中国广播网（中央人民广播电台网站，后更名为央广网）、国际在线（中国国际广播电台网站）和央视网（中央电视台网站，后更名为中国网络电视台）。

"国家队"进入网络视频领域，一定程度上说明广电行政主管部门已经意识到了网络视频的社会影响力和发展潜力，从一个侧面说明2009年前后中国网络视频行业已经初具规模。现在很难去核实"国家队"入场的具体原因，但本书大胆猜测，除了网络视频行业本身的影响力和发展潜力，广电行政主管部门对网络视频的乱象亦有加强规范引导的意向。

以央视网为代表的"国家队"，在政策、资源和经验等方面具有先天优势，这是商业视频网站所不具备的。"国家队"一方面树立了版权保护等行业发展的规范，另一方面成为网络视频行业的新参与者，使行业内部的发展格局从单纯的商业竞争转向国营网站与民营网站竞争、民营网站之间相互竞争的复杂局面。

---

① 本书所说的主流媒体，主要是指国有媒体，包括通讯社、电视台、电台、出版社、报社等。

### (一) 网络视频版权保护联盟

2009年8月19日，央视网、凤凰网等在北京举行启动仪式，发起"网络视频版权保护联盟"。该联盟的成员包括上海文广东方宽频、湖南金鹰网、北京电视台和深圳广电集团。联盟的参与者不仅有电视媒体的背景，而且还是该领域的强势单位。此外，这一联盟还有国家部委的背书，国家版权局、工业与信息化部、国务院新闻办公室、国家广播电影电视总局、北京市网管办等单位参加了启动仪式。保护联盟的成员签署了《2009年版权保护宣言》，《宣言》指出联盟成员之间将"加强正规渠道版权内容合作和交易工作，促进版权市场健康多方向发展，建立更加成熟有效的商业模式和运营模式"，同时也呼吁"政府主管部门和司法机构加大版权保护力度，为视频新媒体产业的健康发展营造良好的环境"[①]。

这一联盟关于保护视频版权的声明与呼吁，实际上正指向网络视频版权保护意识不够、力度不足这一薄弱环节。这是国内电视媒体首次联合起来，利用自身的资源优势向网络视频发起挑战。联盟由中央电视台主办的网站——央视网和境外商业电视台主办的网站——凤凰网作为牵头人发起，从成员布局上来看是"强者牵头"。版权联盟的成员都是依附于电视台的视频网站，而非电视台本身。这些视频网站与所依附的电视台在版权这一问题上形成了同盟军，获得了电视台积累的版权资源。如此一来版权成为网络视频"国家队"与商业视频网站竞争的重要优势。从媒体的公开报道来看，国家版权局对这一举措十分支持，认为改善网络视频行业的版权保护环境不能依靠各企业单枪匹马作战，尤其是在"国家队"之间本身就存在侵权纠纷的情况下（网络电视台诞生初期也存在盗版和盗链的情况，只不过比商业视频网站轻微得多），更需要协调一致、共同进退，自律为先、合作在次、最终团结对外反侵权。

虽然各加盟单位在启动仪式上表示会协同合作推进网络视频版权保护，但是从公开报道来看被寄予厚望的"网络视频版权联盟"在启动仪式之后并没

---

[①] 央视网凤凰网建立"网络视频版权保护联盟"：http://tech.163.com/09/0820/09/5H5CS4NP000915BF.html。

有推动网络知识产权保护的其他动作。一个月之后，由搜狐视频、激动网、优朋普乐、华夏视联联合发起的"中国网络视频反盗版联盟"成立[①]。"中国网络视频反盗版联盟"的成立宗旨、行动原则等与前文提到的"网络视频版权联盟"大同小异，只不过前者的主要参与者是电视台自办的视频网站，后者的主要参与者是商业视频网站。但是，在网络视频版权保护的具体实践中，具体的企业是主要行动者，各类协会和联盟的象征意义大于实际意义。各类联盟的成立，宣告了部分网站行动上的一致，但"表决心"的效应大于"惩盗版"的功能。

（二）中国网络电视台

对于电视台这一当时的强势媒体，网络视频在创业的萌芽阶段多次与电视台合作。如本书第二章提到的，PPLive的业务范围曾经包括为电视台做网络转播提供技术方案；优酷网与多个电视台形成合作关系，为电视台在网络平台上播出节目提供平台支持。网络视频依靠与电视台的合作扩充内容资源，以传播能力这一强项弥补制作能力的短板。电视台借助视频网站成熟的技术平台，扩大了节目传播范围，尤其是扩大了向年轻观众群体的渗透力。网络视频与电视台之间度过了一段短暂的蜜月期，这段蜜月期因电视台自办网络电视台而宣告结束。

**1. 中国网络电视台的成立背景**

与商业视频网站"自发"成立不同，中国网络电视台是国家推进三网融合的产物。三网融合，是指电信网、电视网、互联网三张网实现内容共享、渠道共享，使电信网能够传输数据信号和电视信号、电视网能够传输语音信号和数据信号、互联网能够实现语音通话和电视信号传输。单纯从技术方案来看，实现"三网融合"并不困难。欧洲和美国早已实现了三网融合，欧洲的跨媒体编辑部[②]、美国的Netflix等都是三网融合的产物。但是，中国的电信网、

---

① 中国网络视频反盗版联盟网站：http://tv.sohu.com/s2009/fdblm/。

② 关于欧洲跨媒体编辑部的介绍，参见刘昶的文章《跨媒体新闻编辑部：欧洲的融媒实践》(《中国记者》2011年第7期)。

互联网与电视网的行政主管部门并不统一,前两张网由工业与信息化部负责,第三张网由广电总局负责。三张网的内容与技术对接,涉及不同部委间的重新分工与协作,推进缓慢。在 2008 年前后,关于三网融合的讨论,比较主流的声音是通过一家主流媒体率先试点改革,带动全国的三网融合工作。

2008 年 1 月 1 日,国家发展改革委员会、科技部、财政部、信息产业部(工业和信息化部的前身)、国家税务总局和国家广电总局六部委发布《关于鼓励数字电视产业发展若干政策的通知》,提出"以有线电视数字化为切入点,加快推进'三网融合'"。2009 年 5 月,国务院发文要求:"落实国家相关规定,实现广电和电信企业的双向进入,推动'三网融合'取得实质性进展。"[①]

同样是在 2008 年,中国成功举办了北京奥运会。在申奥、迎奥、观奥的阶段,中国政府深切体会到强大的国家传播能力带来的优势,以及当年中国国际传播能力的不足。2008 年之后,增强国际传播能力建设,成为提升国家软实力的重要内容。国际传播需要具体的载体,载体的影响力越大,国际传播的效率越高。打造一批具有强大传播力的现代媒体是提升国际传播能力的关键一步。

国家推动三网融合的意愿和打造具有强大国际传播力媒体的战略,共同把目光投向了中央电视台。中央电视台的前身是 20 世纪 50 年代成立的北京电视台,在 20 世纪 70 年代末更名为中央电视台后,一直是国内电视界的翘楚,在制作能力、人才队伍、设备水平、新闻资源等方面具有无可比拟的优势。中央电视台在 20 世纪 90 年代也曾站在改革的浪头,在新闻节目形态创新、电视节目语态创新等多个方面取得了里程碑式的成果。[②] 进入 21 世纪后,中央电视台依然是全国综合实力最强的电视台,其创办的央视网在各电视台网站中也是佼佼者。

在 2008 年年底,中央公布了《2009 年至 2020 年我国重点媒体加强国际传播能力建设总体规划》,明确以央视网为主体打造国家网络电视台。中央电

---

[①] 《国务院批转发展改革委关于 2009 年深化经济体制改革工作意见的通知》。
[②] 参见孙玉胜著:《十年:从改变电视的语态开始》,人民文学出版社 2012 年版。

视台就是央视网的最大优势。前文中提到，在2005年至2008年之间，许多电视台在商业视频网站开设频道上传节目，但中央电视台始终未参与这一形式的合作。想要在网上观看中央电视台的节目，只能上央视网。

　　2009年12月28日，在原央视网的基础上，中央电视台组建了中国网络电视台。中国网络电视台的英文名是China National Television，简称为CNTV，创站基础是央视网的平台和团队。根据公开资料显示，中国网络电视台成立初期的目标是全面部署多终端业务架构，并建设网络电视、IP电视、手机电视、移动电视和互联网电视等集成播控平台。与商业视频网站一开始以内容建设为重点不同，中国网络电视台创建伊始以平台建设和技术准备为主。这一方面是因为中国网络电视台背靠中央电视台这棵内容资源的大树，在视频资源方面可谓"取之不尽，用之不竭"，在早期不需要在内容建设上过分投资；另一方面，相对于国内的商业视频网站，中国网络电视台起步晚了四年多，在内容资源库管理和响应大规模播放请求等方面还需要大量的技术探索。中国网络电视台成立之后，大部分央视播出的节目都能在中国网络电视台上在线观看。根据中国广播电视年鉴的记载，中国网络电视台的"爱布谷"频道提供50个电视频道全天候的高清直播服务和点播回看功能，覆盖了600余个央视及卫视栏目。①

　　中国网络电视台的成立带动了省级网络电视台的发展。2009年，湖南广电集团将旗下的芒果网络电视(tv.hunantv.com)从金鹰网剥离出来，以独立域名、独立品牌的形式运营。上海文广新闻传媒集团在同一时期成立了上海网络电视台。此后，江苏网络电视台、安徽网络电视台等次第开播。"国家队"的声势日渐壮大，改变了网络视频领域商业力量独大的局面。2010年，我国的网络视频行业已基本形成网络电视台和商业视频网站双边争霸的局面，中国网络电视台成为前者的代表，后者的代表则是优酷网、土豆网和乐视网。

### 2. 中国网络电视台的发展历程

　　作为国内第一家"国"字头网络电视台，中国网络电视台既具有商业性

---

① 中国广播电视年鉴社：《中国广播电视年鉴》(2010年版)，第253页。

质,又是国家宣传单位,还承担了行业发展领头羊的责任。这种多重身份合于一身的状态,是其他商业视频网站所不具有的特征。中国网络电视台创建初期没有多少可供借鉴的经验,只能"摸石头过河"不断探索合适的经营模式。总体来看,中国网络电视台经历了以下三个发展阶段。

(1) 初步生长期(2009年12月至2010年年初)

中国网络电视台的主页参考了商业门户网站和网络视频网站的版面设计,分为新闻、综艺、体育、博客、搜视五个板块,并提供客户端下载功能。有意思的是,与商业视频网站"网站名+板块名"的命名规则(如优酷娱乐)不同,中国网络电视台的5个板块分别以"台"命名:新闻台、综艺台、体育台、博客台("爱西柚")、搜视台("爱布谷")。其中,博客台的实质是原先出现在商业门户网站的播客,带有UGC的色彩,提供名为"我的电视"的自制视频上传业务,包括上传、收藏、喜好、推荐、天平和定制等功能。搜视台即把电视台播出的数字信号直接搬到互联网上,提供互动直播、栏目点播和节目回看的功能。

(2) 逐步探索期(2010年至2011年年底)

中国网络电视台很快开始向"大而全"的方向发展,在2010年开设了财经台、教育台、民族台、电影台、探索台、电视剧台、动漫台、游戏台、台海台、亚太台10个专业台。在2011年,开设音乐台、旅游台、健康台、购物台、北美台、欧洲台、俄语台、阿语台10个专业台。①

中国网络电视台于2010年3月24日获得了国家广电总局颁发的第一张互联网电视牌照。同月,CNTV与清华同方签署战略合作协议,并于2010年5月31日推出装有"央视国际集成播控平台"的网络电视机——尚网电视。这是首台合乎国家行政规定的互联网电视机。但这一互联网电视没过多久就销声匿迹了。

这一时期中国网络电视台基本沿袭了"办电视台"的思路。与其说这是一家视频网站,不如说这是一家在网络上播出节目的电视台。尽管它也提供

---

① 汪文斌:《中国国家网络电视台的战略构想与实践》,《新闻战线》,2010年,第2期。

了网站自制节目,但这些节目定位于电视节目的"花边儿",是电视节目的附属品。当时中国网络电视台的自制节目和网民上传的节目都比较少,绝大部分的内容都是中央电视台的节目,或者是使用电视节目"边角料"制作的网络节目。

(3) 跨步拓展期(2012年后)

2012年前后,以智能手机和平板电脑为代表的智能终端在国内遍地开花,基本实现了人手一台甚至多台。许多网站都开发了适配各类智能终端的软件。中国网络电视台经历了多年的技术积累,在内容管理和带宽优化方面已经基本达到了同期商业视频网站的水平。2012年中国网络电视台开始实践多终端发展思路,在移动终端(智能手机、平板电脑)、电视终端(互联网电视)、多媒体终端(汽车、火车、民航、地铁、楼宇、广场大屏幕等户外载体)拓展业务。

作为"国"字头的视频网站,中国网络电视台的经营活动包含了一些公益元素,开设了多语种视频频道,包括英、西、法、阿、俄、韩6个外语频道和蒙、藏、维、哈、朝5种少数民族语言频道,并向全球210个国家和地区的互联网用户进行数据分发。

**3. 中国网络电视台的竞争优势**

第一,国家政策提供的天然保障。中央电视台试水网络视频时,优势可谓得天独厚——广电总局的政策,给予了电视台办视频网站非常大的便利。电视台可以轻松获得网络视听节目服务许可证,而商业网站则需要经过较为复杂和严格的资格审查。国家广电总局共颁发了七张互联网电视集成业务牌照,均为各类网络电视台获得,其中就包括中国网络电视台。[①] 从管理制度而言,电视机厂商要发展互联网电视业务,都要与上述牌照商合作。除了新华网、人民网、中国网和中国网络电视台等为数不多的政府背景的新闻网站,其他的商业视频网站均没有被授权可以从事新闻采访工作。这是中国网络电

---

[①] 获得互联网电视集成业务牌照的还有杭州华数、百视通、南方传媒、湖南电视台、中国国际广播电台和中央人民电台。

视台的又一政策优势。

第二，内容优势带来的资源富矿。无论是商业媒体还是政府背景的主流媒体，内容资源建设都必不可少。在《中华人民共和国著作权法》和《信息网络传播权保护条例》[①]的保护下，版权得到了越来越多的重视，成为一种具有延伸价值的资源。资本市场对好的知识产权和知识产权延伸品青睐有加。一个成功的版权节目可以实现"一鱼多吃"，在网络、电视台、广播、户外媒体等不同平台播出，也可以延长产业链开发周边产品，拓展更多的盈利点。中国网络电视台背靠中央电视台，拥有珍贵的中央电视台影音资料库和不断更新的节目资源，这是其他视频网站所不具备的优势。

（三）《互联网视听节目服务管理规定》

早在2003年之前，广电总局就已经关注到在互联网上传播的视听节目，并于2003年1月7日出台了《互联网等信息网络传播视听节目管理办法》。一年后，广电总局又对这一办法进行了更新。2003年的规定重点在管理"在互联网等信息网络中开办各种视听节目，播放（含点播）影视作品和视音频新闻，转播、直播广播电视节目及视听节目形式转播、直播体育比赛、文艺演出等各类活动"，2004年这一范围就扩大到"以互联网协议作为主要技术形态……（传播的）利用摄影机、摄像机、录音机和其他视音频设置设备拍摄、录制的，由可连续运动的图像或可连续收听的声音组成的音视频节目"。对比这两份规定可以发现，管理范围明显扩大了。

管理规定更新得快，网络视听行业发展得更快。2003年互联网视听服务领域还是播客的天下，到了2004年各类商业门户网站都开展了视频业务。尤其是2005年至2006年间以土豆网和优酷网为代表的商业视频网站纷纷成立，其内容生产机制、内容传播方式已经超出了先前互联网视听节目管理规定的范围。而且，若干家商业视频网站借政策的"空档期"在内容上"打擦边球"，

---

[①]《信息网络传播权保护条例》于2006年5月18日以中华人民共和国国务院令第468号公布，根据2013年1月30日中华人民共和国国务院令第634号《国务院关于修改〈信息网络传播权保护条例〉的决定》修订。该《条例》共27条，自2013年3月1日起施行。

迅速引起网民的关注并开始影响舆论，对电视媒体在传媒领域的主导地位构成了威胁。2004年的管理规定从文字表述上到管理办法上都跟不上行业发展的现实。

2007年12月29日，广电总局、信息产业部公布《互联网视听节目服务管理规定》（下文简称《规定》）①，从2008年1月31日起实施。这一《规定》对之前的相关规定做出了大幅度的修改，特别是提升了网络视频行业的准入门槛、明确了广电行政主管部门和电信部门在网络视听节目管理中的分工。

《规定》中关于行业准入门槛的要求：

《规定》第七条："从事互联网视听节目服务，应当依照本规定取得广播电影电视主管部门颁发的信息网络传播视听节目许可证（简称《许可证》）或履行备案手续。未按照本规定取得广播电影电视主管部门颁发的《许可证》或履行备案手续，任何单位和个人不得从事互联网视听节目服务。"

第九条："……从事主持、访谈、报道类视听服务，需广播电视节目制作经营许可证和互联网新闻信息服务许可证，从事自办网络剧（片）类服务，还需广播电视节目制作经营许可证。"

第十条："……《许可证》有效期为3年……"

《规定》中关于"国资控股"的要求：

《规定》第八条："申请视听许可证应当同时具备以下条件：'具备法人资格，为国有独资或国有控股单位，且在申请之日前三年内无违法违规记录'。"

这就意味着，任何个人、非国有独资或非国有控股企业都不具备申请许可证的条件。根据这一规定，从事互联网视听节目服务的单位除了应当依照该规定取得广播电影电视主管部门颁发的信息网络传播视听节目许可证以外，还要符合安全传播管理制度、具有视听节目资源储备、相应的技术能力、网络资源和资金、技术人员等共八项标准。

2008年之前国内视频网站大多数以民营企业的身份创办，《规定》第八条

---

① 国家新闻出版广电总局网站：《互联网视听节目服务管理规定》http://www.sarft.gov.cn/art/2007/12/29/art_1583_26307.html

基本宣布了当时绝大部分视频网站"死刑"。该《规定》甫一出台就引起了行业的讨论。后来，广电总局以答记者问的形式表示"只要是《规定》发布之前依法开办、无违法违规行为的互联网视听节目服务单位，可重新登记并继续从业"。① 这意味着在该规定出台之前创办的视频网站，可以不受"国有控股"的限制。

《互联网视听节目服务管理规定》对行业门槛、行业规范、市场监管等做了较为详细的规定，是中国网络视频发展道路的重要转折点。之后中国视频网站的发展模式，多少都受到该《规定》的影响。总体来看，这一《规定》至少存在以下三方面的影响：

第一，支持网络视频行业的整体繁荣。与国有媒体电台、电视台不同，许多视频网站都是商业属性，其"身份"一直是个大问题：视频网站是不是媒体，国家是否支持视频网站的发展？虽然广电总局在 2003 年和 2004 年的管理规定中称"鼓励广播电台、电视台通过国际互联网传播本台广播电视节目"，但电台、电视台自办网站之外的视频网站将如何生存？《互联网视听节目服务管理规定》中对国家对网络视频行业的态度进行了更细致的表述："鼓励互联网视听节目服务单位积极开发适应新一代互联网和移动通信特点的新业务，为移动多媒体、多媒体网站生产积极健康的视听节目，努力提高互联网视听节目的供给能力；鼓励影视生产基地、电视节目制作单位多生产适合在网上传播的影视剧（片）、娱乐节目，积极发展民族网络影视产业。"

第二，鼓励国有资本投资网络视频领域。《互联网视听节目服务管理规定》公布于 2007 年末，面对的已经是视频网站遍地开花、电台和电视台网站缺少特色的行业现实。如何对这些来自民间资本的视频网站施加影响并支持鼓励电台和电视台网站发展，新规表示："鼓励国有战略投资者投资互联网视听节目服务企业。"这一规定引导国有资本进入网络视频领域，既可以为电台和电视台的自办网站注资，又有利于通过资本的手段加强对商业视频网站的影响，

---

① 广电总局、信息产业部负责人：《就〈互联网视听节目服务管理规定〉答记者问》，《人民日报》，2008 年 2 月 4 日。

成为国有资本投资文化产业的风向标。

第三，限制社会资本进入网络视频领域。广电总局2003年和2004年关于互联网等信息网络传输视听节目的管理规定虽然对从事相关业务的主体做出了资质要求，但未从资金来源上做出区分，也没有限制民间资本涉足这一领域。《互联网视听节目服务管理规定》明确要求只有国有独资或国有控股单位才能申请网络视听节目服务许可证，社会资本不能控股视频网站（2008年之前已经成立的视频网站除外）。新规使2008年之后商业视频网站的数量基本没有增长，且由于版权保护力度不断加强，一些资本规模较小的商业视频网站逐渐难以支付高昂的内容成本而倒闭，客观上淘汰了不具备长期发展条件的中小视频网站，网民注意力、市场资本和版权资源越来越向若干家主流的视频网站集中。在行业中处于领头地位的几家网站发展资源更加丰富，发展速度更快。除了国内的社会资本，外资也不被允许在国内从事网络视听业务，YouTube、Hulu、Netflix等世界网络视频市场的巨头被政策挡在国门之外，客观上为优酷网、土豆网等国内视频网站的发展创造了有利竞争环境。

在这一《规定》发布后，广电总局又推出了一系列政策并组织专项行动对网络视频行业进行整治。从国家层面出发，加强对网络视频的监管有利于为行业的发展提供良好的生态环境，提高行业门槛和版权保护力度奠定了之后网络视频行业发展的基础性条件。电台和电视台主办的视频网站是这一《规定》的直接受益者，被寄希望于成为推进三网融合的骨干力量。

对视频网站来说，符合《规定》中关于国有资本占股的要求成为获得网络视听许可证迈不过去的坎儿。尽管后来关于股权的规定有所松绑，不再"一刀切"地执行，但这一政策对于投资人来说是巨大的政策风险。一旦未来行业政策再生根本性的变数，那么之前投入的资金很有可能"打水漂"。从这一角度来看，《规定》给商业视频网站之后的融资带来了一定的障碍。

"几家欢喜几家愁"，一边是面临巨大政策风险的商业视频网站，一边是乘着政策东风崛起的网络电视台。后者从《规定》中受益最大，商业视频网站纷纷找到具有国资背景的视频网站，或是借壳或是委身其下，上演了一出

"国进民退"。

## 二、资本市场的青睐

经历了2005年筚路蓝缕的历程和2008年的市场洗牌,一些不具备长远发展实力的视频网站败下阵来,大浪淘沙留下了具有一定经验和资本的大型网络视频企业。这些企业的体量巨大,日常运营成本较高,而且带宽成本、内容成本和人力成本一直在增长,普通银行贷款和风险投资已经捉襟见肘,视频网站迫切需要拓展新的融资渠道。

### (一)上市:视频网站成为资市宠儿

上市,即进入股票市场,面向公众公开发行股票,其募集资金面远大于其他融资方式。只要企业业绩足够好,上市能够为企业的发展筹来源源不断的资金。对于绝大多数的视频网站来说,上市是非常理想的发展道路。

中国视频网站寻求上市,既有优势又有劣势。所谓劣势,是指国内的视频网站在2008年前后均未实现盈利。根据中国证券市场的上市规定,凡是申请上市的企业,均需要拿出连续两年实现盈利的证明。大多数国内视频网站达不到这一要求。彼时的视频网站依然处于高投入、低收益的状态,经营入不敷出,资金缺口非常大。在这种情况下,中国的视频网站纷纷谋求在门槛较低的海外证券市场上市,成为"中概股"[①]的一员。

所谓优势,是指中国文化消费市场的巨大潜在开发价值。自改革开放以来,中国经济连续多年实现高速增长,创造了中国奇迹。进入21世纪之后,推动经济结构转型升级逐渐被提上政府议程,加快发展以文化产业为代表的第三产业,成为下一阶段中国经济发展战略的共识。中国人口基数庞大,相应的文化消费市场规模也较大,相比美国、英国、日本等发达国家的后发优势明显;相比俄罗斯等经济疲软国家,中国居民的文化消费的欲望更加强烈。此时,中国的文化消费市场被各国资本普遍看好。网络视频作为新兴的内容

---

① 中概股是中国概念股的简称,是相对于海外市场来说的,同一个公司可以在不同的股票市场分别上市,所以,某些中国概念股公司也可能在国内同时上市。

产业，目标消费人群的购买力较强、更容易接受新思想，是资本市场重点关注的领域。

从国内视频网站的实践来看，上市的方式主要有两种：

1. 依附型上市

有的视频网站依附于已上市的大型互联网公司，或与上市公司并购后重组曲线上市。如 2009 年 11 月，酷 6 网加盟盛大集团，与华友世纪合并后借壳上市，于 2010 年 6 月登陆美国纳斯达克。

2. 独立型上市

有的视频网站凭借自身强大的资源与独特的运营模式说服资本市场实现上市。如 2010 年 8 月 12 日，乐视网在国内创业板挂牌上市；2010 年 12 月 8 日，优酷网登陆纽约证券交易所，成为全球首家在美国独立上市的视频网站；土豆网于 2011 年 8 月 18 日登陆纳斯达克。

除了以上提到的企业，其他视频网站也在积极谋划进入资本市场，尤以 2010 年为甚。这一年被称为视频网站的"上市元年"。上市解决了视频网站的融资问题，短期内可以不再为资金发愁。同时，视频网站通过上市获得了比较充足的发展资金，在引进节目、招聘人才、优化技术、广告投放、营销支持等方面步子更大，企业实力也相应地有了提升，超越了大多数未上市的视频网站。网络视频领域出现了"赢者通吃"的现象，处于行业发展前列的网站用户规模更大，在上下游产业链的话语权更强，没有资本靠山的视频网站难以望其项背。但是，在美国上市的视频网站受到美国市场波动和中国市场波动的双重影响，且由于美国投资者难以感知公司远在中国的主营市场。所以，相对于在海外上市，在国内上市的视频网站能够获得较高的溢价。以乐视网为例，乐视网 A 股创业板上市后，不到五年时间总市值就占整个创业板市值的 10%，成为创业板和传媒板块的双龙头股。

（二）兼并与重组奠定网络视频行业的新格局

企业间的兼并至少可以给企业带来两方面的好处：集中生产要素与降低生产成本。传媒业的生产要素主要是人力和版权，这也是传媒类企业主要的成本支出。在 2010 年前后，国内视频网站的版权大战显著增加了企业在以上两项生产要素中的投入，同时也使生产要素在行业中的分布更为分散。每一家视频网站都难以通过提升规模效益来降低成本，行业发展进入一种不健康的状态。

英国经济学家阿尔弗雷德·马歇尔[①]指出形成规模经济有两种途径：依赖于个别企业对资源的充分有效利用、组织和经营效率的提高而形成的"内部规模经济"和依赖于多个企业之间因合理的分工与联合、合理的地区布局等所形成的"外部规模经济"。视频网站的业务较为单一，不具备提升内部规模经济的可行性。在 2010 年前后，国内网络视频行业发展的现实是生产要素过度分散。所以提升网络视频行业的规模效益需要从外部着手，即多个企业之间的联合。

在这一阶段，网络视频行业内出现了一轮并购潮，总体呈现出资本密集、强强联合的特征。在本章所讨论的时间段内，改变行业发展格局的大型兼并或收购案有三起：

**1. 视频网站联合：优酷网与土豆网的合并**

2012 年 8 月 20 日，优酷网与土豆网股权合并方案获双方股东大会的批准，优酷网、土豆网以 100% 股权交换的方式强强联合，共同成立优酷土豆集团公司。优酷土豆表示，新公司将努力推进两个网站的业务融合，在影视节目采购、服务器采买、后台数据、视频搜索、媒资库、广告投放系统等方面进行合并。

网络视频行业的显著特征是资本密集。版权、带宽、营销、运营，都需要较高的投入。在网络视频行业的草创期，各网站非常清楚在短期内难以实现盈利。但长期来看，网络视频是互联网的新型业态，有可能成为将来互联网的主流应用，所以没有哪个网站敢于放弃这一块业务。在这种背景下，谁能熬过漫长的寒冬，谁就拥有整个行业的春天。"事实上，如果 YouTube 当年

---

① 阿尔弗雷德·马歇尔（Alfred Marshall, 1842—1924）近代英国最著名的经济学家，新古典学派的创始人，剑桥大学经济学教授，19 世纪末和 20 世纪初英国经济学界最重要的人物。

没有及时被 Google 收购，它有可能已经撑不下去，视频网站对资金的需求实在太疯狂。"①

在 2012 年前后，优酷网和土豆网的市场占有率已经分别位列行业第一和第二。其中优酷网以先进的内容分发网络（CDN）和视频搜索引擎（搜库），提供了业内较为领先的观看体验。

内容分发网络是一种优化数据传输路径的方案。其技术原理是在现有物理互联网的基础上，由算法建立一套虚拟的互联网，在这一虚拟的互联网中，动态统计各条传输路径的数据量和稳定性，从而达到自动避开影响数据传输速度和稳定性的瓶颈节点。比如说，一名北京的用户观看某一网络视频最流畅的方案是直接读取位于北京的服务器上的内容。但如果北京的服务器传输承载量过大，该用户的需求很可能无法被快速响应。在没有内容分发网络技术支持的情况下，该用户只能排队等待北京服务器的响应。如果使用了内容分发网络，则该技术可以自动判断北京周边服务器的传输承载量，自动将北京这一用户的访问需求发送到数据承载量较低的服务器上，以实现快速响应。实现这一技术，需要多年的网络工程技术储备。许多视频网站并没有相应的技术积累，只能向 CDN 提供商购买这一服务。但向第三方购买服务，一方面受到 CDN 服务提供商产品稳定性的影响，对于网络传输速度的可控性不强；另一方面，内容分发网络这一环节处在他人手中，视频网站处于被动地位，毫无议价能力。虽然坚持自建内容分发网络的前期投入较大，但优酷网坚持自建，摆脱了第三方服务商对业务发展的控制。

此外，创业初期的视频网站普遍面临内容资源不足的问题。当一些视频网站大量投入资金购入版权节目时，优酷选择了另一条道路——建立视频搜索引擎"搜库"。"搜库"的技术并不复杂，本质上是一套视频检索系统，事先抓取了主要视频网站的页面信息，生成一个信息目录并定时更新。用户在优酷网的页面搜索视频，得到的是"全网"检索结果。用户点击命中检索词的视频，就可以直接跳转到播放页面。"搜库"并不能从根本上解决视频网站内容

---

① 杨琳桦：《被低估的完美表演？优酷土豆合并案起底》，《21 世纪经济报道》，2012 年 3 月 19 日。

资源不足的问题，但这是在资源有限的情况下提升用户体验的简便方法——当用户在某一视频网站找不到期待的内容时，很大可能会选择下一个网站继续检索，而"搜库"的出现，使用户在一个网站上就可以检索到大部分视频网站的内容，简化了用户搜索视频的流程。

按照企业家的逻辑，牢牢占据行业第一和第二的优酷网和土豆网应该考虑的是如何提升内容质量、营销力度和融资规模，以形成相对竞争优势，占据市场优势地位。但是，正如前文所言，网络视频是一个资本密集型产业。关于企业的发展决策，大股东的话语权比经理人更大一些。对于大股东而言，在竞争中压倒对手，意味着更大的投资。何况对方也有资本的支持。这样一来，行业第一和行业第二间的竞争，如同冷战期间美苏的军备竞赛，如果没有一方先停手，最后会把双方都拖入困境。这是投资者不愿意看到的。于是，昨天还在营销上互不相让的优酷网和土豆网，今天就因为投资者利益最大化的考虑而握手言和，成为一家人，共同分享中国网络视频市场的半壁江山。

### 2. 互联网巨头的"算盘"：百度收购 PPS

2013 年 5 月 7 日，百度宣布以 3.7 亿美元收购 PPS（即 PPStream）的视频业务，并将这一业务与爱奇艺进行合并，PPS 将作为爱奇艺的子品牌继续保留。①

百度公司是中国互联网企业三巨头之一（百度、阿里巴巴、腾讯），是美股上市公司，拥有比较强的资本运作能力和丰富的投资经验。收购 PPS 后，百度将它与视频网站爱奇艺合并，组建了继优酷土豆之后又一个行业巨头。经过这次输血，爱奇艺实力大增，很快进入网络视频行业的第一阵营。

### 3. 行业外资本介入：苏宁投资 PPTV

2013 年 10 月 28 日，苏宁宣布联合弘毅资本以 4.2 亿美元投资 PPTV（原 PPLive）。在此次投资中，苏宁向 PPTV 投资 2.5 亿美元，占 PPTV 股份的 44%，成为第一大股东。

在此之前，PPTV 于 2011 年从软银获得了 2.5 亿美元的第四轮融资。两

---

① 夏芳：《爱奇艺"迎娶"PPS 觊觎网络视频行业头把交椅》，《证券日报》，2013 年 5 月 8 日。

年的时间过去了，在 IPO 无望的情况下，PPTV 必须为自己找一个新的出路。其中，与资本深度合作是一个对网站和投资方都非常合理的结局。[①] 从 2012 年开始，视频网站间的兼并不断出现。土豆、PPS 先后"嫁入豪门"，在直播领域和移动端拥有明显优势的 PPTV 被认为是市场上仅剩的、有价值的二线视频网站。一个有钱想投资，一个有需求愿意被投资，二者一拍即合。

经过这一系列兼并与收购后，网络视频行业要素和市场得到了有效集中，行业内的大幅整合也暂告一段落，但内部微调还在持续。这一时期"内容自制"、"多屏战略"、"业务跨界"是各家视频网站在公开场合频繁提到的概念，实质上这些概念仍然是生产要素的整合。

这其中另一个值得注意的现象是资本超越政策和技术，成为企业兼并与收购的主要影响因素。公司间的重组，必然会涉及内部权力的重新分配。重组前体量相对较小的公司很可能会在新公司中被边缘化。但是，视频网站在发展初期吸收了大量的社会资本，企业的经营者很有可能已经不是大股东，对企业的重大发展决策难以起到决定性作用。视频网站的大股东——多数是风险投资公司，更多考虑的是合并是否能够带来财务上的收益，至于内部的权力再分配则考虑较少。在这种背景下，网络视频行业中资本的力量逐渐崛起，超越技术成为行业发展的第一驱动力。

（三）对资本"进场"的思考

投资就像"金箍棒"，让视频网站在竞争中更加挥洒自如，但是防范资本风险与局限的"紧箍咒"也必不可少。

资本有逐利性与增值性。资本运营是企业遵循资本的运动规律，把可支配的各种资源和生产要素统筹谋划和重新配置，以实现最大限度资本增值的经营管理方式。[②] 资本运营是一种以价值管理为主要特征的经营方式，追求通过扩张实现利润最大化。

---

[①] 徐隽、孙冰：《4.2 亿美元投资 PPTV 聚力 苏宁抢先布局家庭娱乐中心》，《中国经济周刊》，2013 年 43 期。

[②] 喻国明：《传媒经济学教程》，北京：中国人民大学出版社，2009 年，第 293 页。

一方面，从资本有效性出发，兼并规模越大就越容易形成垄断，获得高额利润。通过兼并和重组，视频网站可以调动更大范围的生产资源，形成规模效益，提高生产效率，降低生产成本，把收益最大化。一个比较直观的例子是，随着行业资源向几个大的网站集中，视频网站在版权交易市场上的议价能力越来越强。虽然2012年之后内容版权的价格一直在上涨，但波及面广、炒作力度大的"版权大战"在很长一段时期都没有出现。2012年，优酷土豆集团总裁刘德乐在采访中说："优酷和土豆合并后的规模效应正在显现。以往一部剧最高能炒到180万一集，但到今年最高也就在50万左右。"[1]

新技术不断涌现，视频网站"新陈代谢"的速度越来越快，相应地，视频网站的运营成本越来越高，依靠兼并来降低企业成本、扩大市场份额成为不少企业的选择。市场经济条件下企业的产权明晰好处是便于建立现代企业管理体系，企业通过兼并、收购、重组等方式，推动产权的合理化流动，以资本价值管理为主导优化资源配置。受到市场力量的影响，阿里巴巴、百度、腾讯等互联网大型企业加紧布局新兴传媒市场。

另一方面，网络视频作为一项内容产业，若被资本完全扣住"命门"，那么其内容生产与传播也必须符合资本的逻辑。然而，社会总体的正常运转是政治的逻辑、经济的逻辑和技术的逻辑等线索多维交织的结果。单一的一种逻辑很可能会导致产业发展与社会需求脱节。尽管中国网络视频市场有为数众多的"国家队"网站，但从整体的市场份额来看，商业视频网站依然是主流。若这些占主流的网站都被资本的逻辑所统治，那么就有必要担心网络视频文化是否会充盈着资本的味道而丧失了多元性。

## 三、版权争夺战

### （一）"天价剧"现象

1. 电视剧网络传播权的价格是如何涨起来的

---

[1] 刘佳：《第一财经日报》，《优酷土豆合并初显成本效应：一部剧价格180万降至50万》，《第一财经日报》，2012年8月21日。

对视频网站来说，吸引眼球的能力就是募集资金的能力。而拥有优质的节目是吸引观众的关键竞争力。2008年至2009年，电视剧的网络传播权还是"白菜价"，《金婚》《士兵突击》等精品电视剧当时以每集3000元的价格出售网络传播权。搜狐视频版权营销中心总监马可曾表示："2009年以每集2万元的价格买了赵宝刚的《我的青春谁做主》，在当时已经算天价。"

但是到了2011年，各家视频网站都不吝于拿出2000万、3000万甚至更高的价钱来采买一部"独播剧"，①仅仅是网络传播权还不够，还要网络独播权。2011年11月，腾讯视频以每集185万的价格购入尚未在电视台播出的《宫锁珠帘》的网络独播权，这个价位已经追上了某些电视台的第一轮购剧价。而据乐视网统计，乐视网2011年在购买版权内容上的投入累计超过2.45亿元。

为了争抢影视作品的网络传播权甚至网络独播权，视频网站投入的资金和精力越来越多。在2010年之前，视频网站一般要等到看完完整的剧集，或者起码要看到半剪辑版本之后，才会考虑是否购买网络传播权。但是2010年之后，一些网站在了解了电视剧主创团队和主演后，就跟制片方签合同了。此后，视频网站与制片方签合同的时间越来提越前，越来越大胆……电视剧《男人帮》确定了主创人员之后就进行了版权交易，《女人帮》确定了郑晓龙、蒋雯丽的班底就被买走了网络传播权。

表3-1 电视剧网络传播权不完全统计表②

| 时间 | 电视剧名称 | 价格 |
| --- | --- | --- |
| 2008年 | 《金婚》《士兵突击》 | 3000元/集 |
| 2009年 | 《神话》 | 3万/集 |
| 2010年 | 《借枪》《步步惊心》 | 10万/集 |
| 2011年 | 《宫锁珠帘》 | 185万/集 |

版权争夺战愈演愈烈，在经济全球化背景下，国内市场的"战火"甚至烧

---

① 独播剧是某部电视剧的播出权被一家电视台所垄断，买方拥有独家资源，只能在特定播出平台上推出的剧种，观众只能在这个电视台的频道看到，而不会在其他频道中看到该剧。

② 数据引自中国影视节目信息网：http://www.tianguang.tv/NewsCenter/Detail?nid=3079。

到了国外。一些视频网站开始寻求海外合作伙伴，以达到争抢优秀内容资源的目的，希望赢得更大的市场空间，以压倒竞争对手。2010年4月，优酷网分别与韩国SBS电视台和KBS电视台达成了部分影视剧资源的版权战略合作意向。2010年6月7日，根据与韩国三大电视台达成的战略合作协议，搜狐视频韩剧高清频道成功上线，并签下了2010年至2013年这4年韩国热播剧和最近10年的经典影视剧在中国的网络传播权。

从变化趋势看，国内影视剧版权价格在2011年的高峰过后有所下降。随着版权价格回落的大趋势显现，和网站购买影视剧节奏放缓，视频网站的成本结构出现了改观。

**2. 价格战**

这段时间的视频网站处于业务初探期，各大商业视频网站、门户网站和网络电视台都在跑马圈地，市场的竞争规则仍在酝酿期，盈利模式依然处于探索阶段。依靠购买版权吸引用户属于"短平快"的经营方式，虽然不是长久之计，但门槛低、见效快，成为视频网站竞争策略的首选。一拥而上进入版权市场的视频网站为了获得优质资源，不惜一掷千金，抬高了市场上影视剧的价格。

（1）版权的价值

竞争白热化，价格自然水涨船高。从外部原因来看，法律对版权的保护以及版权保护联盟的建立，使盗版行为面临较大的法律风险和市场风险，客观上倒逼视频网站"买正版"。网络视频市场竞争越激烈，优质节目越成为稀缺资源。"僧多粥少"导致"卖方市场"的出现，版权价格水涨船高。

视频网站的经营者认为："成熟的版权内容带来的粉丝是视频节目流量和口碑的保障，一定程度上也有利于市场推广；成熟的版权内容必定是优质内容，即使改编成其他形式，收益也是有保障的；最后，版权内容还可以进行各种延展，其开发盈利方法可谓多样化。"影视剧的著作权和作为邻接权的网络传播权受到《中华人民共和国著作权法》和《信息网络传播权保护条例》的保护，尊重版权、版权有偿使用成为社会的共识。

(2) 自制的前奏

视频网站都明白,"天价剧"不会是常态,否则整个网络视频的健康生态将不复存在。但是,影视剧市场的现实是"僧多粥少",各视频网站为了拿到最新的优质内容,不得不看着版权方"坐地起价"。于是,具有产业链意识的视频网站开始尝试自制影视剧和节目,向产业链上游延伸。

(二)企业联盟

2008 年以来,版权争夺是网络视频行业的关键词之一。但一开始各家网站争夺版权的方式仅限于"单打独斗"。从 2009 年起,行业内的主要网站三五成群分别组成版权保护联盟,集体应对激烈的版权竞争。按照企业性质,可以分为"国家队"和"民间队"两个体系,泾渭分明,互无交叉。其中,"国家队"是以央视网、凤凰网为首成立的"网络视频版权联盟";"民间队"是以搜狐网、优朋普乐为首成立的"中国网络视频反盗版联盟"。前文已经对国家队的"网络视频版权联盟"作了介绍,本节重点介绍"中国网络视频反盗版联盟"。

商业视频网站在"国家队"成立版权联盟后的一个月,成立了类似的组织。2009 年 9 月 15 日,搜狐和优朋普乐为首,联合激动网、华夏视联一共四家企业,在北京成立了"中国网络视频反盗版联盟"。除了四家发起单位,该组织还有五个协办方——互联网版权保护协会、首都广播电视节目制作中心、中国电影版权保护协会、品质保障委员会和国际版权交易中心,三个指导单位——国家版权局版权司、北京市版权局、中国版权协会,41 家广告公司,53 个国内影视版权方,8 家国际影视版权方,3 个第三方认证平台,以及诸多反盗版联盟企业。

联盟对外宣布,自身是以做"行业自律、联合维权、行业政府的桥梁纽带"为宗旨的"视频版权权利人、网络视频企业以及相关利益方组成的,在政府版权部门指导下,实施自我管理和联合维权活动的跨行业社会组织"。

与国家队"网络视频版权联盟"成立后的悄无声息不同,民间队的"中国网络视频反盗版联盟"自成立后动作频繁,采取了一系列的行动,成为 2009

年至 2013 年中国网络视频行业版权争夺战的主要参战方。该联盟的主要领导者始终都是搜狐的董事局主席、首席执行官张朝阳和优朋普乐的董事长、首席执行官邵以丁，加盟成员单位经历了一次变化，以 2013 年 11 月为界，分为"第一代联盟"和"第二代联盟"，共进行了三次集体行动。

1. 第一代联盟

第一代联盟成立于 2009 年 9 月 15 日，在北京启动，以搜狐、优朋普乐为首，激动网、华夏视联参与，共四家发起单位，酷 6 网也在联盟发挥了较大作用。优酷网、土豆网二者皆不在成员之列。

（1）第一次集体行动

联盟启动仪式当日即宣布开展"第一次集体行动"，本次行动主要是针对优酷网，以 2010 年 3 月为界分为两个部分。

第一个部分为"三轮起诉优酷"，即联盟成员主动对优酷网侵权行为的三次大型起诉。

第一轮于启动仪式次日开始。联盟发起单位优朋普乐提起对优酷网盗版侵权 503 部国内影视剧的诉讼，并且连带起诉在侵权视频《王贵与安娜》上投放广告的广告主——可口可乐公司。北京市海淀法院于 2009 年 11 月对这一案件宣判，优酷败诉，但不支持原告方对可口可乐公司的诉讼请求。

第二轮诉讼开始于 2009 年 12 月，搜狐起诉优酷网盗播《气喘吁吁》《麦兜响当当》《麦兜故事》和《麦兜菠萝油王子》4 部影片。但这一次联盟宣布起诉后，优酷在宣判前进行公开回应——单方面称正在和搜狐和解，但判决证明"和解"并没有真正达成。优酷又一次败诉，搜狐获赔 10.5 万元。

第三轮诉讼开始于 2010 年 1 月，联盟三家会员单位共同起诉优酷，起诉书涉及的视频众多，包括搜狐网 2 部、激动网 8 部、酷 6 网 40 余部。优酷采取了新的应对措施：第一，宣布立即起诉酷 6 网侵权；第二，宣布启用"版权合作管理系统"，即"接到举报 24 小时之内删除侵权视频"。

第二部分是"中国网络视频反盗版联盟"与优酷网和土豆网的连环诉讼，即优酷网与土豆网为一方，联盟为另一方，两个阵营之间相互起诉。2010 年

2月3日，优酷网和土豆网宣布结盟，推出"网络视频联播模式"，共享各自的视频独播剧。随后，这场版权大战参战双方发生变化，由联盟针对优酷的维权行动变为联盟与优酷网和土豆网两个阵营之间的对抗。

首先，酷6起诉土豆网未经权利人许可播放《包青天》《夫妻一场》《乐活家庭》《晚婚》《兄弟无间》5部视频，索赔50万元。土豆网表示不知情，并声称酷6单方面拒绝提供任何版权证明，有违行业规范，同时宣布起诉酷6网侵犯土豆网40多部独播剧的版权。首批取证的剧目包括《落地请开手机》《笑着活下去》《就想赖着你》和土豆网与中国电影集团公司联合投资的中国第一部3G网络短剧《Mr. 雷》等。

接下来，土豆网的盟友优酷网在酷6网起诉土豆网的次日就采取配合行动，起诉酷6网未经权利人许可播放优酷网的版权节目。尔后，联盟对优酷网的反击采取集体行动，起诉优酷网的侵权视频涉及搜狐、激动网、优朋普乐的《南下》《文雀》《单身部落》《男儿本色》等10余部影视剧。

（2）第一代联盟的内部危机

在联盟对外采取集体行动的时候，联盟内部也不平静。乐视网于2009年8月31日起诉搜狐盗播《即日启程》，后搜狐赔偿乐视网3万元。之后优朋普乐起诉酷6网（2008年12月20日一审判决，2009年6月22日二审终审判决），联盟成员网尚文化传播有限公司（以下简称网尚文化）起诉搜狐（2008年11月20日一审，2008年12月1日二审）盗播电影《蝴蝶飞》，获赔1.5万元。

搜狐网也被五家机构——央视电影频道、网尚文化、乐视、迅雷、中国娱乐网起诉存在盗版资源。这五家机构中，既有对手，也有盟友，如网尚文化公司与搜狐网都是联盟的成员。

（3）第二次集体行动

"网络视频反盗版联盟"的第二次集体行动将矛头转向迅雷公司。联盟成员甚至专门到迅雷总部所在地深圳举行发布会。

2010年10月28日，在深圳福田岗厦格兰德假日酒店5楼，联盟方"第二届联合行动新闻发布会"和迅雷"揭露搜狐、优朋普乐'虚假联盟'新闻发布会"仅一墙之隔。前者公布了迅雷公司侵犯内容的目录,后者指责联盟"以维权之名行围剿之实"。面对一个由多家网站组成的联盟,迅雷不甘示弱,当场提出《十问搜狐、优朋普乐》,认为所谓的"中国网络视频反盗版联盟"打着反盗版的旗帜挤压市场后来者的生存空间,属于不正当竞争。

这一次联盟的集体行动与上一次有明显的不同。首先,此次针对迅雷起诉没有连带广告主;其次,这次行动双方都做了充足准备,迅雷当场就进行了回应;第三,网络视频行业、媒体和网民关于版权保护的认识发生了变化,抛弃了关于网络视频版权保护"对与错"的简单二元判断,转向更多地考虑现实利益的动因。中国互联网协会曾含蓄表示:"保护版权不能成为视频网站的竞争策略。"

这里有必要提一下版权保护与反不正当竞争的关系。版权保护并非单纯地保护版权那么简单。版权作为一种权利,必然受到一定的条件限制。各国著作权和专利权保护法中都列出了版权、专利权合理使用的范围,否则权利人有可能滥用权力侵害公共利益,比如垄断对抗重大疾病所需的药品生产技术以牟取暴利等。此外,为了消除保护版权给市场带来的消极后果,大多数实施著作权法和专利法的国家都会同时制定反不正当竞争法,该法的立法意图即防止专利所有者和著作权所有者依靠绝对的权利优势形成垄断进而损害社会公众利益。迅雷反驳网络视频反盗版联盟的理论依据就是反对滥用版权保护的不正当竞争。

2010年年底出现了新一轮风起云涌的大规模混战,优酷网、土豆网与联盟又一次发生集体摩擦。在这段时间内,优酷网连续起诉酷6网,酷6网则"围魏救赵"起诉土豆网。与此同时,优朋普乐起诉迅雷网,乐视网起诉悠视网。这是中国网络视频出现兼并潮之前最后一次关于版权的唇枪舌剑。这样密集而又带有"部落冲突"色彩的系列诉讼,不仅把网络视频这潭本身就不怎么清澈的池水搅得更浑浊,各竞争主体还在其中利用法律漏洞和非公平竞争手段浑水摸鱼。同时,也就是在这次风波之后,中国影视剧版权的销售价格飞速增长,出现众多的"天价剧"现象(详见本章前文"天价剧"部分)。

### 2. 第二代联盟

"网络视频反盗版联盟"在沉寂了两年多时间后，又一次登上舞台。2013年11月13日，"网络视频反盗版联盟"在北京召开发布会，宣布了以下三项变动。

首先，联盟成员发生重大调整，依然是搜狐为首，但是合并后的优酷土豆集团从第一代联盟的对立面变成了第二代联盟的成员。此外腾讯视频、乐视网、中国电影著作权协会（MPA）、美国电影协会（MPAA）、日本内容产品流通海外促进机构（CODA）、万达影业、光线传媒、乐视影业也新加入联盟。

第二，发布《中国网络视频反盗版共同行动宣言》，主要内容为呼吁视频企业、版权方、影视从业者、相关管理部门和行业协会、社会各界及用户共同抵制盗版，要求"百度、快播等公司停止侵权盗版"。

第三，宣布"第三次集体行动"计划，起诉百度、快播的侵权行为。

（1）第三次集体行动

在第二代联盟的启动仪式上，"网络视频反盗版联盟"宣布，将集体对抗网络视频盗版和盗链行为。这一次的靶心指向百度、快播两家企业（在其他视频网站纷纷投资版权内容时，百度视频和快播则重点投资了搜索技术和播放技术，很少投资内容）。联盟表示，已向法院起诉百度、快播的盗版侵权行为，已立案的上百起，涉及百度盗链、盗播版权的移动视频影视作品超过一万部，并要求百度为这些侵权支付约3亿元赔偿金。

针对百度公司，联盟撰文公开指责其侵权的四大领域——PC网页、PC客户端、移动客户端、TV盒子；四大侵权产品——百度视频搜索、百度影音、百度视频APP、百度影棒；四大侵权方式——定向链接、点对点传输、浏览器内嵌播放插件、主动推介；四大侵权形式——盗链、为盗链视频网站提供技术、流量、收入。面对突如其来的讨伐，百度立刻发公告回应，大意为：百度已经采取四大举措打击盗版——盗版视频自动过滤系统、投诉通道（接到举报24小时内下线侵权作品）、主动推送的只有正版内容以及百度搜索入口全面断开恶意视频网站。百度视频部门同时对外披露了自身打击盗版视频工作的成果——"百度视频和百度影音封杀的各类盗版及不良网络视频内容链接数量超过580万条,其中,仅百度视频App处理举报的内容就达150万条"。百度公关部门表示:"这几年来,仅爱奇艺对视频版权的投入就已经达到20亿元,而百度在版权购买(包括视频、音乐、游戏等)方面花费的费用已超过40多亿元。"[1]

"网络视频反盗版联盟"提起的这次诉讼,是网络视频行业中"大多数"对"极少数"的讨伐。当联盟成员纷纷下大力气投资版权和内容生产时,百度却"另辟蹊径",依靠搜索引擎技术,专心做视频搜索,降低运营投入,形成了独特的竞争优势。在技术上沉积不足、内容上投资不少的其他视频网站当然对此不满。作为被告的百度,其声明的实质则是"避风港原则":只有在明知内容侵权而且未采取有效的阻止措施时才构成侵权。百度在声明中多处列举了自己为保护版权所做的努力,就是为了把自己摆在"避风港原则"的保护里。

针对快播,"网络视频反盗版联盟"认为该公司的"QVOD资源服务器"存在盗链的情况。"QVOD资源服务器"是一种简化视频网站建站工作的软件,可以提供影片搜索服务,但播放影片时不直接跳转到播放页面,而是先跳转到另外的几个搜索平台。这些搜索平台利用快播导入的流量迅速崛起,分走了原本属于视频网站的收益。此外,联盟还指出快播开发、经营、控制的产品利用新技术为盗版行为打掩护,帮助盗版网站进行分类归纳、编辑推荐,并通过其旗下的"云帆搜索"定向为用户播放侵权作品。快播辩解称:快播公司并未直接从事盗版活动,该公司不能控制用户如何使用快播软件;快播公司并未将侵权影视剧放在自有服务器上,也没有直接搜索侵权的影视剧,只是提供了其他搜索平台的搜索结果并播放。

2013年11月29日北京市海淀法院宣判"联盟"诉百度侵权一案:百度对优酷土豆的侵权事实成立,应立即停止侵权行为,并对其处以49万元的罚款。2013年12月30日,国家版权局通报了"十大网络侵权案件",其中就涉

---

[1] 百度四大举措打击盗版内容 超580万条被封杀: http://it.gmw.cn/2013-11/13/content_9478479.htm。

及百度公司和快播公司,称二者行为构成盗版事实,已分别对二者予以25万元人民币的罚款,并责令其停止侵权行为。此外,深圳市市场和质量监督管理委员会于2013年3月26日对快播侵权一事立案调查。从这一系列的行动来看,保护互联网视频的版权获得了政府的支持。

巨额索赔、唇枪舌剑、诉讼结果又一次将版权纷争推上了业内话题高潮,然而这一次,舆论环境更加复杂,各方观点众说纷纭。

国家版权局相关人士表示:"国家版权局一贯支持权利人的正当维权行为,并认为作品的传播和使用,应当坚持'尊重版权、尊重创造'的理念,应当遵守著作权法的规定"。中央电视台报道称:"所谓'版权之争',更根本的是'流量入口之争'。"业内人士有评论道:"搜狐和优酷土豆指责百度视频盗版其实是个伪命题,背后是搜狐、优酷土豆为向百度视频争夺流量入口地位的努力,本质是独立视频App与聚合类视频App的争斗。"

(2) 第二代联盟的终结

"网络视频反盗版联盟"未能进一步发展成为行业协会,在版权风波平息后就作鸟兽散。虽然联盟的盟主称"网络视频反盗版联盟"已经完成了使命[①],但联盟作为一种行业协会性质的组织,做的却是零和博弈[②]的事情,对于行业的贡献也局限于提高版权重视程度,并没有对行业的健康发展提供实质性的推动。

版权问题是2008年到2013年中国网络视频行业组团作战的主要旗号,然而它并不是行业永恒的话题。几乎每一家视频网站都因为购买版权而花费了巨额资金,也因为版权官司而毁誉参半。之后,各大视频网站基本告别了完全依赖外来版权内容的策略,转而采取开始从事内容自制,以参股投资、独家制片、资助制片等方式扩大自身的内容资源占有量。由于版权不再成为争夺的焦点,自然"反盗版"也失去了往日的光环,成为一个历史名词。

---

① 网络视频反盗版联盟的使命已经完成:it.sohu.com/20140729/n402876600.shtml。

② 零和博弈参与博弈的各方,在严格竞争下,一方的收益必然意味着另一方的损失,博弈各方的收益和损失相加总和永远为"零",双方不存在合作的可能。

### 3. 关于"网络视频反盗版联盟"的分析

(1)"网络视频反盗版联盟"所处的市场背景

"网络视频反盗版联盟"成立于2009年,"完成使命"于2013年。这四年间,国内网络视频市场也处于快速的变化中。这其中,有的变化与联盟的愿景能够形成交集,有的变化却与联盟的愿景相抵触。总体来看,这一段时间国内的行业环境出现了以下三个现象:

第一,行业对资本的需求与资本市场容量出现冲突,融资门槛增加。截至2013年,在美国纳斯达克市场上市的中国视频网站已经有优酷网、土豆网(二者于2012年8月合并)、酷6网三家。此外,还有在国内A股市场上市的乐视网。腾讯视频、搜狐视频和爱奇艺也处在不断融资的阶段。这么多的视频网站需要融资,使网络视频业务在资本市场的议价能力上由强势变为弱势,除非有较强的竞争力(版权、牌照、用户积累等),否则难以打动投资公司和股民。尤其是在美国上市的视频网站,上市地的股民看不到优酷网、土豆网和酷6网的节目,难以对网络视频在中国国内的市场情况有直观的认识,只能通过公司业绩进行投资选择。然而,业绩是视频网站在资本市场上的短板,几乎没有哪一家视频网站能够实现实质盈利。面对蜂拥而来的中国视频网站,美国的投资者也开始冷静考虑投资这一行业是否划算。虽然在国内上市可以向投资方提供直观的市场反馈,但是中国股票市场要求拟上市公司必须连续两年实现盈利。这又一次击中了网络视频的软肋。除了乐视网经过周密的资产调拨与资金安排实现了部分业务的盈利通过了上市审核,其他的视频网站没有达到在A股上市的要求。

第二,用户观看网络视频的方式从桌面端转向移动端,竞争重点发生变化。2009年至2013年恰逢智能设备在国内快速普及的时期,移动智能终端成为用户观看网络视频的主渠道。视频网站之间竞争的重点从版权转向"移动端流量贡献"和"用户流量入口"。根据中国互联网络信息中心发布的《2013年中国网民网络视频应用研究报告》,2013年38.6%的网络视频用户打开移动客户端寻找视频,超过了通过视频网站寻找视频和通过搜索引擎寻找视频的用户比例（前者为 34.6%，后者为 21.8%，另有 5% 的人表示"不一定"）。[①] 在 2013 年至 2014 年之间，优酷网、土豆网、爱奇艺等多个视频网站先后宣布移动客户端贡献的流量已经超过了网页。移动客户端的流量出现猛增，一种原因可以解释为在移动端观看网络视频更加便利，另一种原因可能是视频网站已经知晓了移动端流量的重要性而加大了对移动端的资源支持，吸引用户通过移动端观看网络视频。现在很难区分以上哪个是主要原因，哪个是次要原因。但根据笔者的观察，在 2013 年前后各视频网站开始把资源向客户端倾斜，比如客户端的广告时间短、码率高，甚至有些内容资源是客户端首发。在资本主导的网络视频行业中，无论是作为行业内人士还是外部的研究者，都很难分清究竟是因为移动客户端很重要所以各网站加大投入，还是因为各网站加大对移动端的投入所以移动客户端重要。无论是哪一个因果关系，不可否认的是移动客户端作为视频网站新的"流量入口"的重要价值。"流量入口"是将众多用户的潜在需求与能够满足相关需求的供给方联系起来，并落地展现、甚至固化用户习惯的能力。[②] 彼时的视频网站尚未探索出清晰的盈利模式，但行业的共识是谁拥有更多的用户和流量，谁就更有可能最先找到盈利模式。即使探索盈利模式的步伐慢了一些，但在用户规模和流量规模上占绝对优势地位对于进一步融资也是极为有利的。

第三，行业"后起之秀"大举扩张，撼动原有竞争格局。自 2005 年以来，很长一段时间国内视频网站的领头羊是优酷网、土豆网和乐视网，而后腾讯视频、搜狐视频、爱奇艺分别倚靠腾讯网、搜狐网和百度网三棵大树发展壮大，进入第一阵营。在这一格局中，各方可谓是势均力敌，除了合并后的优酷土豆，哪一家都不能形成绝对的优势。在 2013 年 11 月 7 日，爱奇艺召开新闻发布会，宣布获得 2014 年《快乐大本营》《爸爸去哪儿》《天天向上》《康熙来了》等热门综艺节目以及部分电视连续剧的网络独播权，基本垄断了下一

---

[①]《2013 年中国网民网络视频应用研究报告》, http://www.cnnic.net.cn/hlwfzyj/hlwxzbg/spbg/201406/P020140609392906022556.pdf。

[②] 何宗就：《2016 年中国电视媒体融合发展报告》, 中国广播影视出版社 2016 年版，第 29 页。

年度的绝大多数优质内容资源，突然打破了原先的竞争格局。爱奇艺一时成为众矢之的，一些网站开始联合起来对抗爱奇艺，这可能就是"中国网络视频反盗版联盟"第二次行动直指百度的原因。

(2) 业内关于"网络视频反盗版联盟"的评价[①]

网络视频行业内部对于"网络视频反盗版联盟"既有认可的一面，也有抨击的言辞。这一联盟作为我国网络视频行业第一个带有行业协会性质的组织，研究业内对它的评价，有助于吸取其中的经验教训，为之后行业治理提供借鉴。

必须要承认的是，反盗版联盟完成了行业版权意识的启蒙。在国内网络视频发展的头三年，各网站对版权的尊重意识和保护意识十分淡漠。一家网站刚刚上线新内容，很快第二家、第三家网站就会通过盗链的方式发布到自己的平台上。在版权管理如此混乱的情况下，评估一个网站的流量、广告千人成本是非常困难的，探索有效力的盈利模式也是不可能的。2008年以央视网为代表的网络视频"国家队"进场，从外部树立了保护版权的要求。一些资金实力雄厚的视频网站，借势打出"全正版化"的标语，用版权资源替代侵权资源，在行业内部扮演了"版权保护先锋"的角色。先知先觉的网站成立"中国网络视频反盗版联盟"，通过起诉侵权的视频网站保护自身的版权投入。在版权内容上占绝对优势的"国家队"与正在积累版权资源的"中国网络视频反盗版联盟"联手，从内外两个方面推进了中国网络视频行业的正版化进程。

但是，反盗版联盟有不正当竞争的嫌疑。许多国家在制定知识产权保护法的同时，也制定了反不正当竞争法作为配套。这是因为在商业竞争中对某一企业知识产权的保护很可能使该企业具有垄断地位，挤压行业后来者的生存空间，形成不正当竞争。"中国网络视频反盗版联盟"的成员都投入了大量的资源来获取正版内容，天然地成为网络视频版权保护的支持者。购入正版的网络视频资源，需要大量的资金投入。联盟的主要成员搜狐视频和优酷网、土豆网无一例外不在资本调动能力上占据优势地位，纷纷大手笔购入版

---

[①] 以下评价内容均来自媒体报道等公开资料，不代表本书作者的观点。

权内容。但是,如今的行业巨头在草创期也曾从尚不完善的网络版权保护机制中获益。这些曾经的创业者在壮大之后,利用市场优势地位建立新的行业规则(尽管这一规则是积极的,能够促进行业长远发展),难免对后来者构成了限制。迅雷网就以不正当竞争为由反驳反盗版联盟的控诉。不过,控诉反盗版联盟从事不正当竞争的理由,并不十分充分。《中华人民共和国反不正当竞争法》(以下简称《反不正当竞争法》)的规定并不支持判定反盗版联盟的行为违法,只规定了"经营者不得以排挤对手为目的,以低于成本的价格销售商品"。反盗版联盟的行为是否构成不正当竞争,尚待法律界的讨论。

不过,反盗版联盟自身也存在问题。反盗版联盟成员"网尚文化"授权"维权加盟商"在代理区域进行检查,搜集酒店、网吧、咖啡厅、茶楼、KTV等场所未经许可播放版权内容(大部分内容的版权在风尚文化手中)的证据,并由风尚文化提出索赔要求。赔偿金扣除维权成本后作为收益,由网尚文化、维权代理商、律师事务所分成。根据公开报道"要获得在 100 家网吧反盗版的授权,需交 30 万元保证金;获得省会城市的城市维权授权,需要缴纳 200 万元保证金"[①]。此外,根据《社会团体登记管理条例》,成立社会团体须"经其业务主管单位审查同意,并依照本条例的规定进行登记";同时社会团体的名称如需冠以"中国""中华""全国"等字样,应当根据《社会团体登记管理条例》经过批准。但"中国网络视频反盗版联盟"并未进行社团登记,冠以"中国"二字也没有按规定经过批准。而且,反盗版联盟成员的行为也并非完全符合国内影视节目出版发行的要求。有律师在接受媒体采访时称:"优朋普乐……网站上的收费电影,片头没有《电影片公映许可证》,涉嫌非法公映;运营商购买国外影片的网络传播权,未按照国家关于电影进口的相关规定进行申报。"[②]

总之,"中国网络视频反盗版联盟"作为一个企业自行发起组织,其组织

---

① 孙斌、潘国平:《文图揭秘网尚传播反盗版致富骗局,河南加盟商已关门》,《大河报》,2010年7月22日。

② 洪文宇、黄君:《杭州律师炮轰"反盗版联盟"质疑合法性,已向国家有关部门举报》,《青年时报》,2009 年 12 月 13 日 A03 版。

宗旨、行动目的和行动方式缺少系统性和全局性，在实践中变成企业之间的竞争工具，没有发挥其作为行业协会在研究问题、制定规则、统一行动等方面的作用。对于尚处于草创期的网络视频行业来说，缺少可靠的发展模式，企业间的竞争尚不成熟，再加上国家缺少有效的和有针对性的法律和调控手段，单靠市场的力量进行自我组织，很容易引发企业间的恶性竞争。按理说，反盗版联盟应该以推动行业版权保护为宗旨，提升整个行业的版权保护意识，打击侵害网络视频内容版权的行为。但是，网络视频侵权行为主要来自行业内部，因此反盗版联盟的行动矛头也自然指向内部。这样一来，联盟作为一个行业协会的合法性就被质疑——因为它并没有兼顾行业中每个企业的利益，形成了多数企业对少数企业的"专制"。反盗版联盟成立于网络视频行业版权斗争如火如荼的时期，在名称上顺应了那一时期的行业发展主题。社会各界因为关注联盟的行动而关注网络视频的版权问题，这种"围观"很快转化为国家层面保护版权的立法行动和企业、个人层面保护版权的意识。网络视频行业需要一个行业协会，比反盗版联盟的合法性更强、协调能力更大、考虑更为周全。

**4. 网络视频行业的其他组织**

（1）国际影视版权联合采购基金

"国际影视版权联合采购基金"是2009年12月22日由搜狐网和酷6网各出资500万美元建立的国内首个用于联合采购国际影视版权专项基金，采购基金实际上还是一种企业联合，通过共同购买、广告投放协同、用户流量共享等方式实现"1+1>2"的效果。签约仪式上，签约双方表示，此次投入的1000万美元是对基金的第一阶段注资。

（2）视频内容合作组织

视频内容合作组织是在2012年4月24日由搜狐视频、腾讯视频、爱奇艺三家联合成立的机构，其宗旨是"实现资源互通、平台合作，在版权和播出领域展开深度合作"。根据媒体公开报道，该组织在内部均摊版权采购费、按需置换已购影视作品版权、共享广告营销资源。

(3) 电影版权互联网分销组织

在本章中所述的时间段内，国内共出现了三家电影版权互联网分销组织，分别是电影网络版权营销平台、新媒体数字院线发行平台和电影网络院线发行联盟。

电影网络版权营销平台是 2009 年电影网联合其他 16 家视频网站成立的线上电影版权分销合作组织。电影网是中央电视台电影频道的直属网站，具有正版影片资源优势。在这个平台上，电影网承担影片成本的一半，再将版权低价分销给联盟成员，待电影从院线下线后就可以在网络上播出，电影网和联盟成员共同分享收益。到了 2011 年 1 月 20 日，电影网又发起了新媒体数字院线发行平台，这是电影网联合新浪网、搜狐网、优酷网、土豆网、酷 6 网、激动网、百视通成立的线上电影发行平台，这个新的平台使各大视频网站可以排播电影。电影在院线上映两个月后，平台成员可以购买该电影的网络传播权，以付费点播的方式在网站上播出，价格为院线标价的 10%。电影在院线上映三个月后，平台成员可以在网站上向用户免费播放。

电影网络院线发行联盟成立于 2011 年 3 月 17 日，由乐视网、腾讯网、PPTV、PPS、迅雷看看、暴风影音、激动网共七家视频网站联合发起。他们集结网络电影服务提供商的力量，挑战电影院线，是"共同培育网络视频付费用户，助推互联网成为电影的第二大发行渠道"的行业联盟。4 月 22 日，优酷网、凤凰视频两家网站宣布加入，联盟成员发展为 9 家。

这三类组织的成立有着共同的时代背景。一方面，2009 年以来一路上升的版权价格使视频网站成本骤升，版权支出的年度涨幅已经超过了许多视频网站的承受能力，即便是有资本支持也捉襟见肘；另一方面，网络视频行业的两家主要企业——优酷网和土豆网在 2012 年 8 月 23 日宣布通过 100% 换股的方式进行合并，组建优酷土豆股份有限公司，形成了"中国第一大视频网站联合体"，使处在第二梯队的同行感到不安，也希望通过联合的方式降低采购成本、增强整合传播力，提升整体竞争力。于是才有了以上几种形态的行业组织。不同的是，这些组织不涉及资金和股权，是一种松散的组织。比如视频内容合作组织"仅涉及版权采购利益,在技术、产品、运营、品牌、用户等方面的竞争依然激烈。"① 不久之后,视频内容合作组织因为内部合作机制松散而解散,但是基于股权合作的优酷土豆股份有限公司顺利渡过了合并这一关。

### 5. 后联盟时代的行业治理

"中国网络视频反盗版联盟"的"盟主"搜狐视频宣布联盟的使命完成,通过集体诉讼的方式提高了整个行业的版权意识。从这方面来看,联盟确实发挥了积极的作用。但是,联盟的使命完成了,中国网络视频还要发展,未来遇到的问题怎么解决?是依靠这种松散的行业组织,还是通过兼并重组形成一家垄断全行业的"巨无霸",抑或是被"国家队"完全收编?后两者肯定不是行业内大多数人的期待,前者也不是最好的结局。

政府拿出了第四种方案——由广电总局出面成立行业协会。2011年8月19日,由广电总局主管的中国网络视听节目服务协会成立。以下是该行业协会的章程节选②:

本团体是由中华人民共和国境内从事网络视听节目服务相关的企事业单位、个人,以及有志于推动中国网络视听节目服务发展的有关单位和人士,按自愿结成原则组成的全国性、行业性、非营利性社会组织。

……

本团体的宗旨是:遵守中华人民共和国宪法、法律、法规和有关政策,遵守中国新闻媒体的职业道德规范以及社会道德风尚,维护网络视听节目服务行业会员单位的国际、国内合法权益,加强行业自律,在政府和企业之间发挥桥梁与纽带的作用,加强国内外业务和学术交流,积极推动本行业的产业发展和技术进步,提高我国网络视听节目服务水平,为建设社会主义先进文化和社会主义精神文明和物质文明服务。

……

---

① 王家书:《百度腾讯搜狐结盟,同质化问题难解》,《IT时报》,2012年4月28日。
② 中国网络视听节目服务协会章程:www.cnsa.cn/2014/05/21/ARTI1400657198193259.shtml。

本团体接受业务主管单位中华人民共和国国家广播电影电视总局、社团登记管理机关中华人民共和国民政部的业务指导和监督管理。

……

本团体的业务范围：

（一）加强法制建设，宣传、贯彻国家有关法律、法规，建立和健全行规行约，严格行业自律工作，提供法律法规咨询服务；

（二）向政府反映会员的意见和要求，维护会员的合法权益，促进网络视听节目服务产业健康有序地发展，为会员产生的国际业务纠纷提供必要的法律援助、支持；

（三）共同抵制盗版，倡导版权保护；

（四）组织本行业从业人员开展教育、培训工作，开展学术研究与业务交流，提高从业人员的综合素质；

（五）加强与国外相关产业的业务交流，增进往来，促进合作；

（六）协调本行业各企事业单位之间的业务关系，调解纠纷，避免恶性竞争，促进本行业的共同发展；

（七）开展行业内的节目交流及技术交流活动；

（八）为促进网络视听节目服务产业的发展，组织举办有关网络视听节目服务研讨会、市场推广活动及市场调研活动；

（九）承担政府管理部门交办的其他任务。

……

从协会的章程来看，协会的设计思想基本符合前文中关于理想行业协会的描述：沟通政府与企业的声音、协调企业间的业务关系、开展行业研究等。协会成立后的第二年（2012年），重点开展了以下三方面的工作：

第一，制定网络视听行业自律规范。2012年5月和7月，协会先后出台了《关于抵制色情暴力等有害视听节目的倡议书》《中国网络视听节目服务自律公约》《网络剧、微电影等网络视听节目内容审核通则》等文件。这些公约在行业管理方面补充了国家的法规政策，其管理的深度有时使法规政策所不及的。

第二，组建专家评议委员会。2012年7月，协会成了网络视听节目专家评议委员会，委员会接受广电总局的业务指导，承担相应的节目评议工作和有争议节目的判定。之后历届中国网络视听大会优秀网络视听节目的评选工作均由该评议委员会参与。

第三，组织开展节目审核培训。2012年7月，广电总局公布了《关于进一步加强网络剧、微电影等网络视听节目管理的通知》，要求网络视听节目采取"谁办网谁负责"的原则，对网络剧、微电影等网络视听节目实行先审后播的管理制度。从事网络视听节目服务的机构应设专门的节目审核员，负责节目的内容审查，审核通过后方可在网上播出。审核员的培训工作由中国网络视听节目服务协会负责。2012年后半年，协会共举办了18期网络视听节目审核员培训班，对来自全国各视频网站的2000余人进行了培训和考试。

（三）关于网络视频版权纠纷的案例

1. 可以适用"避风港原则"——《家》案

**案情介绍**

时间：2008年

地点：北京

原告：北京慈文影视制作有限公司（以下简称"北京慈文"）

被告：北京我乐信息科技有限公司（以下简称"我乐"）

作品：《家》

2007年11月，电视剧《家》播出，该剧是由汪俊导演，改编自巴金同名小说的电视剧，内容是在一家之主高老太爷的蛮横专制之下，高家觉新、觉民、觉慧三兄弟的人生悲剧。该剧由北京慈文投资拍摄，享有全部著作权。但是，在播出后不久，北京慈文发现在56网（即我乐网）上，可以在线观看该剧全集，而且在片头和播放页面上均有"56.COM"字样的标识，还有"八达岭长城一日游"的商业广告。"我乐"认为，第一，该剧由"苏州慈文"摄制，"北京慈文"不享有该剧著作权；第二，56网属于视频分享网站，侵权视频是用户以个人名义自行上传的，在接到侵权通知后网站立即删除了相关页面，就不应当承担侵权责任。

**一审结果**[①]

一审法院认为：第一，北京慈文拥有《家》剧著作权；第二，"我乐"不承担信息网络传播权侵权责任。

**二审结果**[②]

对于一审结果，原告北京慈文不服，向北京市第二中级人民法院提出上诉。

二审法院维持原判。对我乐网"是否构成侵权"的问题，二审法院认为，我乐网是免费网络信息存储服务提供商，并非内容提供商，侵权视频是由网民上传，上传者并非我乐网，网站没有对视频内容进行编辑改变，也没有对所有上传视频进行逐一审查的能力。我乐网在页面上已经刊登了详细的"上传声明"和"著作权声明"，视为尽到审查义务，不应推定为"明知用户上传的内容侵权"。

**案件评论**

在这一案例中，核心是对于视频网站是否满足"避风港原则"的免责条件。该原则的要点有四：

第一，网站性质为服务提供商（ISP）而非内容提供商（ICP）。网络服务提供商应该明确在网站上声明是"为用户提供存储空间"，并且公开名称、联系方式、网络地址。

第二，不编辑修改视频。网站应当声明，不对用户上传的视频文件内容做任何编辑或修改，技术性修改、增加标识、因机器故障分割或改变内容、转码这四种行为可以除外，但对作品人为裁剪分割、改变标题、标签、分类等属性的编辑就属于编辑修改。

第三，应尽处理义务。如果没有证据证明视频网站明知或应知作品涉嫌侵权，那么网站在接到侵权通知后，应当及时删除侵权视频；如果在权利人

---

① 《北京市朝阳区人民法院（2008）朝民初字第 16141 号判决书》。
② 《北京市第二中级人民法院（2009）二中民终字第 9 号判决书》。

在起诉前没有及时发送侵权通知，视频网站接到起诉书后马上处理，也可视为尽到处理义务。

第四，非营利性质。不向用户收取费用，即使出现广告，只要没有证据证明从该广告获得直接经济利益，就可以认定为提供的是免费服务。前三点是没有疑问的，第四点存在争议。因为视频网站获得利益的方式不只有付费点播和广告，还有其他方面的利益，比如通过免费播放视频，可以聚集人气、提高流量、推广品牌。这些都可以间接转化为经济利益，应该予以考量。

2.不能适用"避风港原则"——《疯狂的石头》案

**案情介绍**

时间：2007 年

地点：上海

原告：新传在线（北京）信息技术有限公司（以下简称"新传在线"）

被告：上海全土豆网络科技有限公司（以下简称"土豆网"）

作品：《疯狂的石头》

2006 年 6 月，一部由宁浩导演的国产商业娱乐电影《疯狂的石头》上映，以低成本高票房引来了社会关注。中影华纳横店影视有限公司（以下简称"中华横"）拥有该片在中国大陆地区一切发行权（包括信息网络传播权）。该公司于 2007 年 7 月 11 日授予"新传在线"为期 3 年的在中国大陆区域内专有性使用该作品的信息网络传播权。然而，"新传在线"不久后却发现，未经授权也未付费用的土豆网向其用户提供该片免费在线播放服务，因此将土豆网告上法庭。土豆网表示，自己是网络存储空间的提供者，属于网络服务提供商，网站上所有的影音作品都是网友自己上传的，土豆网对此已经采取了监管措施，会主动删除一经发现的侵权和盗版作品。土豆网采用"特征码识别"技术进行审核，由计算机自动识别，而该片没有"特征码"。因此如果权利人没有发函通知，无从知晓该作品是否侵权。土豆网从来未接到过"新传在线"的侵权通知，但在被起诉后马上删除了侵权作品，因此适用于"避风港原则"中关于网络服务提供商的免责条款，不应负赔偿责任。

**一审结果**[①]

一审法院认为,首先,土豆网作为专业的视频网站,应该了解其提供的影视节目服务中哪些涉嫌侵权,尤其是《疯狂的石头》这部知名度较高的作品,更应该知晓未经权利人授权就出现在自己的网站上,必然会侵权;其次土豆网设置了"原创"、"影视"、"广告"等分类频道,并向用户推荐内容,应当重点审核"影视"这个频道中可能涉嫌侵权的节目。然而,多个用户陆续上传了该片,土豆网却没有采取行动。因此,认定被告主观上具有纵容和帮助他人侵犯原告所享有的信息网络传播权的过错,判决土豆网立即删除网站上的侵权电影《疯狂的石头》并赔偿原告经济损失及合理费用共计人民币5万元。

**二审结果**[②]

一审判决后,土豆网上诉。二审法院认为:"本案的关键点在于判断上诉人作为提供网络存储空间的视频分享网站,对其用户通过土豆网上传涉案作品的侵权行为是否具有主观过错"。除了一审法院的认定之外,二审法院多增加了两个理由:首先,"土豆网"设置的用户上传视频采用了"事前审查"的机制,在用户上传后12小时内,经过网站工作人员人工审核后通过才可以由公众点播,因此在审核过程中一定会发现这是盗版视频;其次,在播出的盗版视频左上角,出现了土豆网的标识和域名,这也证明了被告具备合理理由知晓侵权行为的存在,因此驳回上诉,维持原判。

**案件评论**

从两次判决看,法院认定视频分享网站作为网络存储空间提供者是否存在侵权的主观故意时,主要参考两点:

第一,视频网站专业性。根据原广电总局2008年施行的《互联网视听节目服务管理规定》,我国对网络视频行业的监管采取许可制度,要求服务单位取得《信息网络传播视听节目许可证》,没有取得该许可证的单位和个人不得从事互联网视听节目服务。土豆网于2005年4月15日正式上线,是全球最

---

[①] 《上海市第一中级人民法院(2007)沪一中民五(知)初字第129号》。

[②] 《上海市高级人民法院(2008)沪高民三(知)终字第62号》。

早上线的视频网站之一,在国内具有很大影响力,并于2008年9月9日取得编号为0908301的许可证。

第二,频道分类。视频网站既然已经将"原创"和"影视"两种视频进行分类,表明已经意识到"网友自拍"和"专业影视"这两种不同来源的视频中,后者有较高侵权风险。这并不是要求网络服务提供商要时刻监督、主动寻找侵权风险,事实上各国并不要求网络服务提供商承担这个义务。《欧洲电子商务指令》第15条规定:"成员国不得要求服务提供者承担监督其传输和存储信息的一般性义务。"

3. 电信运营商侵权——网尚、大连网通、因赛思案

**案情介绍**

时间:2007年

地点:辽宁省大连市

原告:北京网尚文化传播有限公司(以下简称"网尚公司")

被告:中国网通(集团)有限公司大连市分公司(以下简称"网通大连分公司")

被告:北京因赛思科技发展有限公司(以下简称"因赛思公司")

作品:《天机算》《陀枪师姐》

《天机算》《陀枪师姐》是由电视广播有限公司(以下简称"TVB公司")拍摄制作的两部电视剧,前者是一部讲述了由奇书《推背图》所引发故事的古装电视剧,后者是从1998年开始热播的"金牌港剧"。TVB公司享有两剧全部著作权,并将两部影视作品在中国大陆的信息网络传播权(含互联网和局域网两种环境)、为上述环境播映使用之必要的复制权、放映权授予网尚公司,期限是2006年10月15日至2007年12月31日。

2007年10月16日,网通大连分公司、因赛思公司签订委托代收费协议,约定因赛思公司对大连本地部分ADSL用户开放"想网"(www.5a5e.com)"视频花园"访问权限;网通大连分公司为"想网"、"视频花园"提供网络业务链接并代收观看费用,两公司共享业务收入;网通大连分公司有权对内容进行

监管、删除违法违规内容；因赛思公司保证提供的视频内容具有合法的知识产权，如果因此发生纠纷，因赛思公司承担一切责任并赔偿网通大连分公司一切损失；期限是 2005 年 1 月 1 日至 2008 年 12 月 31 日。

2007 年 10 月，网尚公司发现，在"CMC 中国网通大连之星"（dl.northtimes.com）首页顶部导航栏目中，"电视剧场"栏目有未经授权作品的宣传海报和提示框，并且提供付费点播业务。由此，网尚公司将网通大连分公司和因赛思公司告上法庭，要求赔偿。

网通大连分公司认为：第一，自己属于网络服务提供商而非网络内容提供商，用户在"想网"观看电视剧，因赛思公司是"想网"的所有者，是网络内容提供商；第二，自己提供的链接不是"深度链接"[①]；第三，自己并不知侵权，且未从中获利，因此不应该承担侵权责任。因赛思公司承认侵权行为，但对赔偿金额有异议。

**一审结果**[②]

一审法院认为，网通大连分公司不仅是网络服务提供商，也是网络内容提供商，其为侵权作品提供的链接超出一般意义上的搜索引擎链接，故属于深度链接，应当知道因赛思公司的侵权行为，并且从中获得利益，存在主观过错，应承担民事责任，不适用《中华人民共和国信息网络传播权条例》中的免责条款，判决两被告共同赔偿原告经计损失 20 万元，与其他费用共计人民币 234050 元，案件受理费另计。

**二审结果**[③]

二审中的焦点主要有三：

---

[①] 深度链接：即绕过被链网站首页直接链接到分页的链接方式。深度链接主要分为五种模式：第一，通过搜索引擎技术，链接其他网站已合法公开传播的作品（例如百度爬虫技术提供的深度链接）；第二，通过专业个人网站的建站软件建立起具有编辑传播能力的作品资源库，提供未公开传播的作品（如快播 QVOD 等软件播放器提供的部分链接）；第三，定向链接到其他非法网站的侵权作品（如百度、快播曾提供的服务）；第四，绕过被链网站技术屏障，通过屏蔽器门户网站入口、网页广告的方式提供深度链接（一般称为"盗链"）；第五，网站获得非独家信息网络传播权，默许或应允变相转授权第三方网站使用传播。

[②] 《大连市中级人民法院 (2008) 大民四初字第 1 号》。

[③] 《辽宁省高级人民法院 (2008) 辽民三终字第 255 号》。

首先，网尚公司是否具有诉讼资格。因赛思公司主张大陆合法出版物上载明的两剧版权人为 TVB1 公司，而非 TVB 公司，授权网尚公司的是 TVB 公司，因此网尚公司不具备主体诉讼资格。但二审法院认为，片头片尾载明"电视广播有限公司"等字样，表明制版者为 TVB 公司。

其次，因赛思公司提供播放的两部影视剧，网尚公司是否享有版权。因赛思公司对此提出质疑。根据网尚公司提供的截图，因赛思公司播放的影视作品与网尚公司主张权利的作品一致，且因赛思公司仅提出异议，未说明其播放的作品与权利作品有何不同，故不支持因赛思公司的主张。

最后，赔偿数额问题。一审法院裁量赔偿数额较高，调整为赔偿经济损失 6 万元，其他费用共计人民币 94050 元，案件受理费另计。

**案件评论**

本案是十分典型的网络视频侵权案，其焦点在于电信运营商为传播侵权内容的视频网站提供网络服务和收费功能是否承担侵权责任，涉及了很多网络视频版权纠纷的重点问题。

第一，网络服务提供商（ISP）和网络内容提供商（ICP）的区别。这是免责条款适用条件的第一个重点。网络服务提供商和网络内容提供商在行为上有许多交集，很难从行为上判定某一网站属于哪一类。实践中常用的办法是根据网站所持的许可证类型判断。对于网络服务提供商来说，"ISP 许可证"在 2009 年度全国"网络扫黄"行动后停止办理，2012 年根据工信部发布的《关于进一步规范因特网数据中心（IDC）业务和因特网接入服务（ISP）业务市场准入工作的通告》，全国恢复办理"ISP 许可证"。对于网络内容提供商，我国《互联网信息服务管理办法》（2000 年施行）第四条规定："国家对经营性互联网信息服务实行许可制度；对非经营性互联网信息服务实行备案制度。"侵权网站究竟属于服务提供商还是内容提供商，可以依据它在网站显著位置注明的备案证或许可证属于哪一种类别进行判定。

在本案中，"想网"持有的是"ICP 备案证"（京 ICP 证 040760 号，2005

年 5 月 8 日审核通过①），"CNC 中国网通大连之星"持有的也是"ICP 备案证"（辽 ICP 备 10207478 号 –1），均可认定为网络内容提供商。

第二，"深度链接"的认定，这是免责条款适用的第二个重点。

"深度链接"指"根据统一资源定位符（URL），运用超文本制作语言（HTML）将网站内部网页之间、系统内部之间或不同系统之间的超文本和超媒体进行连接"②。设链网站将被链网站购买的正版内容嵌入本网页中，当用户点击链接时，直接链接到被链网站中的资源，但是其网站流量被设链网站截留，被链网站的商业标识被屏蔽，导致使用者误以为被链接网页的作品是正在浏览网站的一部分，这样设链网站就不需要承担购买版权成本也可以取得广告收入和网站流量，侵害了被链网站的利益。

深度链接与普通链接的区别主要在于：首先，在控制力上，普通链接跳转到被链网站的域名和网址，对内容没有控制力，而深度链接则有选择地将其变成自身网站的一部分；其次，在收益上，普通链接的广告收益和网站流量由被链网站取得，深度链接则由设链网站取得。

深度链接侵权所承担的法律责任也不同：首先，社会危害性上，普通链接一旦侵权一般属于民事调解范围，而深度链接是否构成《中华人民共和国刑法》第 217 条所规定的"侵犯著作权罪"，学界还在探讨之中；其次，侵权行为的认定和免责条款的适用上，为侵权作品提供普通链接，如果不存在主观故意，可以适用"避风港原则"的免责条款，而提供深度链接，又被认定为"明知"或"应知"的主观故意，必须承担间接侵权责任。

第三，"获利"如何认定，这是免责条款适用的第三个重点。作品提供者本身不从事网站经营活动，一般存在委托代收费协议。除了直接经济利益，广告收入分成等也应被认定为"获利"。

第四，确定侵权损害赔偿数额的标准。根据《中华人民共和国著作权法》

---

① 中华人民共和国工业和信息化部"ICP/IP 地址域名信息备案管理系统"查询，2016 年 5 月 21 日，http://www.miitbeian.gov.cn/publish/query/indexFirst.action。

② 王谨：《互联网链接从间接侵权到直接侵权的认定思路》，《通信企业管理》，2015 年 6 月，第 73 页。

第48条规定,赔偿金额由两部分组成——"侵权赔偿"和"权利人为制止侵权行为所支付的合理开支"。前者的认定有两种方法——"实际损失"和"违法所得"。根据最高人民法院《关于审理著作权民事纠纷案件适用法律若干问题的解释》第25条和司法实践中的相关经验,主要考虑的因素有:作品类型,合理使用费,侵权行为性质、后果、情节,权利人获得授权的期限,涉案作品出品时间,作品影响力,侵权作品传播范围、点击量等。

4. 网吧侵权——《江山美人》案

**案情介绍**

时间：2010年

地点：广东省深圳市

原告：北京网尚文化传播有限公司（以下简称"网尚公司"）

被告：深圳市彼岸网络有限公司（以下简称"彼岸公司"）

被告：深圳市彼岸网络有限公司北极光网吧（以下简称"北极光网吧"）

作品：《江山美人》

《江山美人》是由北京保利博纳电影发行有限公司、电影人制作有限公司、天下影画有限公司联合摄制、出品的古装动作电影,于2008年3月1日在全国院线上映。同年3月12日,网尚公司得到该片在中国大陆的信息网络传播权（独家授权）。2009年5月,网尚公司发现彼岸公司所经营的北极光网吧向其用户提供《江山美人》的播放服务,经过公证机关证据保全,要求被告停止侵权并赔偿损失。

彼岸公司认为：首先,原告不享有该片有效的信息网络传播权,不具有主体资格,因为涉案电影的版权属于香港公司,必须依法办理手续才能在中国大陆行使著作权,原告获取信息网络传播权必须经过特定手续,而网尚公司没有提供相应的证据证明办理了这些手续。其次,北极光网吧是网络服务提供者,通过基础电信运营商提供上网通道,侵权的是上游网络电影供应商的经营者；最后,北极光网吧没有明知侵权也没有接到侵权通知,不应承担侵权责任。

**判决结果**[①]

深圳市宝安区人民法院认为：网尚公司所得到的《江山美人》授权有效，北极光网吧侵犯了其信息网络传播权和复制权，判决被告赔偿经济损失和维权费共计10000元，并驳回了原告其他诉讼请求。

**案情分析**

境外影视作品在中国大陆是否受到《中华人民共和国著作权法》的保护取决于是否合法、是否损害公共利益，而不是是否履行了进口审批手续。根据《中华人民共和国著作权法》规定，作者自作品创作完成之时就自动取得著作权，非大陆户籍作者除非违反法律规定或损害公共利益，也自动获得我国著作权法的保护。《中华人民共和国音像制品管理条例》要求对进口音像制品审查的目的就是为了审查是否合法且不损害公共利益。

网吧将侵权作品资源复制并存储于其经营的网吧局域网服务器中，并且向用户提供在线观看服务，构成了"对不特定公众播放"。而且从中获取经济利益，构成对权利人的信息网络传播权、复制权的侵犯网络传播权的建立。

**1. 网络境外传播权立法保护情况**

（1）国际组织

世界知识产权组织（WIPO）：经过漫长的谈判和外交会议，2002年世界知识产权组织通过了《WIPO版权条约》（WCT）和《WIPO表演和录音制品公约》（WPPT），在此前国际版权条约中增加了互联网下版权和邻接权[②]保护的内容，因此也被称为"互联网版权条约"。

（2）美国

美国关于网络信息传播的立法渊源是一系列的司法判例，主要的规范性文件有《知识产权和国家信息基础设施》（惯称为"白皮书"，1993年）、《数字千年版权法》（DMCA，1998年）、《规范对等网络法案》（规范P2P技术下的传播行为，2002年）、《家庭娱乐与版权法案》（FECA，2005年）。

---

[①]《深圳市宝安区人民法院（2010）深宝法知产初字第177号》。

[②] 邻接权：邻接权的原意是与著作权相邻的权利，其确切含义应是作品传播者所享有的权利。

(3) 欧洲

欧盟在推动欧洲网络传播权立法方面起到重大作用，公布《信息社会的著作权与相关权的绿皮书》(1995年)。1997年欧盟制定了《关于协调信息社会的版权和有关权若干方面的指令》草案，并于2001年最终通过。《关于共同体内部市场的信息社会服务尤其是电子商务的若干法律方面指令》(2000年)虽然是电子商务领域的立法文件，但是也对网络服务提供者的权利义务进行了规范协调。

德国在1997年颁布了《规定信息和通信服务的一般条件的联邦法令——信息和通信服务法》，这是世界上第一部规范网络秩序的单行法，为后来其他国家保护网络传播行为的立法实践绘制了蓝本。

法国于2006年颁布《信息社会版权法案》，保护电子信息产品版权，并将为维护计算机软件兼容性而适当使用版权内容的行为视作合理使用，排除在著作权保护之外。

荷兰于2002年颁布了《版权法修正案》，对版权、邻接权、数据库三个部分和网络传播行为的相关条款进行了修订。

**2. 我国信息网络传播权的确立过程**

在著作权保护的基本法学理论中，围绕著作权的本体，产生了许多衍生权利，如出版者权、表演者权、录制者权等。信息网络传播权也是著作权的一种领接权，是指以有线或者无线方式向公众提供作品、表演或者录音录像制品，使公众可以在其个人选定的时间和地点获得作品、表演或者录音录像制品的权利。在中国第一版《中华人民共和国著作权法》中并没有规定信息网络传播权，这一权利的确立是社会现实发展变化的结果，经历了若干年酝酿和探索的过程。

(1)《中华人民共和国著作权法》(1990年版)

1990年，"为保护文学、艺术和科学作品作者的著作权以及与著作权有关的权益，鼓励有益于社会主义精神文明、物质文明建设的作品的创作和传播，促进社会主义文化和科学事业的发展与繁荣"①，我国颁布第一部《中华人民共和国著作权法》。此版《中华人民共和国著作权法》并没有确定"信息网络传播权"。

1998年，国务院提交的《中华人民共和国著作权法》修正草案中并未提及对网络传输问题，是因为当时互联网尚未普遍，网络版权还未显现出重要性。因此，有一些人认为当时我国网络技术比国外落后，如果立法保护信息网络传播权，将为中国增加负担而使外国人受益。还有一些人认为，修订《中华人民共和国著作权法》的目的是适应加入世界贸易组织（WTO）的需要，而WTO保护知识产权的国标文件——《与贸易有关的知识产权协议》（Trips协议）中，尚未谈到网络传播权问题，因此我国关于这一权利的立法就不必操之过急。

（2）《中华人民共和国著作权法》（2001年第一次修订定版）

1999年，我国的互联网实现井喷式发展（见第一章），当时的《中华人民共和国著作权法》已经不能处理层出不穷的网络传播版权纠纷问题，各界人士就尽快对网络环境下的著作权保护立法达成共识。2000年，国务院再次提交著作权法修正草案时，就明确规定了"信息网络传播权"。

2001年，全国人大完成了《中华人民共和国著作权法》的第一次修订，"信息网络传播权"正式确立。法律规定著作权人享有的"信息网络传播权"是指："以有线或者无线方式向公众提供作品，使公众可以在个人选定的时间和地点获得作品的权利。"②

新版《中华人民共和国著作权法》中关于信息网络传播权的规定有以下四个特点：

第一，本次修订将该项权利命名为"信息网络传播权"，说明该权利不仅适用于互联网，还包括电视、电话、手机等其他传输系统中的内容点播服务。

第二，《世界知识产权组织版权条约》（WCT）和《世界知识产权表演和录

---

① 参见：《中华人民共和国著作权法》总则第1条。
② 参见：《中华人民共和国著作权法》（2001年第一次修订版），第二章第10条第12款。

音制品公约》(WPPT)中都规定了关于借助网络向公众传播信息的权利。前者的提法是"向公众传播的权利"(与《伯尔尼公约》保持一致),后者使用的表述是"提供已录制表演的权利"以及"提供录音制品的权利"(与《罗马公约》保持一致)。中国2001年版的《中华人民共和国著作权法》中"信息网络传播权"的提法涵盖了以上两项内容。

第三,"信息网络传播权"的主体包括著作权人和邻接权人,对表演者[①]和录音录像制作者[②]赋予该项权利,与WPPT接轨。

第四,本次修订只是设立了权利,但并未规定限制条款,提出"计算机软件、信息网络传播权的保护办法由国务院另行规定"[③]。这一"另行规定",就是五年后的《信息网络传播权保护条例》。

(3)《中华人民共和国著作权法》(2010年第二次修订版)

2010年2月26日,第十一届全国人民代表大会常务委员会通过关于修改《中华人民共和国著作权法》的决定。这次《中华人民共和国著作权法》主要修改了两处。第一处是在原先第四条"著作权人行使著作权,不得违反宪法和法律,不得损害公共利益"的基础上增加了"国家对作品的出版、传播依法进行监督管理"的要求。第二处是增加了关于著作权质押的规定。

(4)《信息网络传播权保护条例》(2006年版)

2006年5月10日,《信息网络传播权保护条例》(以下简称《条例》)通过国务院常务会议审议,于2007年7月1日起正式施行。我国迎来了信息网络传播领域法律体系化的新里程碑。"信息网络传播权"是结合中国具体国情提出的具有中国特色的法律术语,立足于中国现实问题,借鉴各国立法特长。

《条例》的主要内容有:

第一,基本含义。沿用《中华人民共和国著作权法》中的规定,重述、明确信息网络传播权的定义——"是指以有线或者无线方式向公众提供作品、表

---

① 参见:《中华人民共和国著作权法》(2001年第一次修订版),第四章第二节第37条第6款。
② 参见:《中华人民共和国著作权法》(2001年第一次修订版),第四章第三节第41条。
③ 参见:《中华人民共和国著作权法》(2001年第一次修订版),第六章第58条。

演或者录音录像制品，使公众可以在其个人选定的时间和地点获得作品、表演或者录音录像制品的权利"[①]。

第二，权利内容。包括许可权和获得报酬权两种。

第三，合理使用。基本等同于《中华人民共和国著作权法》第22条在网络空间版权合理使用的范围，但在个人、免费表演、室外作品、盲文、图书馆等方面有所调整。

第四，法定许可。确定义务教育、扶助贫困的法定许可条件。

第五，避风港原则。为网络使用者提供数字图书馆、远程教育、网络服务提供商、搜索引擎、网络存储等5个版权"避风港"。

(5)《信息网络传播权保护条例》(2013年第一次修订版)

2013年1月，国务院对《信息网络传播权保护条例》做出修改，并于同年3月1日实施。修改内容是："将第十八条、第十九条中的并可处以10万元以下的罚款修改为非法经营额5万元以上的，可处非法经营额1倍以上5倍以下的罚款；没有非法经营额或者非法经营额5万元以下的，根据情节轻重，可处25万元以下的罚款。"[②] 这一次修改主要是明确了罚款金额的裁量方式，分情况确立了两种处罚程度，使违规惩戒的方式更加科学化。

---

[①] 参见：《信息网络传播权保护条例》，第26条。
[②] 参见：《国务院关于修改〈信息网络传播权保护条例〉的决定》，2013年1月30日。

# 第四章　进化：2014 年至 2015 年

正如第三章所言，中国网络视频行业经历了雏形期的积累、草创期的探索，在 2009 年进入竞争时代。然而，回顾这场视频网站之间长达五年的竞争，主题并不是如何推出新模式、好服务，而是如何借政策排挤对手、借版权打压对手、借资本超越对手。尽管这四年的竞争是行业发展不成熟的表现，但并非完全没有意义。通过这场竞争，网络视频行业逐渐从各自为战的创业阶段进化到融合发展的新状态。网络视频行业内部已经形成了一套比较系统的行业规范，比如对版权的重视和各自网站的发展方向定位。此外，视频网站通过竞争，彼此形成利益共同体，结成无形的联盟，力量逐渐壮大以至于能与行政主管部门对话。就像萌发需要雏形期的积累，网络视频行业在 2009 年至 2013 年关于竞争的探索也为后来整个产业内部的发展与外部的合作做了准备。以 2013 年为里程碑，中国网络视频业在之后的一段时间迅速形成了独特的产业模式，各视频网站形成了自己独立的竞争优势。在 2013 年之前，舆论中还有担心这一产业形态消失的可能，那么在 2013 年之后这一担心就被证明是多余的。在经历了雏形、萌发、竞争三个阶段后，中国网络视频行业在 2014 年进入了进化的阶段。

网络视频行业进入进化阶段的标志之一是逐渐抛弃了对其他行业的依赖。视频网站越依赖外部的节目制作机构，其独立性就越弱，行业对外议价能力就越低。在上一章的竞争阶段，本书多次提到版权这个词。因为版权，众多视频网站不惜一掷千金，甚至占用其他业务的发展资源，为的是能够在版权上形成绝对优势。在 UGC 难以形成绝对优势、节目版权又被外部掌控的情形下，网络视频行业的发展根基并不牢靠，仍然难以与电视业比肩而立。2013

年之后，不少网站调整了投资结构，将重金买版权的模式转变为重金做自制内容，在节目供给上加强自主性，提升对外的议价能力。如此一来，视频网站虽然少不了继续与外部节目制作机构的合作，但对其依赖程度大为降低，能够根据自身的发展需要制定投资策略，而不再需要被版权市场牵着走。

　　网络视频行业进入进化阶段的标志之二是内容生产机制的多元化。网络视频与电视节目的重要区别不在于谁拥有更多的内容——节目和制作团队可以通过增加投入的方式来获得，也不在于谁能够实现点播和回看——电视的数字机顶盒也能实现类似的功能。网络视频相对于电视的优势在于无限的节目来源和网络化的传播方式——这要归功于互联网"去中心、点对点"的网状结构[①]。有线电视网是典型的中心化网络，在技术原理上就不具备实现网络化播出的条件。这就意味着，调动网民上传视频的积极性，鼓励网民上传高质量的视频，是视频网站与电视竞争的关键能力。然而，在UGC模式下，视频总量急剧增加，但质量并没有获得显著的提升——用户依然是乌合之众，节目质量仍旧参差不齐。如何使节目既来自民间，同时又能够保证质量？优酷网等视频网站的探索给出的答案是PGC（Professionally Generated Content，专业产生内容）。PGC和UGC一样也是来自民间的制作力量，但内容的选题水平和制作水平均比UGC高出不少。PGC模式的背后是商业互联网在中国发展的近二十年培养出来的"民间精英"、传统媒体收入下降导致的人才外流和网络视频行业在萌发期探索出的广告分成模式三者相互叠加的结果。从2012年开始，以优酷网栏目《晓说》上线为标志，PGC模式成为视频网站继UGC、版权购买、自制之后的第四种节目生产方式。

　　第三个标志是网络视频盈利模式从单一走向多样。从萌芽期开始，盈利模式一直是困扰视频网站一大问题。迟迟实现不了盈利，对于视频网站来说最大的困难是无法进一步融到资金实现下一步的发展战略。在视频网站未上市之前，网站的运营资金主要来自风险投资公司。在接受风险投资的阶段无

---

[①] 网络结构至少有线状、环状、树状、星状和网状几种，广域网主要是网状结构。网状结构呈现去中心的特征，每一个结点均与若干个结点相连，结点与结点之间的连接可以组成小型的局域网。

法解决盈利问题,就意味着公司很难进一步扩大融资;新的风投对企业的发展信心不足,上市又需要具有说服力的业绩作为支撑条件。网络视频赖以生存的广告收益已经越来越难以为继:网络视频的广告价值一直未得到充分的重视,导致广告价格偏低,广告收入难以支撑日渐增长的运营成本。

2013年国内电视广告市场规模约为1302亿元,在线视频广告市场只有96亿元。国内电视观众有12亿,电视广告人均价值超过100元,商业视频网站用户4.3亿,人均广告价值只有22元。电视广告向网络视频广告的转移有一个过程,而这个过程尚未取得决定性进展。[①]

经过了2008年至2013年各视频网站在版权购买、节目开发和营销推广方面的竞争,各家视频网站的成本压力陡增,迫切需要开拓新的利润渠道。以广告收入为主的盈利模式,是免费经济思维的产物。探索新的盈利模式,最直接的方式就是打破免费的思路,推行付费观看模式。优酷网和土豆网很早就试验过付费会员制(见第二章),虽有雏形,但由于行业尚未形成付费观看的风气,这一模式一直没有大规模推广。2012年前后的网站依然是免费逻辑盛行的时代。不过迫于收入的压力,越来越多的视频网站加入试行付费会员制的队伍。这一模式在众多网站的集体探索中日渐成熟,并最终成为视频网站的收入来源之一。

最后一个标志是网络视频能以合作而非替代的心态对待电视业。视频网站与电视台的关系,大略走过了陌生期、蜜月期和对立期三个阶段(见第二章)。在2005年之前,网络视频尚处于襁褓之中,只是一项简单的互联网应用,观看体验、观众规模和片源与电视既没有交集,也不对后者构成威胁。在2005年至2008年之间,优酷网开风气之先,探索了视频网站与电视台的合作模式。从2008年开始,为治理网络视频中日渐增多的不良信息,广电行政主管部门开始加强对视频网站的管控。此外,广电行政主管部门要求各级电视台在互联网时代要更有作为,积极开办网络电视台。在这种政策导向下,

---

[①] 尤文奎、胡泳:《电视遇上互联网,这样的颠覆才是电视的未来》,http://www.tmtpost.com/132772.html。

视频网站与电视台双赢合作的蜜月期终结,电视台在政策的鼓励和要求下开始自办视频网站,停止在商业视频网站上开设账号,已开设的账号也不再更新。在市场上两者已经走向了对立。从蜜月期的互赢走到对立期的相互封锁,视频网站和电视台的频道、节目组并不甘心于这一局面。从2012年开始,网络视频与电视台的合作,有了更多更新的模式,一些成果还得到了广电行政主管部门的认可。在本章节的正文中,将对这一现象展开论述。

## 一、从购买到自制

### (一)播出平台的困境

播出平台的内容获取方式在2012年前后有了一个明显改变,从原来的向国内外内容制作单位购买版权,转向内容自制。这一变化出现的原因,一方面是版权问题是国内视频网站草创期的"原罪",在网络视频行业相对弱小的时候,这一问题并不突出。随着网络视频行业的发展,该问题逐渐变得严峻起来,另一方面,视频网站作为企业是逐利的,产业链整合是形成规模、降低成本的选择,因此视频网站作为播出平台向上整合内容制作环节也是情理之中的事情。下面本书将对以上两个原因逐一进行审视。

**1. 侵权风波**

伴随着行业发展,网络视频侵权行为越来越多。2007年,国内出现首起网络视频侵权案——新传在线因《疯狂的石头》状告视频网站(详见第三章)。新传在线(北京)信息技术有限公司拥有《疯狂的石头》的网络传播权,但网民可以在视频网站上免费观看该电影。据新传公司统计,仅在2007年6月8日至6月28日,就有130个用户将《疯狂的石头》上传至侵权网站,新传公司流失大批用户,损失严重。2008年5月,该网站被判侵权。

在当时,侵权似乎并不是网络视频行业中的个别现象。网络视频企业的总部大多在北京和上海,其中又以北京中关村地区为盛。根据我国审判制度的属地管理原则,涉及中关村地区企业的诉讼,海淀区人民法院均可以受理。通过对海淀法院受理的网络视频侵权案件数量的统计可以看到,从2007年到

2011年该法院审理的与网络视频侵权有关的案例的数量变化。

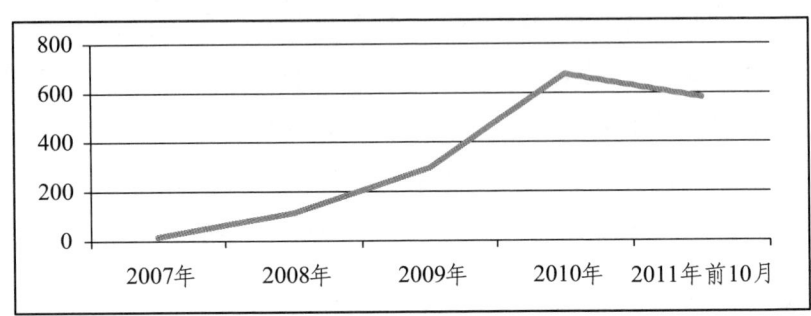

图 4-1　海淀法院审理网络视频侵权案件数量（单位：件）

如图4-1所示，2007年至2011年前10个月，海淀法院一共审理视频网站侵权案件1989件，2007年只有17件，2008年有114件，2009年骤升至296件，2010年达到676件，2011年前十个月就已经有582件。其中，视频网站的败诉率高达90%以上。2008年，国内视频网站的被起诉次数比2007年多出了约20倍。[①] 视频网站面对自己草创时期的"原罪"，一味地回避问题，或将问题归结为是行业的特殊属性，是难以为继的。整个网络视频行业都需要适时做出调整。

**2. 版权博弈**

由于政策和版权的双重限制，再加上大多数视频网站并未在资本忍耐期的最后关头拿出具有说服力的业绩表，2012年后，国内视频网站的数量由300多家急剧下降到20多家。经过优胜劣汰后的网络视频市场，竞争更加激烈。每个活下来的视频网站在观众规模、版权积累、融资能力、营销经验等方面都是极富经验和能力的，这些网站在争夺节目版权时意愿更强烈、出手更大方，客观上造成了2012年前后国内电视剧的网络传播权价格扶摇直上。2007年，《金婚》第一部的网络售价为每集3000元；2009年，《我的兄弟叫顺溜》达到2万元一集；2010年，《新三国》涨到15万元一集；2011年，《宫锁珠帘》则高达120万元一集。2012年年度最热电视剧《甄嬛传》以400万元一

---

[①] 张凌寒：《视频网站的版权侵权责任及规避》，《学术探索》，2013年第10期。

集成为2012年售价最高的电视剧。2013年,《辣妈正传》的单集售价已经超过500万元,创造了新的纪录。竞争的加剧,使购买版权的方式也出现了新的变化。一些视频网站为了抢占优秀的内容资源,制作方也而为了卖出更好的价格,于是提出了独家版权的概念。独家版权相对于非排他授权,价格无疑更高,视频网站因此承担的风险也更大。一时间,电视剧市场成了典型的卖方市场,制作方的议价能力迅速提高。

对于视频网站来说,买来版权也并不意味着一劳永逸。大多数的版权授权协议都约定了授权到期时间。视频网站买来的版权内容,在合约到期后,就需要根据制作方的意愿另行支付费用或是下线。

### 3. 政策新规

产业政策就像一条江的河床,不仅为产业的发展提供支撑,客观上也决定了产业的发展方向。广播电视行政主管部门是网络视频产业政策的最大供给方,也是电视产业政策的最大攻击方。在视听节目市场的发展现实中,电视与网络视频的关系可以概括为既有竞争又有合作,在提升节目质量、繁荣行业发展方面两者具有共同利益,但在争夺观众和广告市场方面二者又是竞争关系。从宏观上看,国家的视听产业政策总体推进了电视产业与网络视频产业两者的共同发展,但在微观层面上二者仍然有此消彼长的情况。

2012年7月,国家广播电影电视总局和国家互联网信息办公室发布《关于进一步加强网络剧、微电影等网络视听节目管理的通知》(广发 [2012] 53号),从国家政策的层面认可网络视听节目是一种新兴的网络文化业态,在丰富人民群众精神文化生活、帮助人民群众参与文化建设;生产制作积极向上的网络视听节目,是繁荣网络文化,实施网络内容建设工程的重要方面;鼓励电台、电视台、网络广播电视台、商业视频网站、影视节目制作单位等各类机构生产制作适合网络传播、体现时代精神、弘扬真善美、人民群众喜闻乐见的网络视听节目。这一政策是网络视听节目产业发展的"顶层设计",表明了国家支持这一产业健康发展的态度,该产业对于社会文化发展的积极作用得到认可。该规定使之前一直身份模糊的网络视听节目有了合法性,节目制作方、传播方在融资、合作时更加有底气，投资方对相关产业投资更加有信心。2013年以来，中国网络视听节目市场的繁荣的根本当然是观众的需求和市场的推动，但该规定在保驾护航方面也发挥了决定性的作用。

除了直接的支持，广电行政主管部门关于电视产业发展的政策客观上也影响了网络视频产业。2014年下半年，国家新闻出版广电总局（由原国家广电总局和国家新闻出版总署合并而来）下发通知，要求在网上播出的境外影视剧必须依法取得《电影片公映许可证》或《电视剧发行许可证》。① 该政策的主要原则包括数量限制、内容要求、先审后播、统一登记等。因为政策调控对象主要是境外影视剧，且调控方向是收紧而非放松，因此该政策又被称为"限外令"。此政策出台之前，搜狐视频凭借在美剧引进上的大投资和先发优势，在体量上不及优酷网、土豆网和腾讯视频的情况下，抢占了美剧这一细分市场的先机，尤其是"看美剧、上搜狐"的口号深入网民。优酷网和土豆网合并之后组建的新公司，在资本积累方面比搜狐更有优势，在继续保持UGC模式的同时，也在开拓海外版权节目的引进渠道，一时风光并不在搜狐视频之下。在优酷土豆和搜狐视频的带动下，各家视频网站或多或少都引进了境外影视剧。

"限外令"甫一出台，无疑对视频网站的既定发展战略，尤其是内容上线计划，构成了严重的挑战。对于商业视频网站来说，时政新闻不能播，电视台综艺不给播，电视剧太贵播不起，境外剧不让播。在荆棘丛生的发展路上，一半是客观使然，一半也许是主观选择，网络视频走上了自制的道路。

此外广电总局颁布的"限娱令"和"一剧两星"客观上也推动视频网站大力推进自制能力的建设和加强自制节目的布局。"限娱令"指的是广电总局在2011年出台《广电总局加强电视上星综合节目管理的若干规定》和2013年出台的《关于做好2014年电视上星综合频道节目编排和备案工作的通知》，要求各地方卫视从2011年7月起，在下午5点至晚上10点的黄金时段，娱乐节

---

① 《总局重申网上境外影视剧管理的有关规定》，国家新闻出版广播电影电视总局，2014年9月15日。http://www.sarft.gov.cn/articles/2014/09/05/20140904102409770812.html。

目每周不得播出超过三次。因为这一系列的政策主要是针对娱乐节目，所以又被称作"限娱令"。2013年10月20日，广电总局又向各大卫视下文，规定每家卫视每年最多新引进一档来自海外影视公司的节目，在黄金时间卫视歌唱类节目最多保留4档，这个文件被媒体称为"加强版限娱令"①，压缩了娱乐节目在电视市场上的生存空间。

"一剧两星"是2014年电视行业中的热词。2014年4月15日，国家新闻出版广电总局在京召开2014年全国电视剧播出工作会议，宣布自2015年1月1日开始，总局将对卫视综合频道黄金时段电视剧播出方式进行调整，具体内容包括：同一部电视剧每晚黄金时段联播的卫视综合频道不得超过两家，同一部电视剧在卫视综合频道每晚黄金时段播出不得超过两集。② 在此政策的要求下，再优质的电视剧也仅能在两个平台播出，一方面使电视剧的销售额大减，资本对电视剧投资的收益预期降低，导致资金流向暂时不受限制的网络视频自制节目；另一方面，尽管有"一剧两星"政策，但网络视频这一平台并不适用此规则，许多优秀的电视剧开始主动向视频网站伸出橄榄枝，谋求新的市场。

（二）早期自制内容的尝试

最早的网络自制内容主要来自个人，网民自发地完成网络节目甚至网络剧的构思、制作与发行。一般来说，《原色》被认为是网络自制剧的开山鼻祖。2000年，《原色》由吉林大学几名学生自导自演完成，前后历时一个半月，花费2000元。网络自制内容真正走进大众的视野还要算《一个馒头引发的血案》。2005年，胡戈将陈凯歌导演的电影《无极》重新剪辑，并配上浮夸的新情节与对白，制成一部20分钟的娱乐短片上传到网络，立刻获得网民的追捧。有人估算，这部几乎零成本的网络短片的点击量和下载量甚至超过了《无极》

---

① 《限娱令升级：每天7个半小时不能播电视剧和综艺》，新华网，2013年10月20日。http://news.qq.com/a/20131020/004163.htm?qq=0&ADUIN=1987488138&ADSESSION=1382230213&ADTAG=CLIENT.QQ.5067_.0&ADPUBNO=26162。

② 《广电总局推"一剧两星"独播大户不慌视频网站窃喜》，人民网，2014年4月16日。http://media.people.com.cn/n/2014/0416/c40606-24900430.html。

电影本身。而且,从知名度来说,《一个馒头引发的血案》也不亚于《无极》,这是一个非常有意思的网络文化现象。

《一个馒头引发的血案》呈现了网络在传播影视作品上的巨大影响力,视频网站开始有意识地进行网络自制剧实验。2008年,优酷网与广告主联合制作《嘻哈四重奏》,这是一部以办公室白领为主角的情景喜剧,其中"康师傅"作为赞助商反复出现在剧中,开创了一种形似植入式广告又在一些方面超越植入式广告的新模式。同年9月,凤凰网与PPLive联合推出的《Y.E.A.H》,同年11月两方又合作推出了科幻题材的《微客帝国》。《Y.E.A.H》借用凤凰网较大的用户群,通过网民互动传播的方式形成口碑营销。而由宁财神编剧的《微客帝国》则是科幻主题,一共7集,每集20分钟,观众跟随剧中主人公的脚步,感受当时网络剧中很少出现的电脑特技,感观体现独特。陆毅和黄渤的参演使该剧获得了较高的关注度,这是当时为数不多的明星参演的网络剧。简言之,在这一阶段视频网站对网络自制内容有了基础性的认识,为日后大规模、有计划的制作提供了经验准备。

(三)自制元年的到来

或是规律使然,或是约定俗成,似乎每年网络视频行业都会有一个关键词,各网站心照不宣在此处发力,以期获得更多的网站流量和更高的用户黏性。

2010年是正版元年,视频网站纷纷购买正版资源。2008年国家广电总局出台文件规范了网络视频使用版权内容的行为,客观上迫使视频网站调整竞争思路,放弃过去的版权粗放式管理模式,将掌握版权资源作为主要的竞争手段。不过,在2010年,买什么样的版权内容,各家尚未有清晰的思路,基本是"一股脑"购买的状态。

2011年是大剧元年,视频网站纷纷购买电视剧的网络独播权。2011年正值网络视频行业"版权大战"期间。经过一年的摸索,视频网站逐渐意识到剧集对用户的吸引力最强。但这时的网络视频行业,尚不具备自制的条件和能力,只能向电视台或者民营电视制作机构购买版权。也不知是版权方坐地起价,还是视频网站自我夸大,2011年电视剧的网络独播权价格奇高,形成了一道独特的文化景观。

2012年是美剧元年,优酷、搜狐等网站把美剧作为版权购买的重点。美国电视剧产业在规模、技术、保障等各个方面均走在世界的前列,美国电视剧的题材、编剧水平和制作水平也处于世界一流水准。长期以来,外国电视剧进入我国,要经过译制的过程,即有译片资格的机构给引进的电视剧配上中文对白后,在国内电视台播出。互联网社区出现之后,一些自发形成的网络"字幕组"开始自发给一些外国电视剧配上中文字幕,并上传到互联网供他人下载。走译制片渠道的外国电视剧,上映速度慢、品类少,但制作精良。"字幕组"的作品,速度快、品类多,但制作水平参差不齐。一些视频网站看到这其中的市场机会,向国外版权方购买热播电视剧的版权,再组织一些高水平的翻译人员制作字幕,既保证了内容质量和翻译质量,又实现了快速更新和种类多样。

2013年是综艺元年,搜狐视频以极高的价格拿下《中国好声音》(第二季),开网站与综艺节目独播合作的先河。在电视领域,一直存在这样一种说法:电视剧、综艺、新闻是提高收视率的"三驾马车"。根据广电总局的规定,网络视频不能播出新闻类内容。2011年网络视频集中力量买国产电视剧,2012年集中力量买外国电视剧,2013年则盯上了电视综艺节目。当然,《中国好声音》第一季的热播,也给视频网站高价购买综艺节目网络播出权提供了信心。

2014年被多家视频网站认为是"网络自制元年"。在这一年,视频网站均高调宣布要加大对自制内容的投入,打造自身的自制品牌。一时间,优酷出品、搜狐制造、爱奇艺出品、乐视自制成为关注度极高的行业词汇。根据中国电视剧制作产业协会、中国广播影视出版社联合发布的《中国电视剧(2014)产业调查报告》,2014年的网络自制剧数量超过了之前数年累计数量的总和。本书将2014年各主流视频网站出品的自制剧进行统计,全年共有近50部网络剧上线,总集数量近千集,具体如表4-1所示。

表 4–1  2014 年主流视频网站自制剧一览表

| 剧名 | 网站 | 集数 | 剧名 | 网站 | 集数 |
|---|---|---|---|---|---|
| 万万没想到第 2 季 | 优酷网 | 16 | 绝世高手之大侠卢小鱼 | 优酷网 | 6 |
| 万万没想到之小兵过年 | 优酷网 | 6 | 分手大师 | 优酷网 | 8 |
| 乙方甲方第 2 季 | 优酷网 | 10 | 梦想与现实 | 优酷网 | 8 |
| 曾经想火第 2 季 | 优酷网 | 10 | 曾经想火 | 优酷网 | 10 |
| 头号绯闻 | 优酷网 | 12 | 奇妙世纪 | 优酷网 | 8 |
| 微时代 | 腾讯视频 | 40 | 暗黑者 | 腾讯视频 | 46 |
| 冰箱少女 | 腾讯视频 | 3 | 探灵档案 | 腾讯视频 | 10 |
| 腾空的日子 | 腾讯视频 | 3 | 快乐 ELIFE | 腾讯视频 | 20 |
| 诛三计 | 腾讯视频 | 13 | 光阴的故事 | 56 网 | 1 |
| 我的西游 | 腾讯视频 | 20 | 谢文东第 3 季 | 迅雷看看 | 116 |
| 拐个皇帝回现代 | 乐视网 | 50 | 早上好老板 | 淘梦网 | 13 |
| 学姐知道 | 乐视网 | 15 | 不可思议的夏天 | 爱奇艺 | 15 |
| 沙僧日记 | 乐视网 | 16 | 来自星星的继承者们 | 爱奇艺 | 10 |
| 唐朝好男人 2 | 乐视网 | 40 | 白衣校花与大长腿 | 爱奇艺 | 23 |
| PMAM 之美好侦探社 | 乐视网 | 40 | 高科技少女喵 | 爱奇艺 | 13 |
| 蕾女心经 | 乐视网 | 30 | 你好外星人 | 爱奇艺 | 20 |
| STB 超级教师 | 乐视网 | 40 | 废柴兄弟 | 爱奇艺 | 41 |
| 笨贼一箩筐 | 乐视网 | 20 | 灵魂摆渡 | 爱奇艺 | 20 |
| 屌丝留学记 | 乐视网 | 33 | 逆光之恋 | 腾讯视频 | 11 |
| 谢谢你纽约 | 乐视网 | 8 | 我为官狂 2 | 腾讯视频 | 12 |
| 水浒学院 | 搜狐视频 | 8 | 怪咖啡 | 腾讯视频 | 60 |
| 屌丝男士第 3 季 | 搜狐视频 | 8 | 初恋女友俱乐部 | 腾讯视频 | 20 |
| 匆匆那年 | 搜狐视频 | 16 | Hold 住爱情 | 腾讯视频 | 12 |

从表 4–1 中可以看到，视频网站自制内容的题材非常丰富。网络自制剧最初主要是喜剧形式，凭借轻松的内容和诙谐的言语获得观众的认可，并拥有大批忠实观众。《万万没想到》是网络喜剧的典型代表，它不仅揭开了网络喜剧的序幕，而且其产业开发能力同样具有里程碑的意义，各类衍生品种类

繁多。《万万没想到》之后，也有不少网络剧的精品，但很少能在衍生品开发方面确立新标杆。作为网络剧的早期探索者，《万万没想到》在中国网络视频史上的地位无出其右。

2014年，各网站开始执行内容差异化的竞争策略，网络自制剧的题材越来越广泛，满足了各类阶层、不同人群的收视需要。除了传统的喜剧，历史、黑帮、惊悚、玄幻等一些投入较高的题材也出现在观众的视野中，并受到不同用户群体的好评。根据本书整理的资料，网络剧主要有以下题材。

第一类是网络喜剧。网络喜剧的主要"孵化器"是优酷网，该网站的《万万没想到》《绝世高手》《乙方甲方》《分手大师》等是这一时期网络喜剧的代表作品，也是能够代表网络视频在这个时代制作水平和审美水准的作品。从网络剧的发展历史来看，网络喜剧甚至一度定义了网络剧，成为网络剧区别于电视剧的特征。

第二类是青春偶像剧。搜狐视频于2014年8月首播的《匆匆那年》是这类剧集的代表。这类剧主要讲述的是青年学生在高中与大学阶段的恋爱故事，主人公年龄大约在16岁至24岁之间。这一年龄，与我国大多数网民的年龄相吻合（参见第一章）。可以说，内容的贴近性是青春偶像题材剧的核心竞争力。此类网络剧还包括爱奇艺《白衣校花与大长腿》、腾讯视频《微时代》等。

第三类是都市情感剧。这类网络自制剧将收视人群定位在白领群体，通过具有生活带入感的角色与内容设定，例如腾讯视频的《诛三计》、乐视网的《蕾女心经》，市场反响热烈。此外，乐视网针对白领群体工作日中午的餐后短暂的休息时间，推出了时长相匹配的"乐视午间剧场"。

第四类是奇幻剧。受到日本影视文化的影响，网络剧中出现了许多带有奇幻色彩的作品。如爱奇艺翻拍了日本电视剧《世界奇妙物语》，更名为《不可思议的夏天》。这类剧集还包括腾讯视频的《冰箱少女》、爱奇艺的《高科技少女喵》等。

第五类是悬疑剧。悬疑剧是2015年前后最受欢迎的一类网络自制剧，它满足了现代都市人群寻求刺激、求新求异的心理与需求，例如优酷的《名侦探狄仁杰》、腾讯视频的《暗黑者》与《探灵档案》等。

第六类是穿越剧。穿越剧在电视剧时代就是重要的题材，网络自制剧将这一题材推向了又一个高峰。如乐视网的《拐个皇帝回现代》《唐朝好男人2》，腾讯视频的《我为宫狂2》《逆光之恋》等。

自制元年之前，视频网站与电视台的关系是不平等的，前者向后者一味索取、购买版权。自制元年之后，一些自制内容甚至能够"反哺"电视台。比如优酷土豆和高晓松共同出品的《晓说》被浙江卫视买走，"爱奇艺和河南卫视制作的《汉字英雄》今年已经上档播出了第二季，优酷《旅行全攻略》、搜狐视频《唱游天下》以及腾讯视频《旅行家》等也相继登陆飞机、高铁、地铁、公交上的移动电视。"[①] 国家新闻出版广电总局还曾发布通知，鼓励并推广《汉字英雄》的经验。网络自制内容有了更多可以展示的舞台。[②]

## 二、从 UGC 到 PGC

2006 年被称作是中国的"网络视频元年"，从这一年开始网络视频作为一个行业逐渐形成并发展壮大。最初风靡行业的内容生产方式是 UGC 模式，也就是由普通用户上传自制内容到视频网站，典型代表是 YouTube 和优酷。但是，UGC 模式一直无法解决内容碎片、质量不高和版权隐患等问题。2012 年，国内一些视频网站在 UGC 模式的基础上探索新的内容生产方式。PGC 模式应运而生。最早的一批 PGC 上传者，大多是专业的媒体人，他们具有一定的学识和制作技术，也愿意向公众分享知识。这些处于转型中的媒体人是 PGC 模式的探路者。

（一）《晓说》现象

网络自制内容主要分为两种类型，一是网络自制剧，二是网络自制综艺节目。谈起综艺节目，大多数人可能会将之与表演和歌舞联系起来。事实上

---

① 《2014 网络剧进入大片时代》，新华网，2014 年 3 月 6 日：http://news.xinhuanet.com/yzyd/ent/20140306/c_119640695.htm。

② 关于积极开办原创文化节目弘扬和传承优秀传统文化的通知：http://www.sapprft.gov.cn/sapprft/contents/6588/279251.shtml。

随着时代的发展，综艺节目的涵盖范围非常广，包括晚会、访谈、游戏、旅游、真人秀、美食、选秀、益智、幽默、纪实、曲艺、舞蹈、脱口秀等。综艺节目是比较杂的电视节目形态。

《晓说》是早期 PGC 模式的代表，也是一类网络综艺节目。2012 年 3 月《晓说》在优酷网上线，每周五更新。每集时长没有严格限制，大约在 20 分钟至 30 分钟之间。主持人高晓松围绕一个热门话题展开讲述，像是一个视频化的专栏文章。《晓说》开播后市场反响积极，是少见的网络视频"现象级"节目，它获得的褒奖也是之前网络自制综艺节目所不曾获得的。《晓说》的热播使制作人、视频网站和用户开始关注 PGC 这一形式，网上很快出现了许多模仿《晓说》模式的节目。从中国网络视频行业发展的历史来看，《晓说》是一档具有里程碑意义的网络栏目，尤其是它对整个网络栏目节目形态发展的示范带动作用。

之所以越来越多的网络自制综艺节目开始采用《晓说》模式，一方面是因为各家视频网站看到了这种模式所带来的高点击与高收益，另一方面也是因为这种模式存在较强的可复制性。

首先，《晓说》这一节目形态的核心是"知名人物讲述有趣的故事"。在近十年传统媒体向新兴媒体转型的过程中，有许多电视节目主持人和节目策划团队离开电视台加入互联网。全国有 56 家卫视，近 300 个省级地面频道，城市台更是不计其数，这些电视台提供了庞大的"知名人物"库和"制作团队"库。在这个传媒转型的时代，互联网不缺"知名人物"和"制作团队"，加上网络可以代替图书馆提供海量的资料，制作《晓说》此类节目的门槛并非高不可攀。

另外，《晓说》的成功，还在于制作团队与视频网站的收入分成模式。这种收益分享的模式并非新鲜事物，电视媒体如今仍在提的制播分离就是制作公司（团队）与播出平台进行收益分享。在电视市场，这种模式还有一些细分类型，如"收视率对赌"。制播分离是中国电视产业发展的成果，是市场改革的产物。视频网站比电视台的市场化属性更高，出于提高节目质量和吸引力的目的，推行这种收益共享的模式是水到渠成的，除非存在人为的阻碍。

## (二) PGC 模式的三个特征

### 1. "资本"共出

在 2014 年"全视频之夜"上,优酷时任总裁魏明曾对优酷平台上的五种内容来源进行了介绍:第一种是外购内容,第二种是 UGC,第三种是优酷自制,第四种是 PGC,第五种是优酷和合作伙伴的联合出品。"如果一档自制节目不如 PGC 节目受欢迎,那么优酷会选择撤下自制内容,留下 PGC 内容。"在这种价值观的指导下,越来越多的 PGC 团队加入了优酷,支撑起庞大的优酷内容生态。这种平台不是几个人、几个团队能够完成的,需要一个制作群体的力量。为了进一步扶持 PGC 模式,优酷推出了"光和计划"。加入该计划的个人或团队可以获得优酷在制作资源和推广资源等方面的支持。在 UGC 模式长期无法提高视频制作质量的情况下,视频网站推行 PGC 模式是更好的选择——用具有一定专业水平的小制作团队代替普通网民,既保留了网络视频来源广泛、内容丰富的特征,又保证了基本的视频质量。在 PGC 模式下,视频网站和制作方形成了一个较为平衡的合作模式——视频网站以平台的网络影响力作为资本,与制作方高质量的节目进行交换。

### 2. 风险共担

有人认为,网络视频内容生产方式从 UGC 到 PGC 的转变,实际上是从"野性"到理性的转变。从 UGC 到 PGC,既是视频网站经营模式的转变,同时也是网络文化的转型,从早期的简单粗暴,到中期的引入巨资,再到生态产业链一体化下的精品战略。[①] 有些声音认为 PGC 模式代表着视频网站和网络文化的未来。PGC 的确相对于 UGC 有独特的优势,它从源头上对内容制造者进行了筛选,从产业链的开端就提供了内容质量的保证。

尽管 PGC 模式生产的内容有专业人员为质量背书,也有用户数据研究为市场推广护航,但难免会出现市场反应不积极的作品。在这个观众口味变幻莫测、捉摸不定的时代,没有人能保证自己的栏目一定会获得市场的青睐。风险是客观的,但是由制作者和传播者共同承担,这对双方来说既是一种责

---

① 余德:《从 UGC 到 PGC,从野性到理性》,百度百家,http://yude.baijia.baidu.com/article/56158。

任,也是一种保障。

### 3.利益共享

评价《晓说》时,人们常常会提到该栏目的高点击率和高收益。高点击率不难理解,节目质量高、符合观众口味自然会获得不少的点击量。同时,高点击率也会带来高收益,当然这种收益由双方共享。以《晓说》为例,好的栏目能给制作方一些无形利益,给高晓松本人带来的个人收益自不必说,《晓说》也是优酷在视频网站竞争新阶段的一张名片。这类PGC栏目为视频网站贡献了可观的收入,包括以下几个方面。

第一是植入式广告。对于自制内容来说,广告植入是一件非常容易的事情,甚至可以为了某一产品而专门设置剧情。虽然效果可能不尽如人意,但一些植入得当的部分甚至会成为社交网站的热门话题。《晓说》第二季以游走世界为主题,通过在镜头的画面植入知名汽车的广告,与情节的契合度较高,并不显得突兀和尴尬。

第二是贴片广告。贴片广告是指在影片播放正片前出现的广告片,在电影中出现较多。电视广告出现在两档节目之间,很难说清广告是"贴"在了哪档节目上。网络视频与电影比较类似,内容播放相对独立,很少存在"节目间广告"的现象。网络视频在播放前也有几秒到几十秒不等的广告,这部分广告就是网络视频的贴片广告。《晓说》一般是在正片前贴广告,包括汽车、网游等产品。

第三是版权分销,视频网站通常购买其他机构的版权内容上传到自己的平台上播放,然而PGC模式下的视频网站却走到了版权交易的上游,向其他网站甚至电视台销售版权节目。由于视频网站的PGC内容通常是独家播出的,其他平台但凡引进就需要付费——这就是PGC模式下视频网站的版权收入。

## 三、从互联网到移动互联网

第一次工业革命以来,受益于技术进步和全球化,人类文明的现代化进程不断加快。并非每一项新技术都能改变世界,但革命性技术对于现有秩序的冲击无疑是巨大的。正如宽带技术的提升和流媒体技术的优化使网络视频得以普及,并快速取代文字和图片内容成为互联网的主流,移动互联网是对观众身体的再次解放。观看视频的时间和地点变得随机化,不再受时空的限制。

移动互联网技术的快速升级、移动智能终端的崛起与普及,移动互联时代悄然而至。迅猛发展的移动互联网,成为驱动全球互联网产业创新与变革的新动力。网络视频行业作为互联网产业重要的细分领域,自然难以置身事外。2012年至2015年,"移动化"是中国网络视频行业发展的关键词之一。

(一)互联网进入移动时代

从起步到发展,移动互联网经历了一个漫长但持续演进的过程。网络、终端、内容等条件相继成熟,中国移动互联网发展势能于2012年达到临界点,实现突破性增长。"如果说2010年是移动互联网元年,那么2012年就是移动互联网的'断奶期'"[1],这一年被认为是"具有里程碑意义的一年"。

首先,由电信运营商主要推进的第三代移动网络(3G)进入了高速增长阶段,移动互联网发展进入成熟期。据工业和信息化部(以下简称为"工信部")发布的数据显示,截至2011年11月底,全国3G用户规模达到1.19亿,在移动电话用户中渗透率超过10%,达到12.2%。这意味着3G网络经过两年大规模布局后开始了规模化发展。任何行业都有其内在逻辑与动力,崛起与发展不会只受单一因素影响,需要整个生态系统的支撑。网络条件成熟、智能终端的普及与移动化软件的出现使移动互联网"软硬兼备",释放了市场潜力。

以智能手机为代表的移动智能终端,凭借愈加人性化的设计和更加流畅的体验,实现自身快速普及的同时,促进了移动网民数量大规模增长。据工信部发布的《移动终端白皮书》显示,2011年我国移动智能手机出货量超过之前历年移动智能手机出货量的总和,达到1.18亿部,较2010年增长了175%。中国互联网络信息中心于2013年1月发布的《第29次中国互联网络

---

[1] 刘德寰、崔凯:《移动互联网七大趋势》,《广告大观综合版》,2013年1月。

发展状况统计报告》显示，截至2011年12月底，中国手机网民规模达到3.56亿人，占总体网民规模的69.4%，同比增长17.5%。其中，智能手机网民规模达到1.9亿，渗透率达到53.4%。

移动互联网在中国的发展速度是惊人的。根据中国互联网络信息中心2012年7月发布的《第30次中国互联网络发展状况统计报告》显示，截止到2012年6月底，手机网民规模达到了3.88亿，手机首次超越台式电脑成为第一大上网终端。突破临界点之后，中国移动互联网流量加速增长，网民实时联网成为"刚需"——手机成为人们须臾不可离的工具。

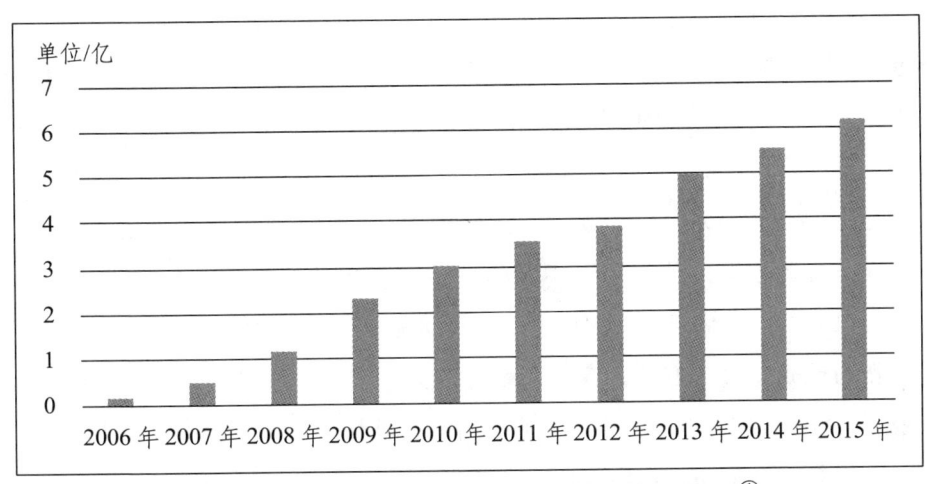

图4-2　2006年至2015年我国手机网民规模变化图[①]

（二）网络视频在移动终端布局

从不同产业发展的历史经验来看，任何一门产业的崛起和产业链延伸，都不会一蹴而就，而是需要一套体系、一个生态的共同支撑。网络视频在移动互联网领域的布局，除了受移动互联网发展的影响外，同时受到政策导向和市场需求的直接影响。网络视频的移动化进程也反作用于政策走向、市场需求，形成了互动式发展的行业现象。

---

① 数据来源：第19次至第37次《中国互联网络发展状况统计报告》（发布方：中国互联网络信息中心）。

1. 三网融合

网络视频特别是移动视频的快速发展,与中国"三网融合"政策有着莫大的联系。广电网、电信网、互联网三个原本各自为政、各自为战的网络,自 2010 年开始就在国家的大力倡导下不断走向融合。2012 年 3 月 5 日,在全国人大第五次会议开幕会上,时任国务院总理的温家宝在政府工作报告中明确提到:要促进产业结构优化升级,发展新一代信息技术,加强网络基础设施建设,推动"三网融合"取得实质性进展。

2010 年 7 月,国家确定第一批"三网融合"的试点城市名单。经过了一年半的探索,2012 年 1 月,国务院公布了第二批试点城市,共计 42 个。"三网融合"进入规模化试点阶段。根据国家规划,我国"三网融合"分为两个阶段推进:第一阶段是 2010 年至 2012 年,重点开展广电和电信业务双向融合试点;第二阶段是 2013 年至 2015 年,全面推进三网融合发展。

三网融合政策是从国家层面自上而下地改变中国电信领域市场生态环境。一方面,在此政策的作用下,中国通信行业正在经历关键性改变,原有的利益格局被打破,新秩序有待建立,为移动视频行业的发展提供了新的机遇、提出新的挑战。另一方面,在三网融合的大环境下,移动视频、互联网视频、IPTV 三个领域不断融合,竞合关系客观上加速了以上三者自身的发展。

2. 移动互联网上的"跑马圈地"

在从互联网向移动互联网转型的过程中,社交类网站、搜索类网站扮演了先头部队的角色。随着移动互联网产品不断推陈出新,用户逐渐养成以手机应用为载体的移动互联网使用习惯,并迅速取代了用户传统的上网方式。

视频网站在移动互联网时代并非被动地受浪潮的驱使,而是看到了其中的机遇主动布局。根据中国互联网络信息中心 2012 年 7 月发布的《第 30 次中国互联网络发展状况统计报告》,截至 2012 年 6 月,手机视频用户规模超过 1 亿人,在手机网民中占比为 27.7%,较 2011 年提升 5.2%。此时,相比网络视频用户规模的稳步增长,移动网络视频用户的增长显得更为强劲。半年后,同样来自中国互联网络信息中心的数据,我国使用手机在线观看或下载视频的用户规模达到了1.3亿人，在手机网民中占比增长至32%，相比于2011年增长9.5%。①

2011年以前，桌面端是视频网站争夺的主战场，移动端视频受制于网络、终端、技术、市场等因素，基本处于拓荒期，发展较为缓慢。2012年，中国网络视频行业步入平稳发展时期，用户增长速度放缓，市场规模逐渐趋于饱和。并购、重组、整合是这一年中国网络视频行业的关键词，行业的集中程度加剧，呈现成熟的发展态势，行业格局也发生了相应地变化。2012年优酷网和土豆网合并，爱奇艺收购PPS，腾讯、搜狐、爱奇艺共同组建内容合作同盟，网络视频行业进入寡头竞争的白热化阶段，同时，与传统卫视的竞争更加如火如荼。巨头之间的竞争，更加讲求策略，强调资源整合与拓展。也是在这一年，移动互联网的整体发展势头迅猛，"移动"首次被正式列为网络视频行业年度发展的关键词②。

一些声音认为：移动互联网将成为视频企业争夺用户的蓝海市场。根据DCCI于2012年6月发布的《中国网络视频蓝皮书》，视频用户的终端使用情况为：PC端每周12.6小时，电视每周9小时，平板电脑每周8.3小时，智能手机每周7.2小时。其中，PC端视频用户开始流失，有近三成用户表示未来可能不再通过PC观看视频。

尽管此时移动端视频行业的硬件基础与网络条件仍不能与桌面互联网看齐，能够支撑和满足的用户视频消费需求有限。但是，快速增长的移动互联网用户规模、愈加人性化的移动终端出现与普及，让已经身处红海的视频网站纷纷设想：移动视频市场是一片新蓝海，抢占移动端就是占领未来。

早在2011年4月，土豆网就与摩托罗拉合作，为该厂商的Android 3.0平板电脑与智能手机等移动终端提供内置服务，购买摩托罗拉相应手机或平

---

① 《第31次中国互联网络发展状况统计报告》，http://www.cnnic.net.cn/hlwfzyj/hlwxzbg/hlwtjbg/201403/P020140305344412530522.pdf。

② 殷乐、张翠翠：《2011年新媒体视频发展报告》，《2012年中国新媒体发展报告》，社会科学文献出版社，第238页。原文为："2011年堪称是新媒体视频的高速增长年，整合、娱乐、专业和移动成为2011年度发展的几个关键词"。

板的用户,即同时购买了在手机上用土豆网观看视频的服务。同年9月,优酷网与中国移动旗下的 Mobile Market 应用商城合作,以品牌店的形式进驻该商城,向移动互联网用户提供视频应用和内容。此外,奇艺网(现为爱奇艺)则针对不同移动终端分别开发客户端,并与包括三星、联想、华硕等在内的多家终端厂商合作将自家应用内置到移动互联网设备中。

2012年,几乎所有主流视频网站都在积极发展移动客户端。3月,乐视网推出视频分享移动社交应用"大咔",完成了乐视影视、看音乐、大咔、移动web站四大类移动视频类产品线的布局。搜狐视频大规模更新客户端,强化社交属性,并首次尝试付费模式。6月,56网推出新版客户端,强调满足用户的视频社交需求,专门整合了拍客功能,支持"离线上传"。7月,爱奇艺在移动客户端进行"标准化广告售卖"的探索;11月,推出网页化客户端视频观看站点 m.iqiyi.com,采用 HTML5 技术提升用户的观看体验。10月,PPS 将 UGC 平台"爱频道"移植到移动客户端;11月,在移动客户端上线"边拍边上传"功能,重点发展移动客户端 UGC 原创视频。12月,优酷在移动客户端提供了自动适应播放页,重点优化了在移动视频观看体验。

各视频网站结合自身优势,在移动互联网领域纷纷发力,极大地推动了移动视频行业的发展进程。在优酷土豆2012年的整体流量中,来自移动终端的贡献已超过20%,移动业务营收已经成为优酷土豆期待的一个新增长点。

尽管移动互联网视频前景一片大好,但各大视频网站当时的"淘金之路"仍面临诸多制约。第一,使用移动互联网设备观看视频的体验有待提升,主要是分辨率和运行速度与在电脑观看相比还有一定差距;第二,当时国内无线网络的覆盖有限,移动互联网的上网费用,特别是3G流量费用相对较高;第三,处在初步扩张阶段的移动互联网视频,在内容上还无法满足用户的多样化需求;第四,网络视频移动化的实现方式也在探索中,一开始至少存在 Flash、HTML5、客户端三种模式,经过市场的比较与反馈逐步确定了"智能终端+移动应用"为主的主流模式。

## （三）移动互联网视频日臻成熟

2013 年 11 月 28 日，优酷土豆集团董事长兼 CEO 古永锵在首届中国网络视听大会上发表演讲时谈道：2012 年年中，优酷土豆移动端日播放量仅为 2000 多万，而到了 2013 年年中日播放量则达到 2 亿，接近年底该数字超过了 3 亿，这样的增长速度与规模，优酷土豆在 PC 端花费了四年半甚至更长的时间实现，而在移动互联网平台只用了一年时间。优酷土豆移动端的快速增长，实际上也是网络视频移动化全面发展的缩影。

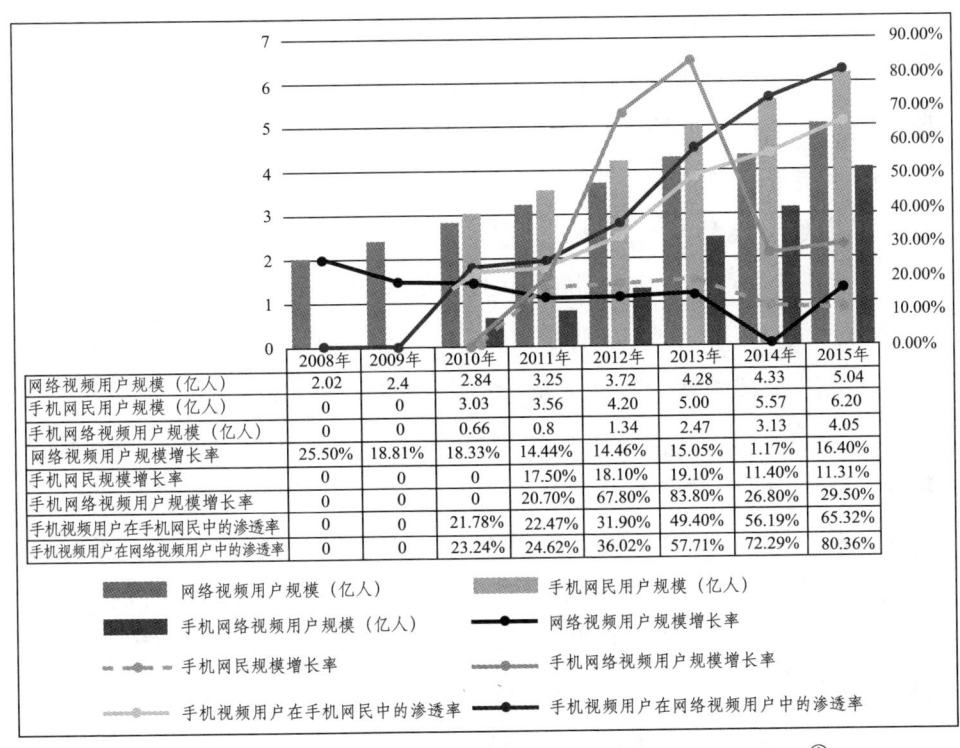

图 4-3　2008 年至 2015 年手机网络视频发展相关数据变化图①

中国互联网络信息中心在 2010 年把手机网络视频用户② 纳入《中国互联

---

① 综合第 23 次至第 38 次中国互联网络发展状况调查报告的数据。
② 根据中国互联网络信息中心的报告，"手机视频用户"是"手机用户"的概念子集，因而可能未包括使用平板电脑观看网络视频的用户。

网络发展状况统计报告》的调查范围。爱奇艺、优酷网等视频网站在 2013 年前后称来自移动终端的访问量已经超过了桌面终端，同年手机网络视频用户的增长率达到了六年来的最大值 83.8%（见图 4—3）。2013 年后，手机网络视频用户的增长率虽然远不及 2013 年的高峰，但总体发展平稳，每年仍能保持 20% 以上的增幅。同期手机网络视频用户在网络视频用户中渗透率增幅明显，并呈现持续上升的趋势。

1. 先有移动网络，后有"移动视频"

有了高速网络，若费用降不下来，视频"移动化"观看就只能存在于小众群体。虽然经过 2015 年的提速降费，但短时期内完全依赖按量计费的数据网络收费规则，通过数据流量观看网络视频依然是不现实的。假设一部视频大小为 150 兆字节，看六部这样规格的视频，按照中国移动在 2015 年的平均计费规则，需要 10 元至 30 元的费用。以每天看一部计算，则每月仅因为观看网络视频就要花费近百元。在中国电信市场发展移动互联网视频，需要新思路。

在用户渴望移动互联的刚性需求推动下，中国商业 WiFi 市场被火速催热，这为网络视频这一数据流量消耗大户的发展带来了非常有力的支持。2013 年，移动互联网领域的发展趋势已经非常清晰，在用户需求、基础运营商数据网络压力、互联网巨头对移动端入口的争抢以及实体商家服务意识的提升等因素的共同作用下，商业 WiFi 在 2013 年、2014 年迎来发展高潮。

商业 WiFi 大规模出现之前，公共 WiFi 主要是由基础运营商自建的 WLAN 网络。自 2009 年年底，中国移动、中国联通、中国电信三大运营商开始逐步构建各自的 WLAN 网络。根据工信部数据显示，2014 年中国新增 WLAN 公共运营接入点 30.9 万个，总数达到 604.5 万个，WLAN 用户达到 1641.6 万户。但是，运营商的 WLAN 网络，主要是作为蜂窝移动网络的补充，主要建设在人流密集场所，用于分担数据网络的流量压力，覆盖范围窄、建设成本高、使用频率低，因此整体发展速度慢，建设屡屡陷入停滞状态。

商业 WiFi 是指国家免费或以低收费形式提供的无线互联网接入服务，如餐馆、咖啡厅、书馆、服装店甚至商场提供的 WiFi 接入服务。具有免费、场景化和强运营的特点。因此，它能够有效地弥补公共 WiFi 网络覆盖面积不足等问题，一定程度上满足了移动网民大规模的联网需求。2013 年以来，商业 WiFi 的增长非常迅猛，尽管仍处在初步发展时期，行业盈利模式尚未明晰，但用户对免费的商业 Wi-Fi 接受程度与使用频率都较高。

几乎同一阶段，中国移动通信领域开启了"4G 时代"[①]。2013 年 12 月 4 日，工信部宣布向中国移动通信集团公司、中国电信集团公司和中国联合网络通信集团有限公司颁发"LTE/ 第四代数字蜂窝移动通信业务（TD-LTE）经营许可"，即发放 4G 牌照，中国的 4G 化进程由此正式开启。根据世界各国移动互联网的发展经验，新型高速移动互联网的出现，通常意味着整体上网速度的增加和上网费用的下降。3G 用户规模的扩大、商业 WiFi 的迅猛发展、4G 移动时代的来临，为网络视频的全面、深入、更大规模地移动化发展消除了部分阻碍。

**2. 加速移动化进程，开启商业化探索**

在初期的野蛮生长后，视频网站在 2013 年、2014 年加速了各自在移动互联网端的商业化探索。这一方面源于移动互联网视频市场诱人的发展前景，另一方面则受制于整个网络视频市场的竞争压力。传统桌面端的视频服务巨头，以优酷土豆、爱奇艺、乐视、腾讯视频、乐视为代表，纷纷加大对移动端的投入力度与重视程度。古永锵在 2013 年时表示："2013 年是移动视频的商业化元年。"

（1）移动视频"商业化元年"的整体格局

移动互联网视频市场被广泛看好，尽管移动化发展路径尚未明朗，但各主流视频网站加大了移动互联网端商业化的探索力度，并且逐渐明晰了各自的发展方向。腾讯提出"移动为先"战略。腾讯视频通过与新闻客户端、微信

---

[①] 4G 是第四代移动通信及其技术的简称，是集 3G 与 WLAN 于一体并能够传输高质量视频图像以及图像传输质量与高清晰度电视不相上下的技术产品。4G 系统能够以 100Mbps 的速度下载，比拨号上网快 2000 倍，上传的速度也能达到 20Mbps，并能够满足几乎所有用户对于无线服务的要求。而在用户最为关注的价格方面，4G 与固定宽带网络在价格方面不相上下，而且计费方式更加灵活机动，用户完全可以根据自身的需求确定所需的服务。此外，4G 可以在 DSL 和有线电视调制解调器没有覆盖的地方部署，然后再扩展到整个地区。很明显，4G 有着不可比拟的优越性。

朋友圈、微视等媒体内容类应用的内容合作，提升腾讯视频的移动用户量，并以视频为载体建立用户闭环。搜狐董事局主席张朝阳曾表示，搜狐视频从2013年第三季度起，开始对移动视频业务进行商业变现。

同期，优酷土豆将重点首先放在了移动客户端产品功能与体验的优化上。2013年3月15日，优酷针对Android操作系统推出了新版应用，操作更加流畅便利。同年11月，优酷土豆又以"多屏影响力"作为媒体推介会主题，推出跨屏广告投放模式，以期引领多屏营销，为移动视频探索变现模式。

除拥有独家内容外，移动互联网视频应用的功能与体验是这一阶段的竞争关键，也是各视频网站精耕细作的重点。纵观该时期整个移动互联网视频应用市场，视频应用在以下四个方面的功能探索尤为突出，并成为后期发展的重要着力点：第一，跨屏播出，通过二维码等功能实现PC端、移动端同步观看；第二，多平台互动，视频应用上线分享功能，一方面满足平台内用户之间的互动需求，另一方面则通过分享实现跨平台引流。第三，发力移动客户端UGC，增强移动视频的社交属性。移动互联网本身带有较强的社交属性，移动互联网视频的社交性也在被不断挖掘：一种是在移动互联视频应用中上线UGC功能，另一种是推出专门的UGC短视频应用，如优酷拍客、美拍等；第四，电视直播，视频网站将电视中的直播功能迁移到移动端，用户可以点播相关频道节目，如央视影音客户端。

彼时，移动互联网视频领域并未出现绝对的王者，投入的推广费用高就有可能暂时在市场竞争中领先。当大多数网站将注意力集中到如何暂时领先时，一些长期性的工作就被忽视了。

在中国移动视频广告市场，流量变现还是一个难题。广告服务是视频行业核心的盈利模式，也是为市场认可的流量变现手段。2013年，美国市场研究公司eMarketer预测，到2017年美国移动视频广告收入有望达到26.9亿美元，较2012年将增长10倍。但2013年，中国网络视频行业148亿元收入中，移动视频的广告收入仅贡献了10亿左右，占比很低。由于移动终端和电脑的媒介性质差异，用户在两平台上观看视频的方式和习惯也不同，移动视频广告不能原封不动地移植网页视频广告的形态。用户对移动端视频广告的接受需要一个过程，而广告形态和内容也需要进行新的探索，使移动广告的精准性、场景性、互动性等优势得以体现。

（2）视频网站移动化的探索热点

移动互联网与桌面端互联网有着很强的形式差异，资本和市场从一开始就不满足于将网络视频从桌面端平移到移动端，传统视频服务商对移动视频的形态、内容与业务等存有诸多期待。在移动化的探索中，"短视频社交"成为较早出现且持续发力的着力点，优酷土豆、腾讯视频等视频网站也较早参与其中。

从全球市场来看，移动视频社交的起步较早，以 Viddy、Socialcam 为代表的移动视频社交共享应用自 2012 年 2 月开始出现爆发性增长。而中国短视频社交市场的起步较晚，2012 年以优酷拍客、微拍、Movie36、爱摄汇为代表的视频分享应用出现，使用户可以通过移动终端拍摄、上传并分享 UGC 视频。

移动短视频具有制作与上传简单快捷、传播速度快等特点。随着技术手段的不断演进以及在社交需求的带领下，UGC 短视频的质量获得大幅提升，一些短视频软件甚至可以实现实时美颜。从 2013 年至 2014 年，以优酷拍客为代表的早期视频分享应用进行迭代优化，同时以腾讯微视、新浪秒拍、美图美拍为代表的典型短视频社交应用也加入这一领域的竞争。

2013 年 5 月，移动客户端应用"优酷拍客"推出新版本。这一版本主要对拍摄滤镜和后期剪辑功能进行了优化。"优酷拍客"分别提供了 9 种至 16 种不同的滤镜效果，用户选择某个滤镜，即可拍摄出与之对应的视频效果。"优酷拍客"还增加了专业的智能剪辑功能，如配乐、录音功能、多视频剪接等功能，在不增加难度的情况下丰富了短视频使用体验。此外，"优酷拍客"强化了软件的社交功能，在首页增加"好友转发文字显示功能"，增强了"拍客"与"粉丝"的互动。不过，"优酷拍客"并没有对短视频的时长进行限制。

2013 年年末至 2014 年年初，微视、秒拍、美拍三款短视频社交应用相继出现,对 UGC 视频长度进行了限制,客观上强化了短视频的社交色彩。"腾讯微视"于 2013 年 9 月 28 日上线,主要功能为拍摄 8 秒短视频,目标用户定位于年轻群体,并且更注重短视频社交应用的社交属性。"微视"依附腾讯 QQ、微信等社交产品所积累的较大用户基数,迅速扩大自身用户量。"新浪秒拍"则依附于新浪微博的用户,作为微博的视频拍摄附属工具上线,强调社交性和自媒体属性。自 2013 年 12 月上线到 2014 年 6 月,"新浪秒拍"总用户规模为 500 万左右,每天新增 3.5 万至 3.6 万用户,日视频播放量为 2200 万左右,峰值可达 4785 万。美图秀秀于 2014 年 4 月推出短视频社交应用"美拍","美拍"依托于"美图秀秀"的用户,以"美颜"为卖点抢占市场。"微视"和"秒拍"也相继推出滤镜特效。

移动短视频社交应用在短暂的火爆后,市渐趋于冷静,"微视"如"昙花一现"很快淡出公众视野,"美拍"和"秒拍"虽然基本垄断了市场,但其盈利能力、发展前景也并未明晰。对于视频网站而言,UGC 和短视频都是移动视频商业化探索的尝试。虽然成败与否目前尚不明朗,但客观上丰富了网络视频移动化的实现方式,提供了不同思路的探索经验。

## 四、从免费到付费

### (一)难以为继的"免费时代"

网络视频在中国诞生伊始,并没有带来独特的盈利模式。当时可供网络视频学习的范例,一是同属于互联网服务的商业门户网站,二是内容形态上非常接近的电视。以上两者在当时均以广告和增值服务作为主要的收入来源。网络视频当然也想如此这般,靠贩卖用户的关注度、Cookies 和屏幕弹窗换得收入,并根据行业的发展状况适时拓展增值业务。

然而,在网络视频向商业门户网站和电视台学习的时候,门户网站和电视台已经在酝酿新的盈利模式变革了。以网易为例,自 2005 年以来,虽然网易的利润来源一直包括广告这一项,但其地位逐渐从主流变成支流,邮箱服务、网络游戏、互联网金融、跨境电商等商业热点轮流成为网易的支柱利润点。电视台也是一样,电视台盈利能力的比拼,更多的是在比拼谁能尽量压低广告收入占总收入的比例,使收入结构更加科学化,增强抵御市场风险的能力。

根据国家新闻出版广电总局2014年发布的报告,2013年我国有10个省市①的广播电视广告收入出现了负增长,电视广告收入负增长的省市有14个,其中不乏北京市、天津市、江苏省等经济较发达地区。②2015年,这一情况仍然未有改观(见图4-4)。

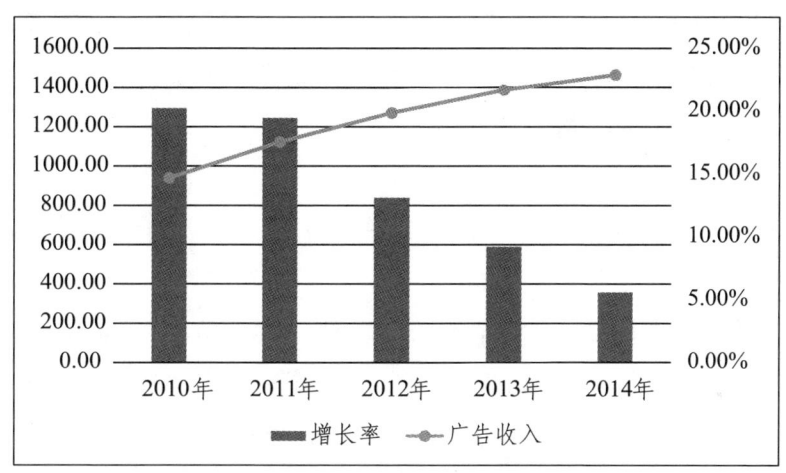

图4-4  2010年至2014年广播电视行业广告收入及增幅走势③

无论是商业门户网站还是电视台,由于内容生产成本不断提高,且广告收入的增幅无法弥补成本增加带来的亏空,因此争取多元化的盈利模式成为企业发展战略要解决的重要问题。视频网站在探索盈利模式的初期就没有超越现实的窠臼,提出超越当时现实的盈利方案,而是简单地"拿来"。

视频网站的带宽成本和版权成本占总成本的绝大比重,而这两项成本在

---

① 比较范围包括中央直属单位、省级行政单位、副省级行政单位和计划单列市。
② 国家新闻出版广电总局发展研究中心:《中国广播电影电视发展研究报告(2014)》,社会科学文献出版社2014年版,第345页。
③ 国家新闻出版广电总局发展研究中心:《中国广播电影电视发展研究报告(2015)》,社会科学文献出版社,2015年版,第81页。

门户网站和电视台的总成本中的比重却不大。同时，由于视频网站之间的竞争关键是用户体验的竞争和片源数量的竞争，因此不断提高带宽投入和版权购买投入成了视频网站获得竞争优势的必然选择。这就意味着视频网站的总成本会随着竞争的加剧而不断增加。现实的发展也佐证了这一点，从2008年开始，土豆网和优酷网就开始在广告收入之外探索新的盈利模式。

告别单一依靠广告的现实，最直接的方案就是向用户收费，比如会员制。然而，向用户收费容易，但向用户提供什么服务才能使用户乐意付费是个难题。从20世纪90年代到21世纪头十年，中国互联网服务一直有免费的传统。网络视频想要开风气之先广泛推广付费会员制，阻力的确不小。

（二）收费时代的新服务

1. 不乐观的现实

虽然各家视频网站对推行付费制已经形成了共识，然而付费制的推广并不顺利。土豆网的方案是提供高清内容。土豆网的"黑豆"是在网络视频码率普遍较低的情况下推出一个高清的内容频道。土豆网购买了部分电影、电视剧和节目的版权，以高清的格式上传到黑豆频道，借助飞速土豆的P2P加速，用户通过付费可以获得观看黑豆频道的权限，流畅地观看高清内容。乐视网的会员制在初期也与土豆网的模式一致。

优酷网的方案是提供最新内容。与土豆网提供高清内容的思路不同，优酷网开辟了优酷院线频道，以播放院线电影为主（见第三章）。在优酷院线未出现的时候，在视频网站上看到的电影，要么是电影院观众用手持摄像机拍摄的"TC版"，要么下线已久的老电影。整个网络视频市场在院线电影的供给方面存在空白。优酷院线上线的电影虽然不是与院线完全一致，但比原先等待DVD版发行后再购买版权的方式要快许多。优酷院线频道同样是收费制，未付费用户只能观看5分钟，付费用户可以观看全片。

除了能够观看网站的高清内容或者具有版权的最新内容，各大视频网站的会员一般还获得免广告和高速下载的增值服务。

会员制的出现，意味着视频网站已经意识到依靠单一的广告收入支撑网站运营是不切实际的——互联网的"免费"理念在当前仍没有比较理想的实践形式。带宽的压力、版权的压力和资本对盈利的期待,使视频网站建立在"免费时代"上的盈利模式难以为继。虽然一些先知先觉者开始了会员制的探索,但是在2012年之前,会员制的生存土壤依然不是那么肥沃。

根据中国互联网络信息中心2012年发布的数据,2011年中国网络视频用户中有过付费行为的占比仅为7.6%。而在有过付费行为的用户中,高达73.5%的是仅发生过一两次的偶然付费行为。①

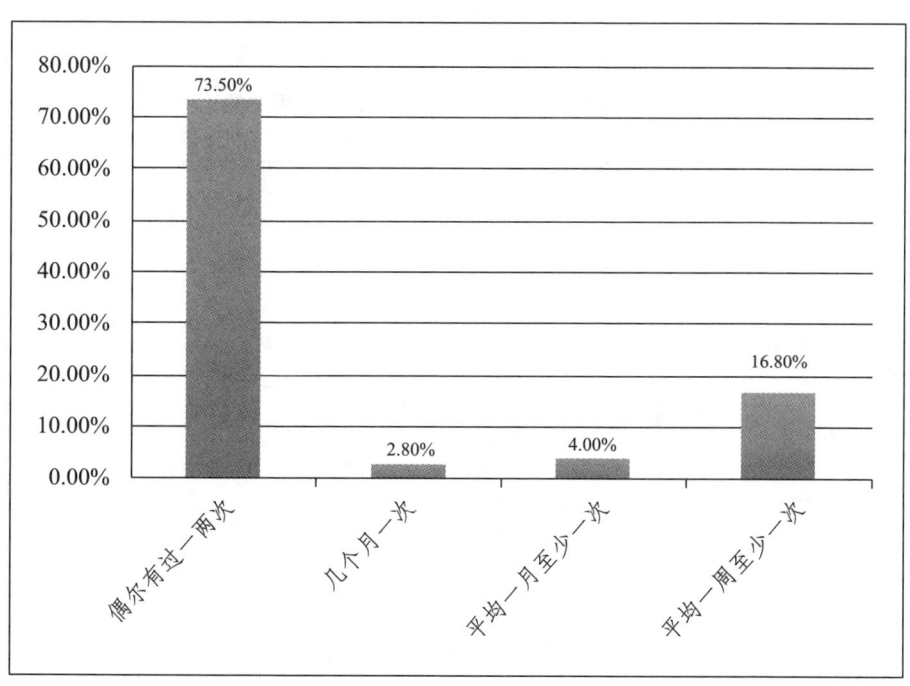

图4-5 2011年我国视频网站付费用户占总用户的比例

同样是中国互联网络信息中心的数据,在2013年有11.7%的视频用户有过付费收看视频的经历,比2012年增加了3.6个百分点。②

---

① 2011年中国网民网络视频应用研究报告:www.cnnic.net.cn/hlwfzyj/hlwxzbg/201205/P020120709345259404875.pdf。

② 2013年中国网民网络视频应用研究报告:www.cnnic.net.cn/hlwfzyj/hlwxzbg/spbg/201406/P020140609392906022556.pdf。

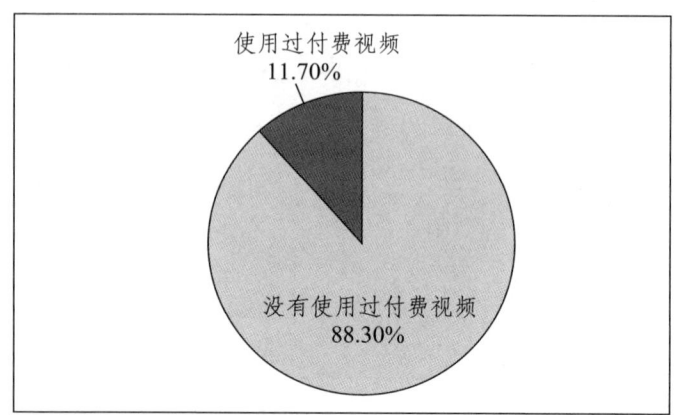

图 4-6　2013 年我国视频网站付费用户占总用户的比例

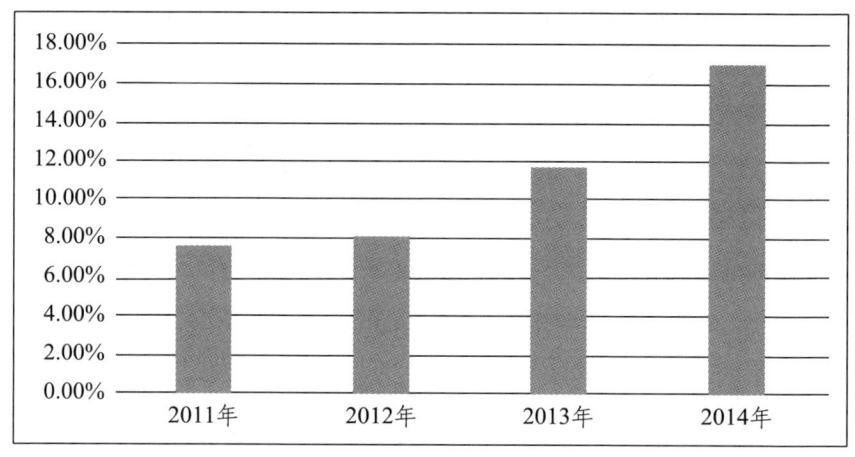

图 4-7　2011 年至 2014 年我国网络视频付费用户占总用户比例的变化[①]

付费用户增长不乐观，关键在于视频网站吸引潜在付费用户的能力不足，主要有以下三方面的表现：

首先，视频网站提供的版权内容有限。虽然一些视频网站建立起了会员制，但是用户支付费用后看什么却成了问题。购买已经播出的电视剧和已经

---

① 数据来源：综合《2011 年中国网民网络视频应用研究报告》（CNNIC）、《2011 年中国网民网络视频应用研究报告》（CNNIC）、《2015 年中国网络视听发展研究报告》（CNNIC 与中国网络视听节目服务协会联合发布）。

上线的电影，一方面要支付并不低廉的版权费用，另一方面这些内容并非视频网站的排他性竞争力，追赶最新的电影和电视剧潮流，争夺首播权甚至网络首播权，又要支付大笔的费用。尤其是在2010年至2012年的版权大战中，这是难以长久的策略。

其次，视频网站提供的收费增值服务有限。除了有权限观看高清内容和院线电影，以及能免去广告的打扰、获得较流畅的观影体验，2012年之前是会员制再难以提供更多的增值服务。中国网民群体低学历、低收入、低年龄的结构短期内难有改变，免广告、流畅下载和高清内容并不能形成对"三低"人群的核心吸引力——因为这些用户对时间不敏感、对体验不敏感但对金钱十分敏感的人群。

最后，网民未形成首播看网络的习惯。2012年之前，整个综艺节目市场、电视剧市场和电影市场对互联网这一渠道没有足够的重视，依然把主要的市场放在电视台和院线上。在这一思维模式下，很少有精品内容可以在网络首播。相应地，电视台和院线有足够好、足够多的内容吸引观众，网民就难以形成首播看网络的习惯。

**2. 转机的出现**

结合图4-7梳理付费用户的变化数据，会发现2013年网络视频付费用户占总用户的比例有了较大的增长。那么，2012年到2013年，中国网络视频业发生了什么？

本书的第三章后半部分和第四章前半部分，分析了视频网站迫于竞争的压力开辟了PGC模式，并大量购入电视剧、综艺节目和电影的版权。相对于过去的UGC和各类盗版内容，PGC和正版授权的内容在节目完整性和清晰度方面具有不可比拟的优势。从2012年开始，各视频网站吸取了版权大战中"版权不在手"的教训，继续发展PGC和购买版权的同时，开始大规模投入内容自制，《泡芙小姐》《屌丝男士》《万万没想到》等一批在网民中脍炙人口并且播出多年的经典作品都诞生于这一时期。

相对于PGC和版权购买，内容自制使视频网站在内容管理上的自主性更强,可以建立起更系统、更有针对性、更符合品牌定位的片源库。自制内容的加入,使网络视频的版权资源迅速壮大。每家视频网站不同定位、不同风格、不同主题的自制内容,就是各家的核心竞争力。付费用户获得了更多的观看选择,付费观看变得更"划算"。在会员收费和自制的联合模式中,乐视网走得比较靠前。乐视网在2012年之前就已经积累了大量的版权资源,凭借着创业板上市带来的资金便利,乐视网在自制内容,尤其是自制剧领域作为不断,并且和自身原本的会员制度牢牢捆在一起——只有会员才能看到高清的和最新的自制内容。

自制不仅为视频网站提供了更多的片源、增加了内容布局的主动性,也为视频网站与内容提供商之间的谈判提供了更多的话语权。视频网站自制节目办得如火如荼,虽然暂时难以与电视节目抗衡,但已经颇成气候,成为网民的主要观看内容。光线传媒等电视内容提供商也看到了视频网站在提升节目传播力和影响力方面的优势,以及潜在的数量庞大的观众规模和广告吸引力,纷纷向视频网站伸出合作的橄榄枝。《暗黑者》《灵魂摆渡》等网络剧都由民营电视制作机构制作,由网络视频负责发行播出。随着视频网站内容制作经验的积累,部分网络内容开始"反哺"电视台,如爱奇艺和河南卫视合办的《汉字英雄》。

自制改变了视频网站的内容生产格局,在提升视频网站内容生产能力的同时,也推动了PGC业务和版权购买业务的不断完善。在PGC、版权节目和自制三足鼎立的格局下,视频网站付费内容的竞争力被树立起来,会员付费制度开始变得更具有吸引力。

## 五、网络视频超越电视?

任何媒介对个人和社会的任何影响,都是由于新的尺度产生的。我们的任何一种延伸都要在我们的事物中引进一种新的尺度(麦克卢汉)。所谓"媒介即人的延伸",人类不断发展的媒介,越来越符合和具有人类传播的特征,新媒介及其传播形态朝着更加接近人性的方向发展,因而大多数人乐于接受新媒体，抛弃传统媒体的速度也在加快。互联网的崛起与普及对人类社会的影响是颠覆性的，依托互联网发展起来的新媒体则为传统媒体带来了难以预估的冲击。

从诞生到崛起，网络视频的成长历程，也是逐渐"超越"电视的过程。自2004年互联网支持视频播放以来，业界早有预料：终有一天，网络视频会与电视狭路相逢。彼时，刚刚诞生的网络视频，在电视巨鳄的眼里只是"小丑"。然而，不到十年的时间，网络视频便以难以逆转的势头轰轰烈烈地成长起来。网络视频与电视在不同发展阶段的互动关系，也是值得研究的行业话题。在中国，受宏观传媒环境的影响，网络视频的发展有其独特性，与电视的关系也更加复杂和微妙。总体来看，作为两种媒介形态，网络视频与电视是在动态演变中不断地趋近与融合。

2012年以来，随着我国三网融合政策落地，产业融合步伐加快，网络视频行业走向成熟，其与电视的关系也从竞争到合作，从联动到融合，网络视频从野蛮生长、追赶电视，逐渐比肩电视，甚至在社会影响力、市场潜力、行业发展前景等层面出现了超越电视的迹象。

（一）网络视频的用户规模

滴水穿石，非一日之功。网络视频较强社会影响力的基础，是用户规模的持续扩大，以及用户视频消费习惯的转变与养成。

自2005年网络视频进入中国以来，我国网络视频用户的规模持续扩大，并且保持了稳定快速的增长。根据中国互联网络信息中心于2016年1月发布的《第37次中国互联网络发展状况统计报告》显示，截至2015年12月，我国网络视频用户规模达5.04亿，较2014年年底的4.33亿增加了7093万，网络视频用户使用率为73.2%，较2014年年底增加了6.5%。

每一天的时间是有限的，人们的注意力也是有限的。随着用户规模的扩大，网络视频使用率的提升，网络视频正在成为人们主要的娱乐内容消费形式。不可避免的，传统的娱乐内容消费媒介——电视媒体的用户在流失，网络视频与电视正在抢夺用户的时间。根据中国互联网络信息中心于2015年5

月发布的统计数据显示，2014年年底我国网民共有6.49亿，人均每天上网时间3.73小时，合224分钟。① 另据同期国家新闻出版广电总局的数据显示，2014年我国城乡电视观众超过12亿，人均每天看电视时间107分钟（见图4–8）。

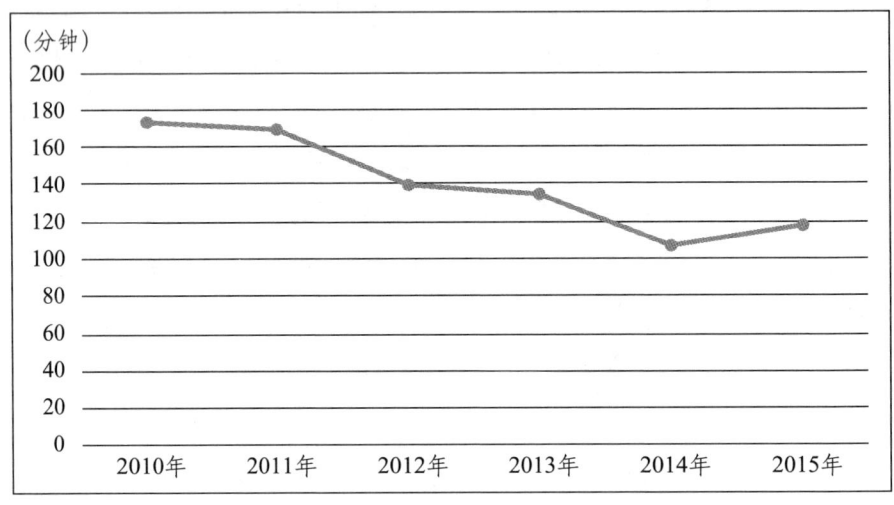

图4–8　2010年至2015年城市居民总体日均收看电视的市场变化趋势②

随着网络视频媒体广告投放产品或种类的增加与效果评估系统的进一步成熟，广告主开始认可和看好网络视频广告的价值。在电视开机率逐年下降、电视"老龄化"的大背景下，2013年开始越来越多的广告主将网络视频作为"后电视时代"主要的广告投放媒体。2013年全国广播电视广告收入达到1387.01亿元，仅比2012年增长9.19%，收入增幅下降了3.93个百分点，广播电视广告出现增长停滞的趋势。③ 而反观互联网在线视频市场，广告营

---

① 《第35次中国互联网络发展状况统计报告》：http://www.cnnic.net.cn/hlwfzyj/hlwxzbg/201502/P020150203551802054676.pdf。

② 崔保国：《传媒蓝皮书：中国传媒产业发展报告（2016）》，社会科学文献出版社2016年版，第208页。

③ 国家新闻出版广电总局发展研究中心：《中国广播电影电视发展报告（2014）》，社会科学文献出版社2014年7月版，第52页。

收规模保持了高速增长,在线视频广告正成为电视广告的有力竞争者。根据《中国传媒产业发展报告(2016)》的数据,自 2011 年以来我国在线视频广告收入每年均以超过 140% 的速度增长。2015 年在线视频广告收入几乎是 2011 年的 6 倍(见表 4–2)。

表 4–2  2011 年至 2015 年在线视频广告收入[①]

|  | 2011 年 | 2012 年 | 2013 年 | 2014 年 | 2015 年 |
|---|---|---|---|---|---|
| 广告收入(亿元) | 42.5 | 66.6 | 98.0 | 151.9 | 247.9 |

2014 年,互联网广告营收规模超过 1500 亿元,电视广告收入 1200 亿元,互联网首次超越电视,媒体广告格局发生裂变。但是,网络视频的广告收入,与电视广告相距甚远,短期内根本无法超越。然而,网络视频行业对电视行业已经构成威胁,长远来看,网络视频的发展潜力也更大。2015 年,随着网络视频行业的成熟,大数据技术的快速发展,基于大数据分析、为广告主提供更加高效精准广告服务的广告产品将成为行业发展的热点。

(二)网络视频与电视的互动关系演变

从出现到发展成熟,我国商业视频网站在十年中,历经技术迭代、资本运作、烧钱大战、版权诉讼、内容争夺、商业运营、自制探索以及人才积累。在走向成熟的过程中,视频网站优胜劣汰,优酷土豆、爱奇艺、搜狐视频、腾讯视频、乐视网等网站成为绝对的行业巨头,中央及各地省级电视台开办的网络广播电视台难以与之匹敌。

面对网络视频行业的成熟和壮大,电视媒体的态度从"无动于衷",到被动应对,再到主导合作,经历了多次转变,二者关系与彼此地位也随之发生动态演变。2012 年至 2015 年期间,随着"三网融合"的推进,台网联动逐渐升级为网台融合,网络视频在某些层面甚至出现了赶超电视的趋势。

---

① 崔保国:《传媒蓝皮书:中国传媒产业发展报告(2016)》,社会科学文献出版社 2016 年版,第 181 页。

**1. 台网合作：从渠道拓展到内容延伸**

2012年以前，各大视频网站的内容资源有限，购买版权内容的议价能力较低，自制内容数量少、质量低，尽管行业发展速度快，但整体水平不高。在此阶段，网络视频主要被视为一个新兴的内容传播渠道，电视媒体更多地关注视频网站的渠道价值，视频网站与电视台最初的合作也多是停留在渠道层面合作。

在三网融合进一步推进、网络视频企业自身实力提升的大背景下，2012年的网台合作开始从渠道拓展向内容合作延伸。一方面，在线视频服务商与电视台在渠道层面的合作程度加深，表现为网台同步播出，针对网络视频平台推出特别版本，独家的内容与渠道战略合作等。2012年2月，湖南卫视与爱奇艺合作同步首播《深宫谍影》；4月同步播出《太平公主秘史》，并且出现了电视精华版、网络完整版及外传版三个不同版本。同年3月，PPS作为TVB的独家版权合作方，获得TVB所有新旧电视剧在中国的版权，达成深度战略合作。5月，优酷联合十大卫视、十大唱片打造的《我是传奇》正式上线，实现与优酷拍客、优酷出品、优酷空间等所有资源上的互通，探索新的网台合作模式。8月，爱奇艺又与浙江卫视合作，制作《中国好声音》的访谈节目《酷我真声音》，在浙江卫视与爱奇艺同时播出。在渠道合作程度加深的过程中，台网联动的模式不断出新，网络视频的地位也随之有所提升，并逐渐摆脱单纯的"渠道"角色。

另一方面，在线视频企业加大对自制内容的投入，随着台网互动频繁，视频网站的优质内容反向输出到电视台。2012年2月，搜狐视频推出《向上吧！少年》，通过与湖南卫视网台联动，反向输出至传统电视台。3月，由土豆网从剧本、选角、拍摄到制作独立完成并出品的偶像剧《爱啊哎呀，我愿意》分销给深圳卫视和安徽卫视，分别于当年3月12日和3月17日开播。6月，由PPTV网络电视与北京贺盈时代影视文化有限公司共同出品的《囧人的幸福生活》在江苏卫视播出，同时，PPTV视频网站的桌面端、移动端也同步播放。9月，优酷自制脱口秀节目《晓说》与浙江卫视合作，实现网络视频自制综艺节目在电视平台黄金档播出,堪称我国在线视频与电视台"台网联动"模式的里程碑事件。

从最初视频网站处于被动地位的"台网联动"模式,到视频网站自制内容反向输出的"网台联动"模式,说明了网络视频在传媒业态中的地位有所提升。事实上,无论台网互动还是网台联动,本质上都是视频网站与电视台在不同阶段,或主动或被动地谋求各自更好的发展。于电视台而言,加强与视频网站的合作,是顺应媒体发展潮流、跟上时代发展节奏的选择。于视频网站而言,与电视台的合作,一方面是积累内容资源、拓展发展空间;另一方面也是学习和提升内容运作与制作水平的机会。

视频网站与电视台的合作方式日益丰富,从影视剧目的同步播出,到视频内容的衍生合作,再到视频企业自制内容的反向输出。合作模式的改变,既源于网络视频行业的成熟化发展,自身实力与地位的提升,也受到网台关系深刻变化的影响。在线视频企业在内容产业的影响力不断扩大,对电视媒体形成的挑战与压力也更突显。

2. 从"网台联动"到"网台融合"

积累内容资源,参与视频制作,在内容层面掌握更多话语权的同时,视频网站也在向视频产业的终端环节延伸,在桌面端、移动端之外试图抢占智能电视终端。事实上,视频网站涉足智能电视终端行业,也意味着进入了OTT TV[①]领域,该领域更深地打破了传统电视台与网络的界限。

2012年9月,乐视网推出"乐视TV超级电视"进入智能电视机市场,成为首家推出自有品牌智能电视终端的互联网企业,并始终宣称将构建"平台+内容+终端+应用"的完整价值链条。继乐视之后,爱奇艺也与TCL合作推出了自己的互联网电视TV+。2013年1月,腾讯推出一款名为"Q影"的口袋式互动投影产品,不仅为用户提供直接触控投影画面的互动娱乐体验,还

---

① OTT是"Over The Top"的缩写,本意指在电信网络之上提供业务,但电信运营商无法直接获得收入。后来,OTT业务泛指独立运营在公共互联网之上的业务,包括OTT语音、OTT短信、OTT游戏、OTT电商等,OTT TV只是OTT业务的一种。从通常的意义上来说,OTT TV即互联网电视,指通过公共互联网在智能电视终端商提供视频服务。

将腾讯视频、腾讯游戏等应用嵌入其中,提供视频娱乐等服务。

在中国,智能电视市场的竞争是有限的开放,视频网站进入智能电视领域必须获得相关牌照资质。2010年3月,国家广电总局给中国网络电视台颁发了首张互联网电视牌照,此后,又先后给上海百视通、浙江华数、南方传媒、中国国际广播电台、中央人民广播电台、湖南电视台共6家单位颁发了互联网电视集成牌照。

2011年10月,国家广电总局出台《持有互联网电视牌照机构运营管理要求》,正式出台中国互联网电视的管理政策,业界称为"181号文"。该文件在互联网电视的市场准入、集成平台、内容平台、运营要求、终端管理等各个方面都做了严格规定。"按照政策要求,只有持有互联网电视牌照的单位才可以建立互联网电视集成平台,提供互联网电视服务;集成平台只能接入集成互联网电视内容牌照持有方的内容,互联网电视集成平台不能与设立在公共互联网上的网站进行相互链接;包括互联网电视机顶盒和电视机在内的互联网电视终端只能唯一链接互联网电视集成平台,不得有其他访问互联网的通道。"①

该市场设有明确的行业准入机制,七家互联网电视牌照方拥有绝对话语权。视频网站更多的是作为参与方,受到牌照方以及政策监管的限制。

乐视、爱奇艺、优酷等视频企业主要通过与智能电视机或机顶盒产品的合作使网络视频可以方便地在电视上播放,把视听市场的竞争战场延伸到客厅。2014年下半年,国家新闻出版广电总局加强了对互联网电视的监管,出台多条禁令,让视频网站进军互联网电视市场的步伐大大受挫。其中,2014年7月14日,监管部门发布消息称:"视频网站将只能做内容提供商,未来不能在盒子上有专门的入口,不能设立视频网站的专区和品牌体现。"但是,涉足智能电视终端,发展互联网电视,是网络视频行业与传统电视行业台网融合重要且必要的探索。

另外,随着视频网站自制内容的质量和数量有所提高,网络视频与电视

---

① 广电总局181号文:《关于印发持有互联网电视牌照机构运营管理要求的通知》。

台在内容层面的联动合作也在向纵深发展,融合程度进一步加大。2013年,由爱奇艺与河南卫视共同出资、联合制作、同时播出的《汉字英雄》,从节目策划、节目制作、节目推广到节目招商等各个核心层面由同一个团队执行,将电视台和视频网站的资源全线打通,被认为是第一档真正意义上实现网台联动的节目。此后,湖南卫视也联合爱奇艺推出节目《天天有喜》。同年11月,土豆网和深圳卫视联合主办"青春的选择2013年度盛典"。2014年3月,优酷制作的剧场版《侣行》在央视综合频道出,为观众呈现网络视频节目中没有呈现的内容,成为又一个互联网优质内容反向输出电视平台的典型代表。

3. 回归"内容为王"

2015年,越来越多的视频网站自制节目输出到电视台,包括爱奇艺《爱上超模》反输到湖北卫视,腾讯视频《我们15个》反输到东方卫视,优酷土豆《侣行》反输到旅游卫视,乐视网《十周嫁出去》反输到安徽卫视等。这些从视频网站流向电视台的节目,数量增加、品质提升。视频网站与电视台融合发展过程中两者的地位日趋平等,内容生产、传播渠道、营销推广等方面的融合程度得以加深。

此前,网络剧强势的发展势头已经初现端倪。2014年,一部由搜狐视频以单集100万的成本投资制作的16集周播网剧《匆匆那年》,全片采用4K[①]技术,定位电影级别。凭借不同于传统电视剧的叙事策略,能够与电影媲美的影像品质,该网剧开启了网络周播长剧的新模式,被认为"重新定义了新媒体标准下的电视剧"。2014年7月30日,《匆匆那年》在北京电影资料博物馆首映,成为国内第一部在影院进行首映的互联网长剧。该剧既有电视剧的容量,又符合网络播出平台的调性。但是,该剧有与电影和电视剧存在很大差异,在不同于电影封闭的播放环境中,在视频网站相对开放的播放环境下,《匆匆那年》在情节设置、伏笔铺陈、表现手法和节奏感等方面进行调整,使之更符合

---

① 4K,即4096×2160超高清分辨率,标准化的4K能够达到高清分辨率的4倍,再配合鲜艳的色彩、超真实的音效,能给观众带来极大的观影享受。4K技术除了提升影视分辨率外,还拉动了从拍摄到显示等相关领域的一系列革命。

网络视频的观看场景。

网络节目、网络剧在数量和品质上的双双提升，都彰显出赶超电视节目、电视剧的势头。当整个视频产业回归"内容为王"，网络视频的实力不容小视。

经过优胜劣汰，视频网站在十年的发展中出现巨头、形成垄断，行业集中度不断提升，格局稳定，发展日渐成熟。市场规模、用户规模与流量都在持续增加和扩大，但整个网络视频行业的发展依旧存在瓶颈，最重要的仍是难以摆脱"烧钱"的困境。具体来看，包括以下三方面：第一，视频版权内容成本、带宽成本以及自制成本居高不下；第二，桌面端用户的外延式增长空间已接近"天花板"，总体用户增长趋缓；第三，广告收入依旧是最主要的来源，占比高达75%，用户付费、增值业务等仍然没有取得实质性突破。

网络视频仍有进一步发展的空间，在媒体行业发展的大趋势下未来可能会超越电视，但短期来看，电视和网络视频之间不应是简单的竞争关系；长远来看，超越电视也不是网络视频的发展终点。

经过了整十年的发展，中国网络视频行业从无到有，从弱小到强大，诞生了一批代表中国网络文化、中国网络技术、中国网络经济的标志性公司，在全球网络视频市场YouTube、Hulu、Netflix三家独大的局面下走出了中国道路，拿出了中国方案。如果说，百度、腾讯、阿里巴巴能够代表中国互联网领先世界的发展水平，那么以优酷网、土豆网、乐视网、爱奇艺等为代表的中国视频网站则能够代表中国网络视频独树一帜的发展道路。这其中，土豆网是筚路蓝缕的创业者，优酷网是整个中国网络视频产业的关键推动者，乐视网是资本运营示范者，各家视频网站共同参与，才有了这本书所要讨论的丰富又具有张力的现实。在最后一章，本书将由实转虚，探讨中国网络视频发展的未来。

# 第五章　未来：2016 年及以后

2006 年是中国网络视频元年，2016 年是第一个十年的尾声。第一个十年的尾声，就是第二个十年的序曲。2016 年网络视频产业丝毫没有"尾声"的氛围，一些酝酿于 2015 年前后的概念在 2016 年"破土而出"，成为行业的年度热词。网红、直播、短视频等，不一而足。中国网络视频产业从不缺乏热词，从 UGC 到 PGC，从自制剧到互动剧，从微电影到大电影，从主播到网红……虽然这些热词终将"冷却"，但笔者不禁好奇：这种从加热到冷却的过程，究竟是资本的逻辑，还是技术的逻辑？

这边是网络视频行业的繁荣，那边是吹响了融合发展号角的传统媒体。如果说商业视频网站的优势在于灵活的机制，那么网络电视台的最大优势就是政策的支持。只不过，融合发展不能传统媒体一家独唱，还是要向新兴媒体借鉴经验和做法。那么，如何借新兴媒体之优势补传统媒体之短板，进而达到建设新型主流媒体的目标？虽然国家给出了顶层设计，但具体的策略选择，还有待实践来说明。

未来充满变数，以至于如此令人期待。不过，任何对未来的分析和预测，都需要建立在当下的基础上。

## 一、2016 年的遗产与遗憾

（一）用户：增长率下降、使用率上升

从 2008 年开始，中国互联网络信息中心把网络视频纳入《中国互联网络发展状况统计报告》的调查范围。图 5–1 显示，自 2008 年以来网络视频用户的规模一直在增长，截至 2016 年年末已经达到 5.45 亿人，约占中国网民总量的75%。八年来网络视频用户规模的增长率大体上出现了下降趋势，由最初的25.5%下降到2016年的8.13%。增长率放缓并不意味着行业衰微，也可能是用户规模增加到一定水平后的正常现象：由于体量较大，在没有新动力加入的情况下，经济数据、用户规模等会停止高速增长，进入中速发展阶段。比如，在2010年实现18.33%的年用户规模增长率，需要增加大约0.44亿人；而到了2016年，增加0.44亿人仅能够带动8.7%的增长率。相同的绝对增长量，在不同发展阶段对增长率的贡献是不一样的。

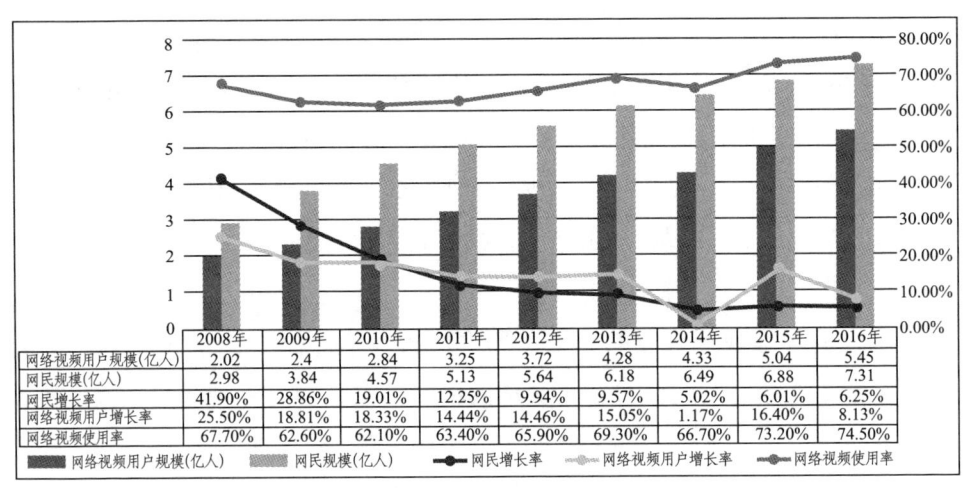

图5-1 2008年至2016年网络视频发展相关数据变化图[①]

（二）媒介：移动终端成为主流

2016年手机网络视频用户增长率为23.4%，相较于2015年的29.5%略有下降，但高于手机网民的增长率12.1%，也高于网络视频用户的增长率8.13%。手机网络视频用户在网络视频用户和手机网民中的渗透率均高于往年，分别为91.74%和71.94%。总体来看，手机网络视频用户增长率的高峰已过，进入稳定发展期。手机用户在网络视频用户中极高的渗透率（91.74%），意味着绝大多数的网络视频用户都使用手机看视频。手机成为观看网络视频的主流渠道。

---

① 综合第23次至第39次中国互联网发展状况调查报告的数据。

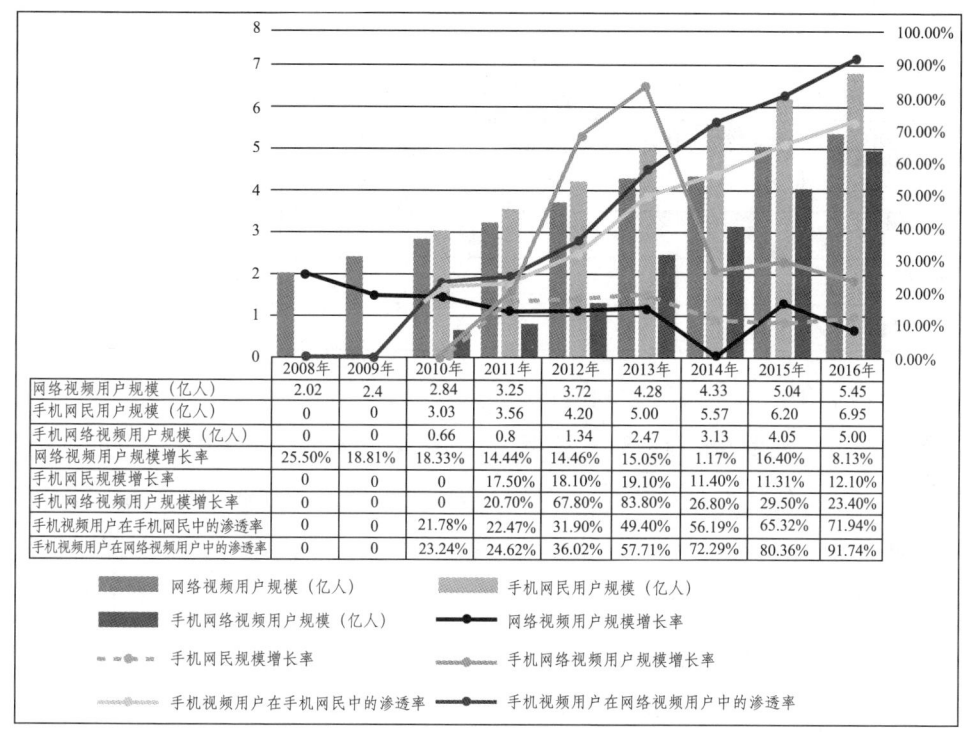

图 5-2  2008 年至 2016 年手机网络视频发展相关数据变化图[①]

### (三)内容:自制"养不活"视频网站

表 5-1 的数据来自国家新闻出版广电总局网络司网络视听节目备案库。数据显示,外购是 2016 年网络视频的主要内容来源,共占网络视频内容总量[②](单位:部)的 82.17%,其中来自内地的内容又占大多数(55.06%)。横向对比表二中的数据,外购内容(内地)在各项指标上均领先。从集数上看,外购内容(内地)的数量优势扩大明显,说明这一类内容单部集数较多,而外购内容(境外)和网络自制内容单部集数相对较少。从小时数来看,网络自制内容下降得最多,说明网络自制内容的时长普遍短于其他两类。整体来看,2016 年中国网络视频的内容来源呈现以外购为主、以内地为主的态势,单靠

---

① 综合第 23 次至第 39 次中国互联网络发展状况调查报告的数据。
② 不含网民上传的内容。

"网生"① 内容"养不活"视频网站。

表 5–1  2016 年网络视频内容来源统计表②

| 类型 | | 数量（部） | 数量（集） | 数量（小时） | 占比（部） | 占比（集） | 占比（小时） |
|---|---|---|---|---|---|---|---|
| 网络自制内容 | | 5162 | 90747 | 10981 | 17.83% | 10.68% | 3.83% |
| 外购内容 | 内地 | 15941 | 600771 | 211148 | 55.06% | 70.70% | 73.58% |
| | 境外 | 7847 | 158258 | 64839 | 27.11% | 18.62% | 22.59% |
| 总计 | | 28950 | 849776 | 286968 | / | / | / |

（四）竞争：两个阵营之间没有硝烟

在广电总局发布的《互联网视听节目服务持证机构名单》中，"持证机构"主要有三类：公共事业背景的网站、电台电视台网站和商业视频网站。其中，公共事业背景的网站，如"一府两院"网站、群团组织网站等，开办视频业务并不以盈利为目的，不在本节的讨论范围。其余的两类机构，形成了中国网络视频市场的两个阵营。

2009 年末，根据国家"以有线电视数字化为切入点，加快推进'三网融合'"③的要求，中央电视台首先办起了网络台（CNTV，中国网络电视台），各省级电视台逐渐跟进建设网络台的步伐。但这时的网络电视台普遍规模较小，用户规模和品牌影响力不可与商业视频网站同日而语。2014 年中央深改组《关于推动传统媒体和新兴媒体融合发展的指导意见》给网络电视台的建设"添了一把柴"，以芒果 TV 为代表的电视强省的网络电视台快速壮大，加上已发展多年的 CNTV，网络电视台的阵营才初步形成。根据中国网络视听节目服务协会的统计，2016 年网络电视台用户访问量排在前三位的是芒果 TV、CNTV 和新蓝网，并且与其他网络电视台之间拉开了较大的差距。④

---

① "网生内容"是网络视频从业者创造的词汇，意思是由视频网站制作、由视频网站播出的内容，以此区别于在网络上播出的电视剧、电视综艺和院线电影。

② 数据来源：国家新闻出版广电总局网络司网络视听节目备案库（2015 年 10 月 1 日至 2016 年 9 月 30 日）。

③ 《国务院批转发展改革委关于 2009 年深化经济体制改革工作意见的通知》。

④ 中国网络视听节目服务协会：《2016 年中国网络视听发展研究报告》，第 2 页。

另一边商业视频网站阵营的成员较多，十年间出现了300余家，其中具有代表性的是土豆网、优酷网、乐视网、56网、酷6网、六间房、爱奇艺、激动网、PPLive、PPStream、腾讯视频、搜狐视频、新浪视频、迅雷网、AcFun、Bilibili等。2016年，网络视频市场份额主要集中在爱奇艺、优酷网、腾讯视频、搜狐视频和乐视网五家网站手中。此外还有AcFun和Bilibili等颇具特色、运营尚可的视频网站。其他的商业视频网站要么淡出了主流阵营，要么已经停止运营。目前，爱奇艺、优酷网、腾讯视频、搜狐视频和乐视网已经形成了综合性视频门户，其行业地位和资源积累已非一朝一夕可以动摇和改变。

虽然是两个阵营，但在2016年两者之间并没有出现剑拔弩张的竞争关系。网络电视台是电视台增强在新媒体时代舆论引导力的产物，是电视台向互联网的延伸，播出的内容主要是电视台的自有栏目和电视剧。虽然也有一些自制节目，但数量比较少、影响力比较低，尚不成气候。商业视频网站是纯粹的市场主体，实现经济价值是它的主要目的，所以这些网站的内容来源就广泛得多，既有自制，又有来自社会电视节目制作机构的，还有来自电视台的。网络电视台和视频网站的竞争只存在于舆论影响力等非商业领域，在经营业绩、内容资源占有等方方面面并不构成直接的竞争。虽然芒果TV垄断了湖南电视台的优质资源并在之后的两年发展壮大，给商业视频网站带来了一些竞争压力，但目前不是所有的电视台对制作力量的掌控能力都像湖南电视台一样强大。近年来一些电视台出现了制作力量"空心化"的现象，自顾尚不暇，何谈与视频网站竞争？所以未来一段时间内，两个阵营之间不会有明显的硝烟。

（五）盈利：思路的转变

视频网站关于盈利模式的探索一直没有中断。在2016年之前，关于视频网站盈利模式的探索主要集中在"寻找利润点"。这一理念把视频网站作为市场上的独立个体，通过经营取得收入、弥补成本，进而获得利润。围绕这一思路，视频网站一直在探索各种各样的盈利模式，如广告、付费会员制、版权分销、联合制片、硬件销售等。但面对日益高涨的网站运营成本（前期以带宽成本为主，后期以内容成本为主），各种盈利模式及其组合均力不从心、难以支撑。

2016年视频网站的盈利模式有了新的思路——放弃单纯依靠视频网站盈利的想法，把视频网站与电子商务、影视制作、金融、智能设备制造等商业形态结合起来，把视频网站作为这些商业形态的流量入口[①]。作为交换，视频网站获得来自这些商业形态的资金支持或资产注入。2016年，阿里巴巴以65亿美元的价格收购之前由优酷网和土豆网合并而来的合一公司，合一公司成为阿里巴巴旗下的"阿里巴巴文化娱乐集团大优酷事业群"。这一收购，意味着拥有中国网络视频行业创业者和"领头羊"双重身份的合一公司放弃了独立发展的战略，成为以电子商务为核心的互联网商业生态的一部分。乐视网的发展思路与此十分类似，乐视网作为上市公司负责为母公司乐视控股在股票市场上融资以支持旗下其他产业的发展，其他产业将优质资产注入乐视网，提升乐视网的市场表现，以继续保持较强的融资能力。

优酷网和乐视网的案例说明，依靠视频网站个体很难实现真正的和长久的盈利，实现视频网站的经济价值可能需要一个更大的商业生态——视频网站为其他产业贡献流量和用户体验，其他产业为视频网站的运营提供资金支持。但这一思路是否有效，还要看阿里巴巴和乐视控股下一步如何经营旗下的视频网站、如何发挥网络视频产业与其他产业的协同效应。

（六）监管：向电视看齐

国家从2008年开始加强对网络视频行业的管理，主要方法是许可证制和备案制。2016年国家的政策方向可以概括为"电视不能播什么，网络也不行"[②]。2016年3月份，在全国电视剧行业年会上，国家新闻出版广电总局电视剧司和网络司的负责人表示将加强对网络剧和网络自制节目的管理。具体包括以下要求：第一，网络剧审查实行线上线下统一标准；第二，网站节目审查员需要接受上岗培训考核；第三，自审后播出引发热议的剧目，将由总局组织

---

① 流量入口是将用户的潜在需求与能够满足相关需求的供给方联系起来，并落地实现甚至固化为用户习惯的能力。

② 《电视不能播什么 网络也不行》，《北京晨报》，2016年2月28日，第A13版。

专家团队审看；第四，视频网站节目监看要采取 24 小时不间断的模式。①

实际上，网络剧和电视剧本来就是同一种内容形态。由于前些年国内传统媒体与新兴媒体之间融合程度较低，视频网站的自制剧集在题材、语态、时长等方面与电视剧存在一定的差异，故而产生了网络剧的概念。2015 年以来，网络剧和电视剧之间的界限逐渐模糊：视频网站继续播放电视剧的同时，一些网络自制内容也开始在电视上播出；随着制播分离改革的推进，电视剧的制作方已经大部分由电视台转向公司，这些公司也为视频网站提供资源。内容的跨平台传播要求不同平台的审查标准具有一致性，这种一致性就体现在了 2016 年网络视频行业的政策法规中。一些网络剧曾经依靠"打擦边球"的台词和题材吸引观众，审查标准统一之后，这些方法恐怕就不太好使了。

直播兴起于电视，在 2015 年、2016 年穿上网络的"外衣"又火了一把。不过，由于网络视频直播带有 UGC 的性质，而现有的网络视频内容管理规定是针对网络栏目、网络电影和网络剧的，不能直接用于对网络视频直播的管理，所以在 2015 年至 2016 年前半年之间关于网络视频直播存在政策法规上的空白。2016 年 9 月，广电总局出台了《关于加强网络视听节目直播服务管理有关问题的通知》，将网络视频直播比照网络剧、网络电影和网络栏目进行管理，强调了从事这一服务应取得相应的许可证，尤其是从事重大政治、军事、经济、社会、文化、体育等活动实况直播的，还应取得专门的许可证。

除此之外，广电总局还出台了《专网及定向传播视听节目服务管理规定》，废止了 2004 年 7 月 6 日的《互联网等信息网络传播视听节目管理办法》（广电总局第 39 号令）。新规明确了从事专网及定向传播视听节目服务，必须"为国有独资或者国有控股单位"。《关于加强网络视听节目持证机构参与全国中小企业股份转让系统管理有关问题的通知》强调持证机构在"新三板"挂牌参与股份转让必须事先向所在地省级新闻出版广电管理部门提出申请，经审核后报国家新闻出版广电总局审批。《关于进一步加强网络原创视听节目规划建设和管理的通知》要求重点网络原创视听节目在创作规划阶段就进行备案，

---

① 《电视不能播什么 网络也不行》，《北京晨报》，2016 年 2 月 28 日，第 A13 版。

并明确了"重点网络原创视听节目"的标准。《关于加强微博、微信等网络社交平台传播视听节目管理的通知》强调在网络社交平台传播视听节目也应取得"信息网络传播视听节目许可证",对于自身不持有许可证的机构或个人,网络平台应承担审核、筛查视听服务内容的责任。

总地来看,网络视频的监管政策愈加趋于严格,借政策空当"野蛮生长"的岁月再难复现。中央深改组公布了《关于推动传统媒体和新兴媒体融合发展的指导意见》,国家新闻出版广电总局也继而制定了《进一步加快广播电视媒体与新兴媒体融合发展的意见》,电视与网络媒体的融合发展成为政策主导的行业趋势。在这场媒体融合的浪潮中,传统媒体将通过借鉴新媒体的运营经验和做法打造新型主流媒体,实现升级改造和融合发展。如果融合双方(电视与网络视频)的内容管理标准不统一,那么所谓的优势和劣势就难以界定——某网络剧的热播,究竟是制作精良、营销得当还是钻了政策的空子?因此,统一内容管理的标准是传统媒体与新兴媒体融合发展的题中之意。虽然广电总局的政策照顾了网络视听服务产业制作力量来源广泛、传播平台类型多元的现实,但从2016年广电产业实践来看,网络视听节目内容管理的严格程度不断趋近于电视的标准。

## 二、中国网络视频的未来

互联网的颠覆性在于,它太富有变化,以至于除了变化以外,绝大多数关于互联网的预言在之后看来都是荒诞的。曾有一本2009年出版的新闻传播学译作写道:只有极少数的人使用互联网来欣赏视听类节目。[①] 这一观点被今天的实践证明是不符合实际的。

中国网络视频业相较于其他互联网业态,涉及的利益面更广,触及的因素更多,也因而变化更加不可预测。首先,中国网络视频业面对的政策压力是互联网其他业态和广播电视业所不曾体会的。视频作为最具感染力的媒体内容形式,其传播主题、传播内容、传播渠道、传播对象、传播效果受到了

---

① 简宁斯·布莱恩特等著:《媒介效果:理论与研究前沿》,华夏出版社2009年6月版,第51页。

意识形态部门的高度关注。短期来看，关于网络视频的行政规定只会越来越多、越来越严，越来越接近电视的标准，甚至超过电视的标准。其次，资本在中国网络视频业内部的格局变动中角色越来越重要。经过十年的发展，国内的主流商业视频网站要么上市融资，要么被上市公司收购，抑或本身就是上市公司的一部分业务。网络视频业借资本之力发展，也将受资本的制约。从 2012 年开始，网络视频行业频繁出现出人意料的兼并、重组和收购，人们不禁感叹这已经不是业务的逻辑而是资本的逻辑。最后，网络视频继承了互联网的求变求快的基因，关于视频网站的发展思路，受领导人的个人气质、社会思潮、流行文化等多方面因素影响颇多。回顾网络视频在中国十年发展的历史，2005 年没有人谈起"国家队"的介入，2008 年没人会想到视频网站也能自制节目，2012 年电视台依然对视频网站不屑一顾。在 2015 年的预测，真不一定十分可靠，自然也不必要。

然而，本书的支持机构和学术团队，一方面作为国内网络视频业的先知先觉先行者，一方面作为以研究历史、探索规律的研究者，有责任冒风险为未来做一些尝试性的描述。出于科学性的考虑，本书不探讨关于未来的具体问题，而是探讨一些宏观的和思想性的内容。

（一）互联网络的前沿思想

互联网作为一种技术形态，受使用者思维影响的同时，也在影响使用者的思维。在这种互联网与人类的共生关系中，互联网络也变得有"思想"。这种思想，是互联网络自阿帕网诞生以来，历经从计算到沟通、从军用到商用、从局域到广域、从分割到互联等若干次关键的转折，如同性格一样嵌入了互联网本身。从 20 世纪 80 年代托夫勒的《第三次浪潮》，到 90 年代的《数字化生存》，再到凯文·凯利的《失控》，一系列描述人类社会的著作实际上写的是互联网的性格。

目前，关于互联网未来图景的研究，主要受生物进化论、复杂性、自由主义与威权主义思潮的博弈三方面的影响。综合现有的研究成果，关于互联网的未来图景，基本可以达成三个共识：

互联网将走向复杂。早期的互联网经过了树形结构、环形结构和星形结构，在面对用户数量急剧增加的时候，最终选择网状结构作为自己的连接形态。所谓网状结构，是指任何一点必然可以通过路径选择达到网络的任意一点。互联网的网状结构，印证了诞生于20世纪60年代末的六度分割理论[①]，孕育了20世纪90年代末的小世界模型[②]。走向复杂的互联网，事物诞生、发展和消亡的逻辑变得随机起来，美国科学思想家凯文·凯利将这种随机称为"涌现"。走向复杂的互联网，就像天气预报一样，变化是永远的，相对稳定的只是眼前，对未来的预测总是因为冗余的存在而最终被证明是荒诞的。互联网的这种性格，使生活在其中的人必须务实起来。

互联网将与人类同步进化。用进化论的视角解读互联网，是借鉴了达尔文《进化论》的结果。互联网作为人类发明的一种技术形态，既是发明人思想的结晶，又是后来人思想的来源。在人与互联网长达60年的互动中，人与互联网同时进步、同时退步。互联网的每一次进步，总是伴随着人类思想的完善。人类思想的退步，也就意味着互联网的退步。比如，互联网从设计伊始是用于军事的，被转为商用，得益于冷战的结束；社交媒体被恐怖分子利用传播极端主义和原教旨主义思想，也是因为极端主义和原教旨主义思想的原有社会根基。同样，我们也看到中国的互联网发展历程，就是中国政治与经济不断解放思想的过程。中国能够用短短二十年成为世界互联网大国，与三十年来中国政府扶持互联网发展的政策密不可分。

互联网不是没有可能被意识形态化。这里之所以用"不是没有"这一双重否定形式，而非"有"的肯定形式，在于互联网政治属性的矛盾：一方面，互联网网络化的结构特征意味着去中心化的工具，以及使用该工具的去中心化的社会；另一方面，互联网与人类同进化，也不能排除互联网因人之恶而为恶，非但无法构建民主社会，反而会成为专制的助推器。所谓意识形态化，是说我们对互联网的解释，超出了互联网本身的逻辑，而被视为构建政治合

---

[①] 六度分割理论不是说任何人与人之间的联系都必须要通过六个层次才会产生联系，而是表达了这样一个重要的概念：任何两位素不相识的人之间，通过一定的联系方式，总能够产生必然的联系或关系。

[②] 小世界网络模型是一类具有较短的平均路径长度又具有较高的聚类系数的网络的总称。

法性的依据。因此，若我们对互联网抱有乐观的情绪，要首先对我们自己乐观起来。

（二）关于未来的若干假设

**1. 如果我们把网络视频看作一种媒体**

从媒介发展的历史来看，虽说后出现的媒体始终没有代替之前的媒介，但媒介的表现形式更加多种多样无疑是一个趋势。从肢体语言到口头语言，再到绘画、文字、报纸、广播、电视、多媒体和今天的虚拟现实，人类用于表现思想的媒介形式逐渐多种多样，这一趋势是不能否认的。视听媒体，是指将视觉和听觉联动的媒体形态，在网络视频尚未出现的时候可以简单化为电视媒体，但在网络视频出现之后就必须用视听媒体来包括网络视频和电视两种形态。至少从目前来看，视听媒体是媒体表达形式多样性的最新形态——即使是虚拟现实也不过是增强的视听媒体罢了。

在可预期的时间里，视听媒体是主流的媒体形态。电视诞生于20世纪中叶，至今不足50年的历史。相对于报纸近千年的历史和广播近百年的历史，电视还显得年轻，更不用说网络视频。因此，参照报纸和广播，视听媒体的发展历史还比较短，仍然是具有活力的媒体形态，是各种力量积极争夺的能力和资源。

相对于报纸，视听媒体大众化的程度还不够。报纸经过千年的演变，接触门槛和使用门槛已经变得很低。只要符合出版条例和法规，大多数的人都能很快出版一份报纸或者杂志。然而视听媒体如今还达不到这一程度，即使条例和法规允许，目前私人创建做一家电视台或一个视频网站，门槛还是要比出版一张报纸高得多。当然，近期我们也看到随着家用摄像设备的普及，视听媒体开始了大众化的趋势。但是相对于报纸，视听媒体的大众化仍处于初级阶段。

视听媒体的社交化仍需探索。在网络视频发展的历史上，曾有"社交电视"的提法。这一概念最终因为一无理论体系、二无实践支撑而衰落。但关于视听媒体社交化的想法一直存在——这可能是来自文字媒体社交化（如微博）

的乐观情绪。在 2015 年，Facebook 开放了个人首页的视频功能，每一个人的首页都是好友发布的短视频——无需点击，打开网页即自动播放。这种像极了哈利波特魔法世界的探索到底能否长久维持下去，是视听媒体可以继续探索的问题。

**2. 如果我们把网络视频看作一种文化产业平台**

当网络视频在国内兴起的时候，第一批创业者把它当作一种媒体来做；当网络视频挑战了电视的地位时，行政主管部门把它当作一种媒体来看；当我们在讨论某一步网络视频是否好看、某一家视频网站是否流畅时，我们把它当作一种媒体来评价。然而，到了 2015 年，网络视频的发展现实为我们提供了一种新的视角——把网络视频当作一个集合各种文化资源的平台。

这种说法听起来多少有些"耸人听闻"，人们对"媒介即讯息"的说法耳熟能详，但如果我们把麦克卢汉 20 世纪 60 年代说过的这句话反过来理解——讯息即媒介，是否依然行得通呢？网络视频的自身探索向我们提示了这种可能。

以往人们对于网络视频盈利模式的理解，大多是"内容＋广告"和付费收看两种思路。第一种思路的历史渊源最为悠久，电视不就是这样的盈利模式吗？观众以几近免费的价格观看电视节目，并为之付出注意力。广告主则向媒体购买这种集中于媒介的观众注意力。第二种思路在实践中也被证明是可行的，美国的有线电视制度、中国的付费频道制度、网络视频的付费点播制度，都是这一思路的产物。

但是，网络视频在 2015 年为我们提供了另外两种可能：第一，用户不再为观看而付费，改为因"开心"而付费，典型的例子是网络视频的"打赏"功能和视频直播的"礼物"功能；第二，用户除了可以为视频内容付费，也可以为视频外与视频相关的商品付费，如各自媒体的衍生品和衍生服务，典型的例子是《罗辑思维》的会员费。这两种模式的特征是视频不再作为盈利的直接来源，而是通过网络视频作为一个平台，制作方所提供的服务和产品，获得了观众的喜爱并为之而付费。这不禁令我们思考，如果有更多的资源介入视频，视频是否会像电子商务平台一样，使交易更加简易、更加丰富？

在回答这个如何务虚的问题前,我们不妨思考另外两个具体的问题:第一,人们是否会直接购买视频中提到的商品;第二,网红能走多远。

对于第一个问题,优酷网和阿里巴巴已经走在了前面,优酷网"边看边买"功能已经上线并运营。从理论上看,"边看边买"符合视频网站对网民购买行为的想象,网购人群与网络视频的观众存在高度的重合,转化率较高。从现实中看,由于"边看边播"这一模式运营时间较短,数据不足以说明这一模式的成败。但是,对于这一拓展网络视频盈利模式的尝试,我们乐见其成——毕竟这是一项共赢的事业。

对于第二个问题,我们不妨首先冷静地思考一下过去有没有"网红"。答案是有的,如果胖大海、叫兽易小星、芙蓉姐姐等成名于今天,那么他们也是网红的代表人物。既然过去也有"网红",那么过去的"网红"与今天的"网红"有什么区别?恐怕最明显的区别是过去的"网红"依靠间接盈利,在网络上闯出知名度后到线下依靠名人效应赚钱;现在的"网红"则将这种时差缩小到几乎同时,"网红"的知名度不需要经过线上和线下的转化,可以即使转化为现金。从这方面看,"网红"中的人没有变,变的是网络名人的盈利方式。那么,我们不妨大胆地预测,网络名人会长期存在,网络名人的盈利模式可能有更多的形式。至于"网红"这个词,可能会被另一个更具冲击力的词所替代——这正是互联网"过把瘾就死"的特征。

通过对这两个问题的回答,我们对于网络视频是否能够电商化,有了更多思考的角度。

**3. 如果我们把网络视频看作一种公共服务**

2016年春天,在郑州举办的"第三届中国网络视频满意度博雅榜"发布会上,发布方以《十月妈咪》这部网络视频为例,介绍了网络视频与其他资源联动的可能性。《十月妈咪》是由十月妈咪网制作并在互联网上公开传播的一套视频,主要介绍孕期女性的各类保健知识,并在视频中推介十月妈咪网的商品(母婴保健品)和服务(母婴医院就诊)。在这个价值链条中,视频并不直接产生价值,而是作为一种公共信息而存在。

在"十八大"之后,互联网上出现了许多用动漫的方式解读中央文件和政策的视频,受到了网民的热烈欢迎,还屡屡获得政府奖、行业奖和学院奖。视频相对于声音和文字,在感染力和解释力方面有得天独厚的优势。既然如此,如果视频的成本足够低,我们为什么不把生活中和学习中一切艰深的内容全部视频化?最大限度发挥这些视频化信息的功能,又必须借助互联网的强大传播力。那么,在这种情况下,视频以另一种目的与互联网结合,我们是否也能称之为网络视频?只不过这种形式的网络视频,目的不是为了利润,而是为了公共利益——这是一种作为基础公共服务的网络视频。

(三)关于网络视频的几个论断

由于中国互联网特殊的管理政策,中国的互联网应用与国外的互联网应用差异较大——一方面,这种适当程度的阻隔给国内互联网公司的发展提供了保护,诞生了阿里巴巴、百度、腾讯等世界互联网巨头;另一方面,这种阻隔也使中国互联网的发展呈现特殊化的场景。比如,我们很难把Netflix、Hulu、YouTube的模式引入国内,并保证他们能顺利发展;我们也很难把土豆网、优酷网、乐视网、腾讯视频、搜狐视频在经营上的一系列"创举"移植到国外,并保证是可行的。因此,我们在讨论网络视听的未来时,必须要明确讨论的是中国的网络视听业,还是世界的网络视听业。很明显,本书探讨的是前者。

网络视听与传统视听趋于合流。区分网络视听与传统视听本身就是一种非常可笑的行为。我们之所以这么称呼,是因为受制于举办主体的不同,网络视听的市场化程度更高,在内容选择、运营模式等方面与电视台差异较大。然而,从客观的产业发展规律来看,电视台与视频网站播出的内容应该是无差别的。2014年和2015年一系列高水平的网络剧和电视剧的差异已经越来越小。刻意区分视频网站和电视台,只是因为经营思路的差异。无论将来是电视台能够有能力办一个有影响力的视频网站,还是视频网站有能力办一个正规的电视台,都意味着二者的"合流"。

网络视听业的运营逻辑将主导下一阶段的中国广电改革。中国广电改革因为企业与事业的二元并存，带来许多改革的阻碍。如三网融合、制播分离，在电视台推行了近二十年，目前仍在路上。反观网络视频业，没有口号、没有调研报告，出于市场行为自然选择的三网融合和相适应的制播制度。无论是电视台办网站还是网站办电视台，网络视听业先进的运营逻辑将会被带入电视台内部，形成内发力量主导下一轮中国广电改革。

网络视听业很有可能变成"主流媒体"。"主流媒体"，是一个具有中国政治特色的词汇——市场化媒体是绝对不可能成为"主流媒体"的。一旦成为"主流媒体"，就意味着政治上的合法性。从网络视听业目前的发展来看，视频网站是有影响力的媒体，并不是主流媒体。但是，我们不能排除视频网站"主流化"的趋势——一方面，"主流化"若能带来更高的收益，资本不会反对；另一方面，"主流化"若能有利于社会治理，国家会积极推进。

"视频商务"的可能性。"边看边买"和"网红"的出现，使网络视频企业的关注重点从如何提供好的节目向如何让更多的人在视频网站上盈利转变。这一思路与中国电子商务"教父"马云在公开采访中对电子商务价值的论述非常一致。这个时代的电子商务，通过文字和图片的形式介绍商品，吸引网民购买产品和服务。那么，如果下个时代的电子商务通过视频介绍商品，那么电子商务网站将成为最大的视频网站。

基础服务视频化。在过去，我们遇到不熟悉的词语，会向长辈求助，会向书籍求助。今天，我们遇到此类问题，会向搜索引擎求助。在未来，如果我们在书本上遇到一个不认识的生词，在旅游景区遇到不熟悉的经典，可能会带起增强显示的显示器，通过显示屏与现实的结合来理解我们未知的世界。虚拟的信息使人们理解现实更加便利，如果这种虚拟的信息变得普及起来，我们不难想象未来人们会要求政府在必要的地点提供视频的提示——无论是大屏幕还是增强现实的显示。

无论是哪一种可能，网络视频对于中国互联网业和传媒业来说，是迈出去而收不回的步子。从网络视频发展的前十年历史来看，这一步是进步的，是创新的，是具有历史意义的。

# 附录　学术团队关于网络视频的研究论文

## 网络视频与信息"共产主义"

陆地　靳戈[①]

**摘要**：网络视频作为一种网络应用，遗传了互联网的"技术基因"，并以此与传统视听作品相区分。理清网络视频的"技术基因"有助于探讨网络视频的概念与特征，对研判网络视频行业的发展方向也有启示价值。以互联网信息的"共产主义"特征作为出发点，探讨了网络视频共享、平等、集体主义的三大理念，从而可以分析出相关的市场应用。

**关键词**：网络视频　互联网技术　信息"共产主义"　社交电视

传媒发展史就是一部技术的革新史。YouTube在大洋彼岸的一把火，使得网络视频迅速变成了网络世界的新亮点。从网络视频产生伊始的UGC（用户产生内容）模式，到美国Hulu网发起的视频正版化，再到国内网络视频企业纷纷涉足的网络原创栏目，网络视频的概念不断被更新和丰富，外延在不断扩大，用户更是呈几何级增长。根据中国互联网信息中心（CNNIC）的最新统计（截止到2013年6月底），我国2013年网络视频用户已经达到3.89亿，比2012年年底增加了1678万人，半年增长率为4.5%，网民中上

---

[①] 陆地是北京大学新闻与传播学院教授、博士生导师，北京大学视听传播研究中心主任；靳戈是北京大学职员。

网收看视频的比例占到 65.8%。① 网络视频为什么这样红？这么火？很多学者和业者都做过很多研究，给出很多解释。诚然，新技术的应用使新媒体的组织形态、内容生产方式和产品传播方式乃至应用方式发生了巨大的变化。但这所有的变化其实都是表象而不是原因，更不是本质。笔者认为，网络视频的火爆，其实来自于互联网最基本、最吸引人的特征——信息"共产主义"。

**互联网的信息"共产主义"特征之一：共享**

共产主义，本义是一种政治信仰或社会状态。共产主义设想未来的所有阶级社会将最终过渡成为无阶级社会，实现生活资料的按需分配。网络虚拟社会中的信息"共产主义"已经成为现实。众所周知，互联网的雏形是美国军方 1969 年创办的阿帕网（ARPANET）。以阿帕网为雏形，互联网从诞生伊始就秉持着共享精神：信息共享、技术共享、按需分配。经过半个多世纪的发展，互联网原始的技术架构、通讯协议早已被更新替代，唯有平等和共享的理念一以贯之，延续至今。当下炙手可热的"云计算"也是一种共享模式。

网络视频作为互联网技术的现实应用，也遗传了互联网的共享基因。这一基因在现实中具体表现为视频在网络时代的制作和传播门槛降低，作品数量明显上升，观影需求日趋多元化。在传统视听时代，制作一部视频，需要昂贵的前期摄制器材和后期剪辑设备。这些条件和资源尚可通过积累弥补，而另一些资源则根本无法通过积累获得，比如行政审批资质和行业准入条件。一些拥有制作能力和资质的机构即使 24 小时昼夜不停地运作，产能也很少有质的提高。产能不足的现实抑制了观众的多样化需求，更不可能平等地按需所取。在供小于求的传媒生态中，产生了受众需求一元化的幻觉——"魔弹论"就是这种幻觉的产物。

---

① 《第 32 次中国互联网络发展状况统计报告》：http://www.cnnic.net.cn/hlwfzyj/hl-wxzbg/hlwtjbg/201307/P020130717505343100851.pdf。

网络视频遗传了互联网的技术基因，降低了生产与传播视频的资质门槛。技术的新浪潮如此前赴后继，以至于尽管行政审批不断缩紧，但面对蜂拥而来的海量视频仍然捉襟见肘——技术带来了一股势不可挡的力量。对网络视频传播者的审查，在审查方式上大多采用事后审查，在审查范围上也仅限于企业资质审查。

降低资质门槛的同时，互联网也降低了制作网络视频的技术门槛。手机影像设备、消费级影像设备在传统制作生态中难登大雅之堂，但如今手机视频和家用DV制作的视频已经成为UGC模式的主流内容。网络上一些"草根达人"以内容取胜，使用非常简陋的设备也能制作出极具网络传播力的作品，如在网络视频诞生伊始土豆网的"胖大海"，以配音取胜的cucn201组合，还有如今正在播出的《麻辣书生》。

技术门槛和资质门槛的降低使网络视频的数量和种类极大丰富，观众多元的观影需求也被刺激起来。任何一种节目形式和节目风格都有"洛阳纸贵"的可能，网络视频市场可谓"江山代有才人出，各领风骚一两月"。值得注意的是，由于技术门槛和资质门槛的降低，网络视频中粗制滥造、滥竽充数之流也不在少数。

## 互联网的信息"共产主义"特征之二：平等

共产主义理论或共产主义社会还有一个重要的概念：平等。即人人在支配生产资料或者享受生活资料的时候，是平等的、无差异的。互联网的共享基因在一代代遗传和进化中，也在营造着一种平等的技术环境和应用环境。现实中的互联网用户有很大的贫富贵贱差异，在设备的购买和使用中差异更大。共享，要求所有的共享者和传输者遵循统一的规范，才能实现信息大范围的无障碍流通。如何解决现实中技术设备的巨大差异、实现共享呢？于是，具有互联网共享基因并具有平等精神的TCP/IP协议应运而生了。TCP/IP协议中的TCP协议定义了信息如何传输，IP协议定义了基本的信息寻址方式，但TCP/IP协议中更重要的一点往往被忽视了：可以用一个高一层的技术规则屏蔽用户的硬件差异，使所有介入互联网的设备都被看作统一的器件——类似于经典物理学中质点的概念。

正是TCP/IP协议屏蔽了用户的设备差异，才使得不同设备中播放的内容可以无缝接力——这也是"多屏合一"、"一云多屏"概念的技术依据。目前，已有不少网络视频服务商和设备制造商提供了这种技术支持，如通过苹果公司的路由器可以将平板设备上播出的内容投射到大屏幕设备（如电视机）播出，国内产品小米盒子、爱奇艺超清盒子也提供类似的功能。这个技术特征有两方面的含义：一是用户可以在任何一种设备上观看视频；二是用户可能在任何时间、任何地点观看视频。在这种视听生态中，视听作品的概念由电视型（固定时间观看）进化为视频型（随时随地观看）。

对于网络视频的制作与传播而言，新的视听生态需要新型的制作模式与传播方式。在制作模式方面，既要考虑大屏幕设备对"大制作"的需要，又要考虑小屏幕设备的限制——节目制作形态可能会进一步细分。在传播模式方面，碎片化的观影方式对网络视频服务提供商的编辑水平和推荐算法提出了要求。观影方式碎片化的环境下，网络视频服务商需要对所掌握的视频资源进行编辑和整合，有效利用网页和移动应用的版面语言传递最丰富的消息。编辑筛选满足了用户对视频推荐的共性需求，用户的个性需求则需要更专业、高效、准确的编辑筛选方式——推荐算法。由于互联网屏蔽了用户的设备差异，因此网络视频服务商可以获得格式更加统一、更加规范的用户使用数据，根据不同用户的使用数据完成视频推荐。美国著名电子商务企业亚马逊很早就开始探索推荐算法在电子商务中的应用，并已经取得了显著的成果。[①] 国内的视频网站，如优酷网和爱奇艺等，也已经在页面中提供了"猜你喜欢"、"观看这部视频的网友也看了……"等模块，这就是一种推荐算法。有实力的编辑团队加上高效的推荐算法，还能够屏蔽质量较为低下的网络视频——因为这些视频的浏览量、好评量均比较低，达不到推荐的标准。

---

① 维克托·迈尔-舍恩伯格等著，盛扬燕等译：《大数据时代》，浙江人民出版社2013年6月版，第87页。

## 互联网的信息"共产主义"特征之三：集体主义

共产主义主张消灭私有产权，建立一个集体生产的社会，需要每人有高度发达的集体主义思想。放在网络虚拟社会中，这种集体主义可以理解为网络媒体的社交功能。计算机网络在历经了环形网络、树形网络、星形网络之后，网络的结构形态已经日趋复杂，形成了明显的拓扑结构。根据美国科普作家凯文·凯利在《失控》一书中的阐释，当事物之间的关系复杂到一定程度——比如形成拓扑结构，新关系就会在这个复杂网络中"涌现"出来。[1] 尽管这种新关系是一种基于逻辑联系而非物理联系（即一种"弱关系"），但根据斯坦福大学马克·格兰诺维特的研究，这种"弱关系"往往充当了个体与其他社会关系的桥梁、不同网络间的桥梁，和亲戚、朋友这种"强关系"起着同等作用。[2] 在此基础上，六度分割、结构洞等理论纷纷诞生，成为社交网络的理论依据。

社交网络是一个充满未来学意味的概念，至今只有社交媒体（如人人网、微博等）一类应用比较成熟。互联网的社交属性被发现得较晚，20世纪90年代初才初露头角，进入21世纪后才逐渐步入应用阶段。但不能否认的是基于互联网的共享理念和屏蔽底层技术差异的协议，互联网的复杂化、社交化是烙在基因里的属性。目前一些文献中已经有了社交电视（Social TV）的概念，"Social TV"的词条已经被收录在维基百科英文版。

社交电视，简而言之就是将电视融入到网络社交的行动中。电视作为一种媒介和内容的集合概念既可以指电视机这种媒介，也可以指电视节目这种内容。电视机作为单一的播出设备，缺少实现社交功能的技术基础。因此，所谓社交电视，准确地说应当是社交视频——视频是电视播出的内容，当电视内容作为网络社交空间里的话题并以此产生新的联系，视频就发挥了社交的功能。

---

[1] 凯文·凯利：《失控》，新星出版社2010年12月版，第20页。
[2] 陈昌凤、虞鑫：《网络时代的盛世危言》，北京出版社2012年12月版，第71页。

电视作为一种传媒产品，先天具有社会属性和社交功能，即电视媒体具有公共话题设置议程的功能。即便是陌生的人，也可以就某些共同感兴趣的话题、事件或人物进行讨论和交流。但是，这种现象表现的是一种社会上的"弱关系"，具有很大的不确定性和非常态性。在互联网的技术浪潮中，电视的社会属性和社交功能实现了跨越式发展：从议题的设置者发展到关系的建立者。作为电视在网络时代的进化品，网络视频是备受追捧的网络应用。每一部热播的网络视频的背后总是聚集了一批"追剧者"，这些追剧者形成了具有一定识别性的社群。网络视频在形成社群这种"弱关系"的过程中扮演了"强化器"的角色：社群中人与人之间的联系依托网络视频的有关内容而变得越来越紧密。

互联网不仅赋予了网络视频"社交中心"的角色，还提供了社交所必需的互动平台——这是互联网最显著的技术特征，也是互联网的"拿手好戏"。目前，国内外的一些网站已经在社交电视领域进行了一些尝试，比如对观看的节目签到(check-in)、围绕节目的聊天室、发送信息到官方微博、好友节目推荐、节目指南、播出提醒、节目相关产品的电子商务、节目投票、与节目互动、节目竞猜等。[①]最典型的社交电视形态当属弹幕视频网站，即网民能在观看视频时发表评论，且评论一经发表将出现在同一时间点所有播放该视频的终端上。尽管有评论认为这种弹幕的形式干扰了正常观看，但弹幕是最接近"围在一起看电视"的群体状态。在未来，随着技术和媒体终端社交功能的进一步强化，网络媒体特别是手机网络视频将呈现更强的集体生产、集体消费的信息"共产主义"特征。

(2014 年 1 月《新闻与写作》)

---

[①] 《社交电视迅速发展的三大原因》：http://36kr.com/p/101443.html。

# 网络自制视频节目发展的特点和空间

陆地 靳戈[①]

**摘要**：2013年11月的首届中国网络视听大会上评选出了一系列优秀网络视听作品。这些作品基本代表了2013年我国网络自制视频节目的水平。针对网络自制视频节目的一些共同的特点和发展态势，本文提出了网络自制视频节目健康发展的四个拓展空间。

**关键词**：网络自制视频节目 市场现实 发展关键

2013年11月，中国网络视听节目服务协会主办了首届中国网络视听大会，评选出一大批优秀的网络视听作品。其中，网络自制视频节目占了获奖名单的半壁江山。所谓网络自制视频节目，主要是指网络视频服务商、影视制作机构或个人制作并以网络平台为主要播出渠道的视听作品。这类作品具有制作水平高、编排成体系等传统电视节目特点，同时又因为诞生在互联网浪潮中而带有鲜明的时代特点与技术特性。网络自制视频节目的兴起代表了新媒体发展的一种可能，也是传统电视业在网络时代、分众时代突围的一个缺口。因此，无论是中国网络电视台、新蓝网等"国家队"，还是优酷网、搜狐视频、爱奇艺等商业巨头，都无不对网络自制视频节目青睐有加，纷纷加大在此领域的资金和人力投入力度。

## 一、网络视频网站"国家队"与"商业队"同台竞技

早在2008年，当时的国家广播电影电视总局就颁布规定，要求从事互联

---

[①] 陆地是北京大学新闻与传播学院教授、博士生导师，北京大学视听传播研究中心主任，靳戈是北京大学职员。

网视听节目服务的机构应该为国有独资或国有控股单位。不久,中国网络电视台等网络视频行业的"国家队"大举进入网络视听市场。从五年多的效果来看,"国家队"的介入使网络视频行业的一些乱象有所改观:一批高质量的电视栏目在网络上广为传播,网络视频的版权保护力度不断加强,网络电视台成为倒逼传统电视台打破机制窠臼的外在力量。在中国网络视听节目服务协会公布的网络自制视频节目获奖名单上,中国网络电视台的熊猫频道和网络春晚,中国经济网、人民网、洛阳网和中国日报网(China Daily)的作品榜上有名。这其中熊猫频道创意独特,网络春晚制作精良,在跟随时代潮流、符合网民品位的同时,不低俗、不媚俗、不恶俗,堪称2013年官方网络媒体网络自制视频节目的代表作。

细究起来,中国的网络自制视频节目最早起源于商业网站。以优酷网、土豆网、爱奇艺为代表的一批网络视频企业发挥机制优势、资金优势和市场优势,推出了一大批极富网络传播力的自制节目,为网络视频行业贡献了主要流量。《北京日报》援引易观智库的数据显示,2013年第三季度中国网络视频行业市场份额的前五名均是资本力量主导的网络视频企业:优酷土豆、爱奇艺、搜狐视频、腾讯视频、乐视网。① 这五家企业在这次评选中也拿出了一批"接地气"、有人气的作品,如《侣行》《微博江湖》《自由者联盟》等,在十佳品牌栏目中占据一半的席位。这些完全市场化运作的企业以网民的需求为风向标,以轻松幽默作为作品主要基调,加上强有力的营销推广和资金支持,是中国网络视频行业一面不折不扣的大旗。

## 二、网络自制视频节目制作的旧模式与新思维并存

网络自制视频节目有三个基本特征:为网络创作的作品,适合网络传播的作品,符合网民口味的作品。目前的网络视频制作团队,无论是"国家队"还是"商业队",大都由传统电视媒体转行而来,难免在节目制作上陷入旧模式的一些窠臼,最典型的表现就是慢条斯理切入主题的节奏和只顾宣传、忽

---

① 视频网站——守得云开见盈利:news.xinhuanet.com/newmedia/2013-12/19/c_125883243_2.htm。

略观众的制作心态。一些网站自制的新闻节目甚至完全照搬电视媒体节目的制作模式，从选题、素材到镜头语言和舞美效果，完全是传统电视节目（往往还是低质量的）的网络再现。

值得欣慰的是，在这次获奖名单中，依然有一些节目凭借新颖的创意与构思崭露头角，带来了一些新思维、新气象。有的兼顾网络生态的传播特点与传统媒体的内容优势，如人民网的《一说到底》邀请具有网络人气的传统媒体评论员担纲点评嘉宾，保持导向正确性的同时接地气、接网气，内容贴近网络生态和社会生活，既不板着面孔说话，又做到了新闻类栏目应有的担当。有的发挥网络自发性、能动性的特点完成节目选题和取材，如优酷网的自制栏目《侣行》播出了许多"驴友"搭档的旅行经历，内容新鲜，制作水准上乘。还有一些栏目在选题上下功夫，与传统电视节目搞差异化竞争，如南都全媒体的《南都深呼吸》，选题拿捏得当，兼顾意识形态正确与个人思想的充分表达，选题看似冷门却极富吸引力，制作水准也堪称一流。

网络自制视频节目制作旧模式与新思维的并存，一方面是制作团队先天不足和转型不到位的结果，另一方面也是网络视频服务商内部机制差异化所致。相对于资本力量主导的商业视频网站，政府背景的网络电视台相对缺少市场意识和创新意识，忽略观众需求，存在等、靠、要的思想，因此，发展步伐显著落后于商业化的视频网站。

## 三、严肃题材节目在娱乐节目的大海中沉浮

在网络视频十佳品牌栏目名单中，严肃题材的作品占四席（《一说到底》《经济热点面对面》《法治中国》《南都深呼吸》），娱乐题材占六席。在整个推荐名单中，娱乐节目也是占了大多数。互联网作为一种技术媒介，其低接入度的接触方式自然是娱乐题材生根发芽的土壤，但这种接触方式也并不排斥严肃题材。互联网相对于传统广播电视有独特的传播优势：覆盖广、可互动、审查宽松、观看便利。但从目前网络自制视频节目的题材来看，栏目制作方并没有发挥网络在传播严肃题材作品中的优势。大多数的网络视频服务商选

择了"莫谈国事"的保守态度,一派嘻哈放浪之景。须知,既然是面向社会传播的媒介,就须担当一定的社会责任。这其中,推动社会公共话题的讨论并形成共识是传媒社会责任的主要内涵,对于正处于改革关口的中国当下尤其具有现实意义。然而,网络自制视频节目在这一领域明显缺位。

"缺位"产生的原因有客观和主观两方面。根据我国目前的网络媒体管理制度,除了持有记者证的几家新闻网站(人民网、新华网、中国网等),大部分的商业门户网站并没有新闻采编权——甚至新闻发布权都没有,只能转载其他网站的消息。网络视频企业也不能制作新闻播报类的节目。如此"红线",打消了网络视频服务商涉足严肃话题的积极性,必然影响严肃话题原创视频栏目的规模。但这种"红线"并非"一触即死",只要拿捏得当,尤其对于主流媒体的视频网站,严肃题材的作品可以反被动为主动,贴近网络生态的同时传播正能量,成为主打拳头产品。人民网的《一说到底》就是例子。

### 四、拓展网络自制视频节目发展的空间

从2006年中国网络视频元年至今已近十年,网络自制视频节目从无到有,从单一到多元,经历了一个日渐繁荣的成长过程。伴随着中国电视产业的改革、网络传媒业的发展和传播技术手段的创新,加之节目形式自身的发展张力,中国网络自制视频节目还有很大的前进空间。

**空间一:深入挖掘网络自制视频节目的媒介特点**

网络视频的内容形态可谓三分天下:网络自制视频节目、微电影、网络剧。如果说微电影和网络剧是传统视听节目形态的网络化包装,那么网络自制视频节目就提供了一个打造新型视听节目形态的机会。这个机会来自于它继承了互联网"信息共产主义"的大部分基因,表现在更多元制作力量,更广泛的素材来源,更大规模的传播范围,更容易实现与网民的互动。这四种条件的存在使网络自制视频节目在内容形态上有了更多的发挥空间。比如本次获奖的《侣行》,素材大多由节目主人公提供,后期由专业编辑完成剪辑和制作。试想如果传统节目制作机构来完成这样一档节目,没有网络这一节目素

材"取之不尽，用之不竭"的资料库，节目播出不久就将面临素材枯竭的困境。CNTV 的熊猫频道也只有诞生在网络视频平台，才能实现观众观看视角的自主切换和相应主题节目的点播。

可惜的是，这类能发挥网络媒介独特优势的节目还并不多见，多数节目仍然照搬传统视听节目的内容形态。笔者认为，网络自制视频节目至少可以从四方面深挖网络的媒介特征：其一是把网络作为素材收集的重要渠道，将记者站开到论坛里，开到微博上；其二是将网络话语与社会话语一视同仁，不抵制网络表达的同时坚守话语规范，接地气、接网气又不能丢掉传媒的社会责任；其三是善于利用网络跨时间（非线性播出）、跨平台和跨物理空间的优势，创新节目形态，重构观众收看视听作品的方式；其四是重视网络平台的互动功能，积极收集与节目相关的网络文本，以网络口碑为基础，创新视听作品的传播力评估体系。

**空间二：大力提升网络视频自制节目的质量**

在本次优秀网络视听作品的评选中，无论是宣传机构还是商业网站报送的作品，都有一部分在制作水平上出现明显的短板。这其中既有主持人表现、镜头语言、节目美工、后期剪辑等技术方面的硬伤，也有题材选择不当、话题挖掘不足、节目素材单一等策划方面的问题。目前一部分网络自制视频节目不仅达不到传统电视节目的水准，甚至连合格视听作品的"及格线"都达不到。

有限的制作经费是制作水平不高的原因之一，但绝不是不可克服的因素。"网络十佳品牌栏目"中的《微博江湖》就是一档低成本的网络自制视频节目。尽管称不上"大制作"，但该节目没有低级的技术差错，节目内容的策划也体现了编辑的心思——这正是一些网络自制视频节目所缺乏的。CNTV 报送的节目《网络春晚》制作资源不可与央视春晚同日而语，但《网络春晚》依然做得有声有色，可看性很强。可见，资源有限不是质量低下的充分条件。经过科学的编排和策划，加上合格的制作团队，拿出高质量的网络视频自制节目不是问题。

**空间三：做好传统媒体资源的转化与利用**

与 YouTube 不同，我国网络视频自制节目的主力团队不是来自民间，而是来自传统电视行业。尤其是以 CNTV 为代表的"国家队"进驻网络视频行业后，大批传统电视从业者转行或兼职做网络视频。本次评选出的"网络视频十佳品牌栏目"和网络自制视频节目展播目录中，《一说到底》《经济热点面对面》和《记者归来》都是传统媒体的转型作品。其中最具代表性的是人民网的《一说到底》和 CNTV 的《记者归来》——前者充分发挥报纸在评论题材中的优势，将社会热点轻松诙谐但不落低俗地娓娓道来；后者是利用传统电视素材的"边角料"制作出的一档成规模、有看点的网络视频栏目。相比而言，《一说到底》的制作模式更值得称道，这种模式把"母体"——报纸的优势实现了网络视频化，是纸媒向新兴媒体转型的有益尝试。尽管《记者归来》的整体制作水平在网络自制视频节目中应属中上乘，但这种用传统电视栏目"边角料"制作出的节目先天素材有缺陷，不可能支撑起一档有影响力的品牌栏目。巧妇不仅难为无米之炊，劣质的材料也不可能做出一桌佳肴。网络视频对传统媒体资源的转化，还须去粗取精，有所选择地利用。

爱奇艺的《汉字英雄》是网络视频转化、利用传统媒体资源的代表。《汉字英雄》由网络视频企业制作，在传统电视频道和网络平台共同播出。这档栏目并不属于"大制作"，节目中除了文化和艺术领域的评委，大多数参赛者和嘉宾均是普通人群。网络视频企业利用较低的成本实现了一个好"点子"——挖掘汉字作为中华文化重要载体的价值，在一片"原版引进"的呼声中独树一帜，实现了节目形态的自主创新，在 2013 年的各类电视栏目评选中频频亮相。同时，《汉字英雄》借力河南卫视的卫星频道资源实现了全国播出，利用传统媒体的渠道优势推广了新形态的视听节目。河南卫视收获了可观的收视率，爱奇艺得到了广告收入分成，可谓双赢。

**空间四：鼓励严肃题材节目的制作和投入**

在健康的影视市场环境中，严肃题材不可能完全占领市场，万马齐喑；也不可能全部被娱乐题材包围，歌舞升平。无论是宣传机构的视听平台还是商业机构的视频网站,都不可避免地扮演一定的传媒角色。作为媒体,必然承担起一定的社会功能和娱乐功能,二者不可偏颇。然而,在国内网络自制视频节目市场上,娱乐栏目——甚至一些制作低劣的娱乐节目,大行其道,监管不到位;相反,一些严肃题材的栏目,一些本应被关注的社会热点或社会"冰点",在网络上缺少应有的地位和分量。一个没有娱乐的视频网站是没有市场的,一个没有严肃题材网络栏目的社会是缺少正气的。覆盖全球的YouTube上既有严肃的时政新闻和经济新闻,也不缺少轻松活泼甚至是嬉笑怒骂的娱乐作品。处理好商业与意识形式的关系——尽管两者并不绝对矛盾,鼓励严肃题材节目的制作与投入,既需要行政管理部门和意识形态部门树立科学发展观和大局意识,也需要网络视频服务商不断提高制作水准、策划能力和表达技巧,坚守媒体的责任底线,传播积极能量。

**参考资料**

1. 2013优秀网络视听作品推选活动获奖名单:www.ciavc.com/zpmd/。
2. 首届中国网络视听大会作品展播:www.ciavc.com/yszb/。

(2014年3月《新闻与写作》)

# 2013 年中国网络视频满意度博雅榜全解读

靳戈　陈思　胡馨木[①]

自 2006 年中国网络视频元年以来,网络视频用了不到十年时间至少抢夺了一半的电视观众。根据中国互联网信息中心发布的报告,2013 年我国网民规模达到 5.91 亿,其中网络视频用户达到 4.28 亿。[②] 网络视频的产业规模也不容小觑,2013 年前三季度中国网络视频市场广告收入为 85.6 亿元,预计全年收入约为 120 亿至 130 亿人民币之间,接近中央电视台这一广电航母在 2013 年全年的广告招标收入。[③] 另一方面,网络视频的市场影响力也在不断提升。线下渠道的王牌操盘手苏宁在 2013 年以 2.5 亿美元入股 PPTV,获得了后者 44% 的股份;作为 BAT(Baidu, Alibaba, Tencent)之一的百度继全资控股爱奇艺之后,又产下"二孩"——百度以 3.7 亿美元的价格收购了 PPS 的视频业务,并将后者与爱奇艺合并,一跃成为中国最大的视频平台。就连一直钟情硬件的小米科技也传出投资迅雷看看的消息。诞生于 2006 年的中国网络视频业,大有超越传统广电产业之势。

一个产业的健康发展需要健全的产业链。目前传统广播电视产业已经形成了由策划、制作、包装、购销、评估等环节构成了链条,并日趋完整。网络视频在国内虽然仅有八年的发展历程,但借助传统广电团队的策划、制作和包装的沉淀以及商业化带来的购销便利,其囊括策划、制作、包装和购销的产业链已经初步形成。然而传统的广电评估体系——收视率和专家评

---

[①] 靳戈是北京大学职员,陈思是北京大学新闻与传播学院博士研究生,胡馨木是北京大学新闻与传播学院硕士研究生。

[②] 中国网民规模 5.91 亿手机网民 4.64 亿:tech.sina.com.cn/i/2013-07-17/14088548488.shtml。

[③] 2013 年 Q3 中国网络视频广告收入 32.5 亿:news.5ipr.cn/industry/20131107/12670.html。

估——在网络视频时代犹如虎落平阳：传统意义的收视率只能评估网络视频的传播面，无法评估其影响力；专家评估也通常聚焦于网络视频个案的艺术价值和产业价值，难以对浩如烟海的网络视频形成整体评估，其评估意见也并不代表网民的实际意见。评估对于文化产业的价值不言而喻——若某一文化产业出现问题，那么评估环节一定难辞其咎。常言："以评估促创建。"因此，一套新的科学评估体系和评估方法对于网络视频产业的发展十分必要。

## 一、调查方法与评估体系

### （一）网络视频产业的三个现实

#### 1. 多重化的价值

相对于报纸的深沉气、电影的艺术感和电视的娱乐化，网络视频并没有一个明确的价值取向。在热播的网络视频名单中，严肃题材、文艺作品和娱乐元素各有代表。同时，网络视频在国内的兴起也引来"国家队"与商业机构同台竞技。丰富的节目形态与差异化的制作主体使网络视频呈现多重价值——商业网站在追求经济效益的同时兼顾艺术性与娱乐效果，中央和地方网络电视台在实现宣传价值的同时平衡经济收益和文化价值。日渐丰富的网络视频价值取向要求相应的评估体系维度尽可能多样，实现对多重价值的评估。

#### 2. 相交融的形态

网络视频由于制作主体的多元化——既有专业团队又有民间力量，网络视频的节目形态远比传统广电更加丰富，不同节目形态之间的界限也更加模糊。比如网络视频中有许多以调侃的语气播报社会新闻的节目，其节目形态游走于新闻与娱乐之间；还有一些由网友提供素材、专业编辑团队剪辑的纪实作品，既像一部纪录片，又与新闻专题片神似。网络视频在节目形态上的暧昧与含糊已经宣告与传统节目形态分类方法的"决裂"，网络视频评估需要新的分类标准。

#### 3. 跨媒介的存在

据统计，2013年第四季度，优酷、土豆移动端日均浏览量已经达到3.7

亿，相比年初的数据增长了270%，已经超过了PC端。①爱奇艺的移动客户端也贡献了超过50%的流量和10%的营收。②网络视频不仅完全占领了电脑、平板电脑和手机，而且已经有反客为主向客厅进军的趋势。随着小米盒子、乐视盒子以及一批互联网智能电视的出现，电视便捷地接入互联网已经实现——互联网电视开始取代有线电视。有人将这种网络视频的媒介生态归纳为"一云多屏"。在"一云多屏"的时代，对网络视频的评估也必须考虑到其跨媒介播出的现实，评估指标应能覆盖网络视频的主要播出渠道。

（二）新评估体系须回答的三个问题

1. 评估网络视频哪方面的价值？

一般认为，影视作品具有五种价值：播出价值、文化价值、娱乐价值、宣传价值、经济价值。③以收视率和点击率作为核心指标的评估体系只能对考量节目的经济价值有参考作用，无法评估其他价值。影视作品作为社会运动的重要部分，如十字路口一般连接着政治、经济、文化、社会等各个方向，对其所表现得价值进行综合评估是必要的。因此，有必要探索一套评估体系实现对网络视频的综合评估。

2. 如何科学地对网络视频的形态分类？

在具体分类前，必须先明确何为网络视频节目。首先，网络视频节目一定不是把传统视听节目"照搬"到网络上。传统视听节目在世界上有超过百年的发展历史，在中国的发展时间也不算短。根据公开的资料，第一个真正意义的视频网站是Youtube，第一部真正意义的网络视频是土豆网上传的——这是2004年的事情，至今不过十年时间。网络视频的产业规模完全不能与传统视听产业同日而语，同台竞技有违科学的原则。其次，网络视频节目是个广泛的概念，泛指在网络平台上原创的一切视听形态。基于以上两点前提，并参考传统视听节目的分类体系，本文将网络视频节目分为五类：不含动画作品的网络视频栏目（以下简称"视频栏目"），不含动画作品的网络视频节目

---

① 邝新华：多屏战略与小屏时代，《新周刊》，2014年4月1日，第68页。
② 邝新华：多屏战略与小屏时代，《新周刊》，2014年4月1日，第68页。
③ 陆地：电视节目评估体系的创建与创新，《南方电视学刊》，2014年第1期，第19页。

（以下简称"视频节目"），网络剧，动画片，微电影。

视频栏目是指在2013年形成播出周期且播出周期较短（播出周期不超过月）的网络视频作品，如优酷网的《晓说》，爱奇艺的《爱奇艺早班机》，土豆网的《槽神驾到》等。这类作品有相对固定的名称、节目形式、节目主题和播出周期，与传统电视栏目类似。

视频节目是指在2013年年末形成播出周期或播出周期超过一个月的网络视频作品，如《网络春晚》。这类作品的名称、节目形式也比较固定，但播出周期不固定或周期较长，甚至可以是单期节目。

动画片是指在网络上播出的动画形式的视频作品，包括单部动画电影、动画剧（如《泡芙小姐》）、动画栏目和动画节目。

微电影是指在网络上播出的以电影手法制作的时长较短（一般不超过30分钟）的影视作品，不在网络平台上播出的此类作品不纳入评估。

网络剧是指在网络上播出的剧集形态的视听作品，时长普遍比传统电视剧短（单集在20分钟左右），符合剧集的基本形态的技术上可以有所突破和创新。非网络首播的此类作品不纳入评估。

### 3. 采用何种指标评估？

通过对文化作品评估体系的研究，课题组认为价值不仅表现在其呈现形式上，也表现在价值所作用的客体上。因此，对价值所作用的客体情况进行考量是评估影视作品多重价值的新方向。课题组提出"满意度"作为考量价值所作用客体的指标，即评估影视作品综合价值的指标。

"满意"作为一种态度，言行是其表现方式。最常见表达满意的方式就是褒义评价和反复观看，其中褒义评价对评估的价值比反复观看要高。另一方面，褒义评价作为参考指标也必须建立在一定的评价数量上，即"叫好又叫座"。因此，课题组将"满意度"细分为评论量、正面评论量和点击量三个子指标。

## （三）基于满意度的博雅榜评估体系

### 1. 博雅榜评估体系的逻辑路径

博雅榜评估体系是评估影视作品满意度的新方法。互联网与传统媒体的重大区别在于观众与节目的互动门槛大幅度降低。在前互联网时代,报纸、广播、电影、电视与读者和观众的互动一般通过读者来信和短信留言的方式实现。即使在这种相对落后的环境中,"栏目组收到上万封观众来信"经常见诸报端。在互联网时代,观众与节目沟通的欲望被进一步加强,门槛大幅度降低,关于节目的评价量与评论量呈现几何级的增长。互联网时代的观众愿意参与节目留言与节目评价——这是博雅榜评估体系的大前提。

留言和评论作为一种表达,其背后是一种特定态度的支撑——可以是愤怒、批评,也可以是快乐、支持。这些态度可以简化为"满意"、"不满意"、"中性"三个维度。观众对节目的留言和评价能够反映其满意度——这是博雅榜评估体系的小前提。

结合博雅榜评估体系在逻辑上的大前提和小前提,"博雅榜评估体系通过考量网络观众的节目留言和节目评价可以评估其满意程度"的结论是成立的。

### 2. 博雅榜评估体系的技术路径

博雅榜评估体系共分为五步骤:筛选节目,分类,技术处理(确定目录,抓取评论、分析文本语义、统计点击量),制表,分析。其中在筛选节目的环节,为保证最大限度地获取合法的节目名单,课题组以2013年度国家新闻出版广电总局发布的《互联网视听节目服务持证机构名单(截至2013年3月31日)》[①],组织研究人员在608个具有资质的网站上检索符合要求的网络视频作品,并参考第三方数据(如中国网络视听服务协会的数据[②])补充作品名单,剔除重复的作品后,最终有近一千个网络视频作品纳入统计。

根据评估体系中的分类方案,课题组将近千个网络视频分为网络原创栏目、网络原创节目、微电影、网络剧和动画片五组分别评估。

技术处理是博雅榜评估体系的核心。首先,技术团队结合第三方数据确定网络抓取范围,最终圈定了近两百个传媒网站、网络社区和社交网站作为

---

① 互联网视听节目服务持证机构名单(截至2013年3月31日):www.sarft.gov.cn/articles/2013/04/25/20130425115324250788.html。

② 首届中国网络视听大会获奖名单:www.ciavc.com/zpmd/。

检索目录（Index）。其次，技术团队与分析团队联合确定了每一个节目的关键词库，并由技术团队在系统中输入关键词库获得某一节目的网络评论量（即关注量）。第三，采用成熟的语义分析技术判断获得的海量网络评论文本中褒义评价的数量。第四，通过系统自动累加各类节目在主流视频网站上的点击量。最终形成满意度的数据报表。

第四，在制表环节，通过统计方法将获得的网络评论量、网络好评量和网络点击量进行数据处理，形成百分制的值，得到网络关注度、网络满意度和网络收视指数。将网络关注度和网络满意度按照4∶6的比例加权相加，再将结果与网络收视指数按照7∶3的比例加权计算，得到最终的综合满意度，并以此作为排名和上榜的依据。

最后，在数据分析环节，由北京大学视听传播研究中心研究员完成榜单解读与分析，并预测行业发展趋势。对于提出具体要求的网络视频服务商，可以提供具有针对性的咨询服务。

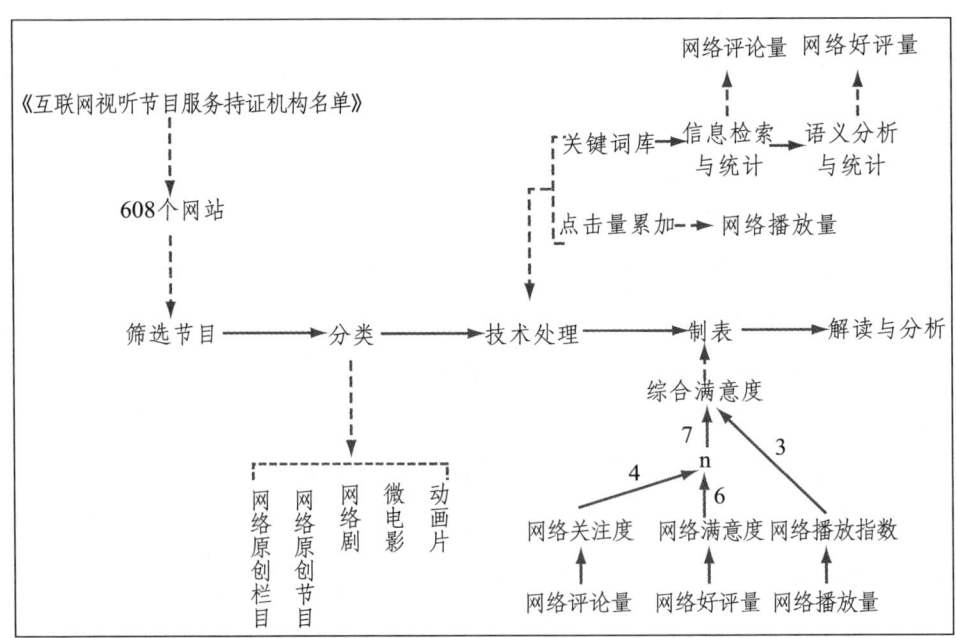

注：图中虚线的功能是解释和说明，实线代表流程与步骤。

**图1　网络视频满意度博雅榜技术路径图**

## 二、网络原创栏目榜单分析

### （一）榜单综述

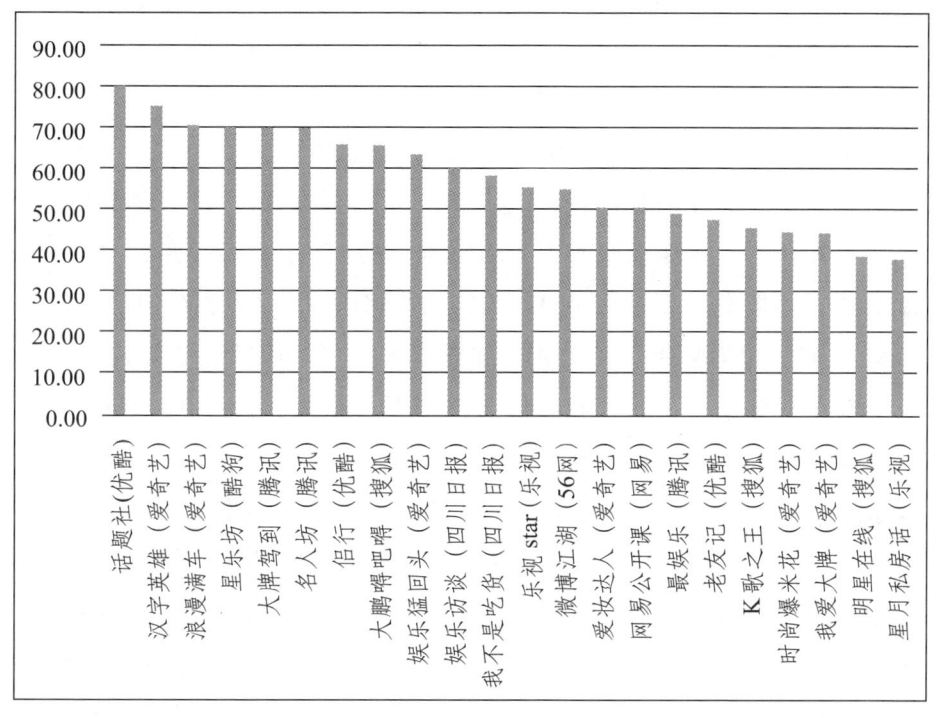

**图2　网络原创栏目综合满意度前22名**

在上榜的22档网络原创栏目中，10部是商业网站的作品，只有四川日报网络有限公司的《娱乐访谈》和《我不是吃货》在制作主体身份上略显特殊。20部商业网站的作品6部来自爱奇艺、3部来自优酷、3部来自腾讯、2部来自乐视、3部来自搜狐、1部来自酷狗、1部来自56网、1部来自网易。从诞生时间来看，优酷、土豆、56属于国内第一代视频网站，爱奇艺、腾讯、搜狐、乐视属于第二代视频网站。这其中，爱奇艺背靠百度这尊"财神"，在节目购买、自制研发、营销推广方面的努力近三年来有目共睹，在本次榜单中也有体现。尽管土豆诞生早于优酷，但由于两家公司后期经营业绩的差异，优酷收购土豆成为一艘"网络视频航母"。虽然优酷土豆目前仍处于"烧钱攒人气"的阶段，但得益于优酷土豆近十年来的在制作和渠道上的积累，每年仍有许多优秀的网络视频作品面世。腾讯视频和搜狐视频都有一个不差钱的东家，乐视所坚持的"付费观看"模式使乐视率先步入盈利时代，三者在两年前的版权大战中大打出手，一掷千金购买电视剧的版权，成为"架在网络上的电视台"，在自制栏目领域发力有限。

从题材上看，文化类栏目有2部（《汉字英雄》《网易公开课》），社会/网络事件点评类有3部（《话题社》《老友记》《微博江湖》），娱乐点评类有1部（《大鹏嘚吧嘚》），娱乐播报类有3部（《娱乐猛回头》《最娱乐》《时尚爆米花》），娱乐访谈类有7部（《星月坊》《大牌驾到》《名人坊》《娱乐访谈》《乐视star》《我爱大牌》《明星在线》），娱乐真人秀有2部（《浪漫满车》《K歌之王》），生活服务类有3部（《我不是吃货》《爱妆达人》《时尚爆米花》），纪实类有1部（《侣行》）。从相对数量上看，娱乐类栏目占据了13席，超过总数的一半，其中又以娱乐访谈类栏目居多。从制作成本和传播效果来看，娱乐访谈类栏目的制作周期短、成本低，加之受邀嘉宾"晕轮效应"的影响，该类栏目能在制作成本和传播效果找到平衡。娱乐类栏目的另一制作方向是"向明星栏目靠拢"，搜狐视频的《K歌之王》是一档《中国好声音》的辅助栏目。通过利用《中国好声音》的花絮和线下采访，补充节目的内容，与正式播出的节目相呼应。文化类栏目和纪实栏目等严肃题材相对小众，《汉字英雄》的成功目前仍是个案，相应题材的栏目需要进一步挖掘和开发。《网易公开课》已经是个"老"栏目了，是少数能将公开课这一形式做全、做透、做出彩的。尽管《网易公开课》在榜单上名列第15位，并不靠前，但作为一档与娱乐毫无关系的网络视频栏目，能取得如此成绩值得褒奖。《侣行》是一档严肃题材的栏目，也是一部不折不扣的精品栏目——无论从立意、手法还是文化价值，名列第七实至名归。《话题社》《老友记》《微博江湖》属于同一类栏目。这三档栏目中最有推广价值的是《话题社》——选取的话题契合网民心理和时代矛盾，最重要的是《话题社》采用网民拍摄提供素材、编辑剪辑完成作品的模式，是视听作品在网络视频时代制作模式的创新尝试。

## （二）满意度指标分析

### 1. 网络关注度分析

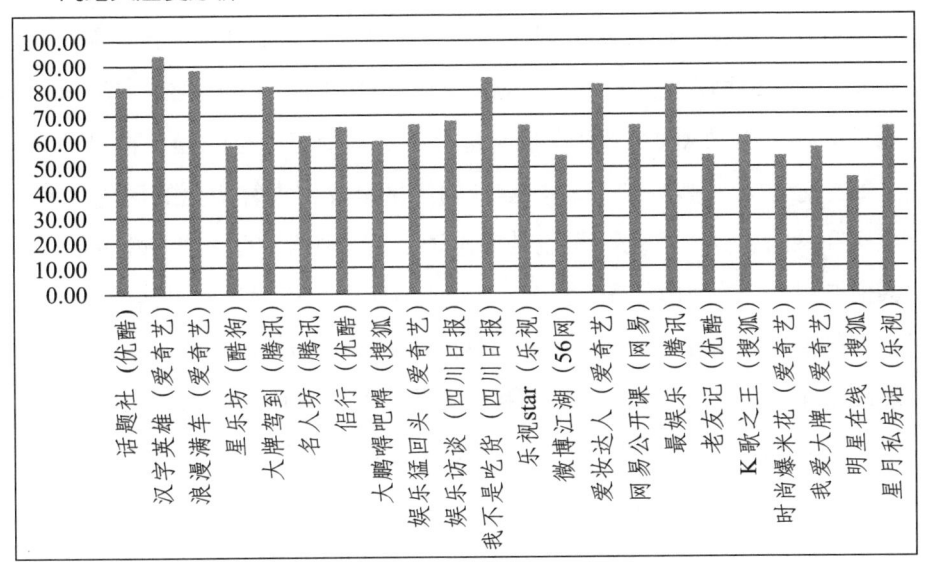

图 3　网络原创栏目前 22 名网络关注度指标分析

网络关注度在最终得分中分量比较重，较高的网络关注度是栏目入榜的第一道门槛。在网络原创栏目榜单中，网络关注度在 80 分以上的有 8 档栏目：《汉字英雄》(94.21)，《浪漫满车》(88.48)，《我不是吃货》(85.28)，《爱妆达人》(82.38)，《最娱乐》(82.01)，《大牌驾到》(81.88)，《话题社》(81.63)。这是原创栏目网络关注度的第一阵营。网络关注度是描述网民对某一栏目发表评论数量的值，得分较高的栏目意味着在网络上收获了相对比较多的评论和留言。第一阵营的 8 档栏目除了《我不是吃货》，其他都是老牌商业网站的作品。商业网站由于其机制灵活，经济目标更明确，因此在营销和推广领域颇下功夫——提供留言板和讨论社区甚至雇佣网络营销公司都是常见的手段。其中的《汉字英雄》因为在爱奇艺和河南卫视同步播出，传播范围更大，线上线下形成互动，关注量位居榜单第一，在综合满意度榜单中也名列三甲。

网络关注度第二阵营的分值分别从 68.08 到 45.47 不等，与第一阵营差距明显。在第一阵营中，除了《汉字英雄》，其他是清一色的娱乐栏目。第二阵营中则出现了许多其他题材的栏目，如《侣行》《老友记》等。即使是在综合满意度榜单中力摘头筹的《话题社》，在网络关注度排名中也位于第一阵营之末。娱乐栏目网络关注度也出现了两极分化的现象，关注度高的栏目（如《浪漫满车》）比关注度低的栏目（如《时尚爆米花》）高出40多分。第一阵营排在最后的娱乐栏目《大牌驾到》也比排在第二阵营第一位的娱乐栏目《娱乐访谈》高出近14分。娱乐栏目轻松幽默的风格以及由内容衍生的话题性使网民更愿意在网络上与之互动，无论是灌水还是有"硬货"的评论，数量都远远超过其他题材。以《微博江湖》和《老友记》为代表的点评类栏目其内容很扎实，但栏目结构不够开放，很少给观众留下想象和评论的空间，因此在网络关注度评比中不占优势。《侣行》尽管题材严肃，但其中有大量旅游元素，内容结构也较为开放，能够引起与网民观众的共鸣，网民观众也更积极地参与留言评论。

**2. 网络满意度分析**

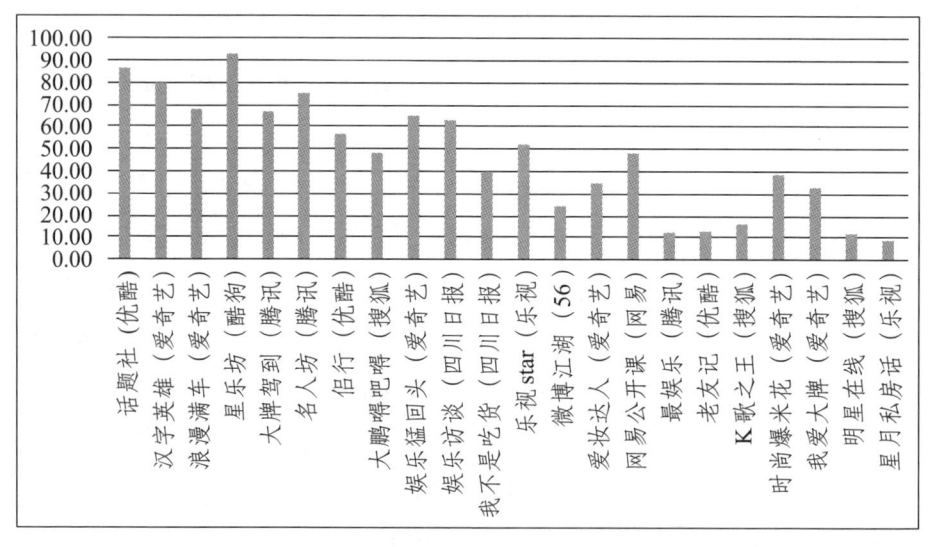

图4　网络原创栏目前22名网络满意度指标分析

网络满意度是在最终得分中分量最重，通过加权计算还原网络视频的多重价值。网络满意度通过数值描述网民对某一网络视频持褒义评价的相对数量，一定程度反映栏目的品牌价值。在网络满意度榜单中，得分在 60 分以上的有 8 部作品（《星月坊》《话题社》《汉字英雄》《名人坊》《浪漫满车》《大牌驾到》《娱乐猛回头》《娱乐访谈》），得分介于 30 分至 60 分之间的有 8 部作品（《侣行》《乐视 star》《大鹏嘚吧嘚》《网易公开课》《我不是吃货》《时尚爆米花》《爱妆达人》《我爱大牌》），30 分以下的有 6 部作品（《微博江湖》《K 歌之王》《老友记》《最娱乐》《星月私房话》《明星在线》），形成三个明显的阵营。相对于两极分化的网络关注度排名，网络满意度排名由于是以网络关注量为分母的相对值，各栏目得分的方差不受网络关注量的影响，因此最终较为平均的分值分布比较符合统计理论。在网络满意度第一阵营中，有 5 档栏目与网络关注度第一阵营重合，重合比例 62.5%，证明这是一批"叫好又叫座"的栏目。第一阵营的栏目题材也呈现出与网络关注度第一阵营相同的情况：娱乐栏目占半壁江山。前八名中只有《话题社》和《汉字英雄》不属于娱乐栏目，其他六档栏目均属于娱乐栏目。值得注意的是四川日报网络有限公司的《娱乐访谈》位列第一阵营，说明该栏目的制作水准能够得到网民的认可，这对于传统媒体转型从事网络视频行业是较大的鼓励，对于其他媒体也具有相当的借鉴价值。

第二阵营中的节目题材更为多样，既有纪实类（《侣行》），又有娱乐类（《大鹏嘚吧嘚》），还有文化类（《网易公开课》）和生活服务类（《爱妆达人》），且比例较为均衡。相对于第一阵营中娱乐栏目一统天下，第二阵营的排名表明并不是所有娱乐栏目都理所应当地获得好评，网络视频并不排斥非娱乐题材的作品。《侣行》的网络满意度尽管没有进入第一阵营，但位于第二阵营之首，反映出此类严肃题材的作品在网络上仍有较大的受众接受空间。

第三阵营中的得分普遍较低，但部分栏目的网络关注度比较高，如《最娱乐》（网络关注度 82.01）。这样的分差显示出该栏目具有一定的人气和市场份额，但这种优势由于缺乏品牌的支持很难长久维系。"叫座不叫好"是一种出卖栏目发展前途的现象，尽管"叫座"充满机遇，但如果不能解决"不叫好"的问题，机遇将付诸流水，甚至机遇转化为危机。

3. 网络播放指数分析

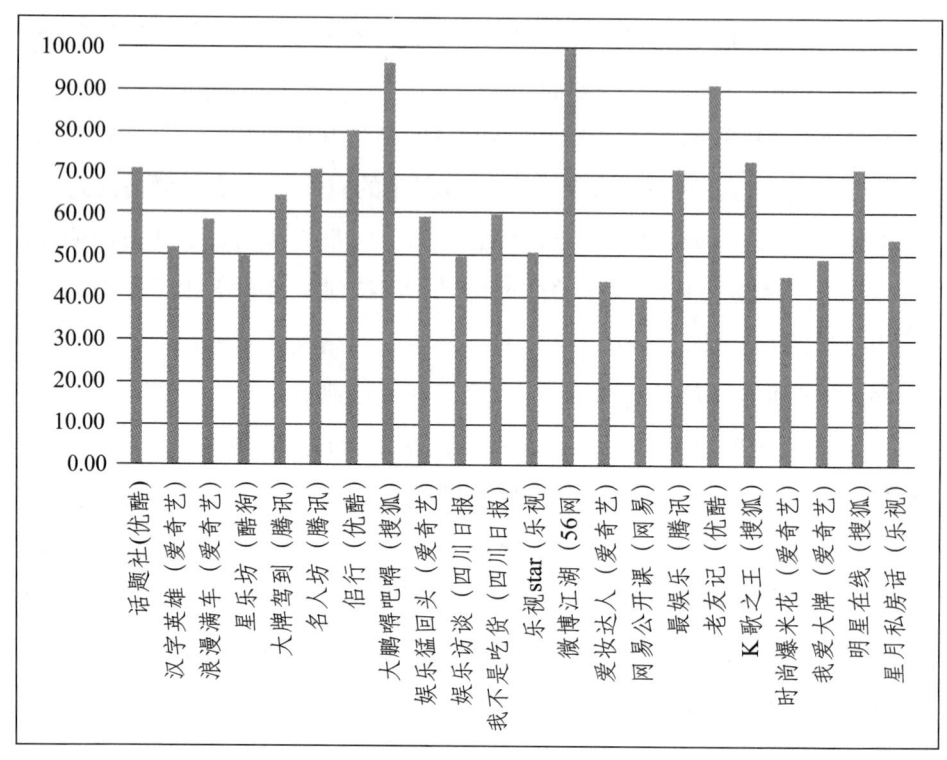

图5　网络原创栏目前22名网络播放指数分析

网络播放指数是修正综合满意度的数据，仅能从一个侧面反映网民对某一部网络视频的满意度情况，权值较低。网络播放指数描述的是某一档栏目在主流视频网站网络点击量总和的相对值。在网络播放指数榜单中，各栏目得分从40.16分至100分不等，呈现出两个阵营的态势。网络播放指数分值在60分以上的为第一阵营，共有11部作品（《微博江湖》《大鹏嘚吧嘚》《老友记》《侣行》《K歌之王》《话题社》《最娱乐》《名人坊》《大牌驾到》《我不是吃货》《明星在线》）；分值在40分至60分之间的为第二阵营，共有11部作品（《娱乐猛回头》《浪漫满车》《星月私房话》《汉字英雄》《乐视star》《星月坊》《娱乐访谈》《我爱大牌》《时尚爆米花》《爱妆达人》《网易公开课》）。

比较有意思的是，网络播放指数前五名的栏目在网络关注度和网络满意度排名中均不占优势,有的甚至在后两者的排名中名列末尾。如《微博江湖》的网络关注度仅有54.30(第二阵营),网络满意度仅有24.04(第三阵营),但在网络播放指数榜单中《微博江湖》一跃成为状元。《大鹏嘚吧嘚》《老友记》《K歌之王》也是类似的情况。另一方面是网络播放指数排名靠后的栏目并不都是在其他两个子榜单中的落后分子,如《网易公开课》在网络播放指数榜单中名列末位,但在网络关注度榜单和网络满意度榜单中均位于第二阵营。以上两点说明了基于点击量和收视率的调查与基于满意度的调查存在明显的差异——播放量大的不一定是网民满意的,播放量小的不一定是网民完全不满意的。相对于网络关注度更多地反映栏目的话题性,网络播放指数则偏重于反映栏目的观众吸引力。

网络播放指数榜单的前三甲由于在该榜单中一跃翻身而具有比较高的分析价值。《微博江湖》《老友记》和《大鹏嘚吧嘚》在网络关注度和网络满意度方面均不出色。正如前文所分析,这三档点评类栏目给观众留下的想象空间并不多,评论余地也不大,导致三档栏目在网络关注度上不占优势。《老友记》的创新性的栏目形态值得鼓励,但目前其栏目的策划水准仍有较大的提升空间,网络满意度较低在情理之中。然而以上理由并不能否定这三档栏目具有较强的观众吸引力,相反,由于这三档栏目观点鲜明,选题前沿,《微博江湖》轻松诙谐,《大鹏嘚吧嘚》嘻哈搞怪,《老友记》大牌范儿十足,非常符合网络观众的观影期待,收获了较大的点击量。

(三)行业展望

**行业发展空间一:深入挖掘网络原创栏目的媒介特点。**

如果说微电影和网络剧是传统视听节目形态的网络化包装,那么网络原创栏目就提供了一个打造新型视听节目形态的机会。这个机会来自于它继承了互联网"信息共产主义"的大部分基因,表现在更多元制作力量,更广泛的素材来源,更大规模的传播范围,更容易实现与网民的互动。这四种条件的存在使网络自制视频节目在内容形态上有了更多的发挥空间。可惜的是,这类能发挥网络媒介独特优势的节目还并不多见,多数节目仍然照搬传统视听节目的内容形态。网络原创栏目至少可以从四方面深挖网络的媒介特征：其一是把网络作为素材收集的重要渠道，将记者站开到论坛里，开到微博上；其二是将网络话语与社会话语一视同仁，不抵制网络表达的同时坚守话语规范，接地气、接网气又不能丢掉传媒的社会责任；其三是善于利用网络跨时间（非线性播出）、跨平台和跨物理空间的优势，创新节目形态，重构观众收看视听作品的方式；其四是重视网络平台的互动功能，积极收集与节目相关的网络文本，以网络口碑为基础，创新视听作品的传播力评估体系。

**行业发展空间二：大力提升网络原创栏目的质量。**

在本次榜单中，有一部分作品在制作水平上出现明显的短板。这其中既有主持人表现、镜头语言、节目美工、后期剪辑等技术方面的硬伤，也有题材选择不当、话题挖掘不足、节目素材单一等策划方面的问题。有限的制作经费是制作水平不高的原因之一，但绝不是不可克服的因素。经过科学的编排和策划，加上合格的制作团队，拿出高质量的网络视频自制节目不是问题。

**行业发展空间三：做好传统媒体资源的转化与利用。**

与 YouTube 不同，我国网络视频自制节目的主力团队不是来自民间，而是来自传统电视行业。尤其是以 CNTV 为代表的"国家队"进驻网络视频行业后，大批传统电视从业者转行或兼职做网络视频。本次上榜的十档栏目中，《我不是吃货》《娱乐访谈》都可看作是四川日报社这一传统媒体的转型之作，且排名比较靠前。此外，人民网的《一说到底》和 CNTV 的《记者归来》尽管本次并没有进入榜单，但前者充分发挥报纸在评论题材中的优势，将社会热点轻松诙谐但不落低俗地娓娓道来，后者是利用传统电视素材的"边角料"制作出的一档成规模、有看点的网络视频栏目，也是值得肯定的转型作品。

**行业发展空间四：鼓励严肃题材节目的制作和投入。**

在健康的影视市场环境中，严肃题材不可能完全占领市场，万马齐喑；

也不可能全部被娱乐题材包围，歌舞升平。然而，在国内网络自制视频节目市场上，娱乐栏目——甚至一些制作低劣的娱乐节目，大行其道，无人监管；相反，一些严肃题材的栏目，一些本应被关注的社会热点或社会"冰点"，在网络上缺少应有的地位和分量。一个没有娱乐的视频网站是没有市场的，一个没有严肃题材网络栏目的社会是缺少正气的。覆盖全球的YouTube上既有严肃的时政新闻和经济新闻，也不缺少轻松活泼甚至是嬉笑怒骂的娱乐作品。处理好商业与意识形式的关系——尽管两者并不绝对矛盾，鼓励严肃题材节目的制作与投入，既需要行政管理部门和意识形态部门树立科学发展观和大局意识，也需要网络视频服务商不断提高制作水准、策划能力和表达技巧，坚守媒体的责任底线，传播积极能量。

## 三、原创网络节目榜单分析

### （一）榜单综述

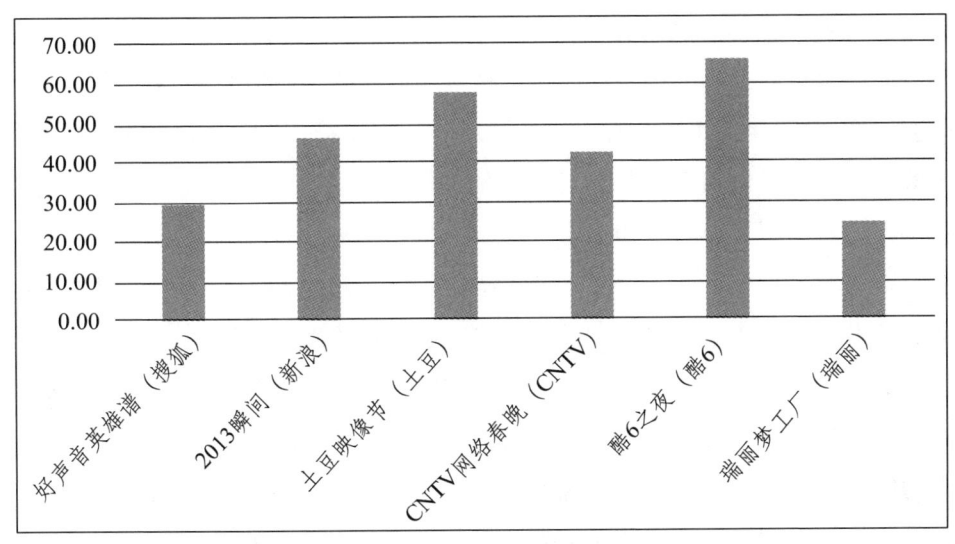

图6　网络原创栏目综合满意度前6名

一般认为，节目的概念比栏目要广泛，节目泛指一切在荧幕上播出的视听作品，栏目只是其中具有固定播出周期、固定名称、固定节目形态和固定主题的一个类型。本文所指的网络原创节目是狭义的概念，即在网络上播出的、未形成播出周期或播出周期超过一个月的网络视频作品，如《CNTV网络春晚》。这类作品的名称、节目形式也比较固定，但播出周期不固定或周期较长，甚至可以是单期节目。从前期收集到的原始待评作品的数量来看，节目的数量要明显少于栏目、网络剧、微电影和动画片。因此在最终的网络原创节目榜单中只有6个作品登榜。

在这6个作品中，只有《CNTV网络春晚》一部"国家队"的作品，其他都来自商业网站。在网络原创栏目中大展身手的优酷网和爱奇艺在网络原创节目的榜单中不见了踪影，相反无缘网络原创栏目榜单的酷6网、土豆网和新浪网包揽了网络原创节目榜单的前三名。搜狐视频虽然在两个榜单中的表现均不出彩，但能够在两个榜单上均有提名也表明搜狐视频"广撒网"的内容自制战略意图。酷6网和土豆网的上榜作品已经不仅仅是一部普通意义上的网络视频作品，而是形成品牌的网络线下活动。当众多视频网站纷纷在网络原创栏目领域发力打造一批品牌栏目时，酷6网和土豆网却独辟蹊径各打造一档品牌节目，其影响力堪称网络影视领域的春晚。《2013瞬间》用三分钟的时间回忆2013年的上百个片段，选题新鲜，制作符合标准，但此类节目的深度开发价值和品牌价值值得讨论和评估。《CNTV网络春晚》尽管获得了部分媒体评论者的叫好声，认为《CNTV网络春晚》是中央影视机构贴近网民的一项有益尝试，但实际上《CNTV网络春晚》仍处于网络娱乐节目的探索阶段，许多标准和模式还不够完善，照搬传统广电节目的痕迹明显。《CNTV网络春晚》荣登榜单，其节目创意和节目质量并非主要因素，市场需求才是本次登榜的核心竞争力——网络视频领域的确缺乏一档拥有传统广电时代"春晚"影响力的作品。《好声音英雄谱》作为《中国好声音》的内容补充，其合作形式值得鼓励，但此类节目究竟还不是网络视频的核心竞争力，也并非网络视频发展的主流方向。《瑞丽梦工厂》是《瑞丽》杂志为网络量身定做的一档选秀节目，内容与形式并无特别称道之处，但作为《瑞丽》这一纸质刊物向网络视频进军的先锋军，姿态比成果更重要。

## （二）满意度指标分析

### 1. 网络关注度分析

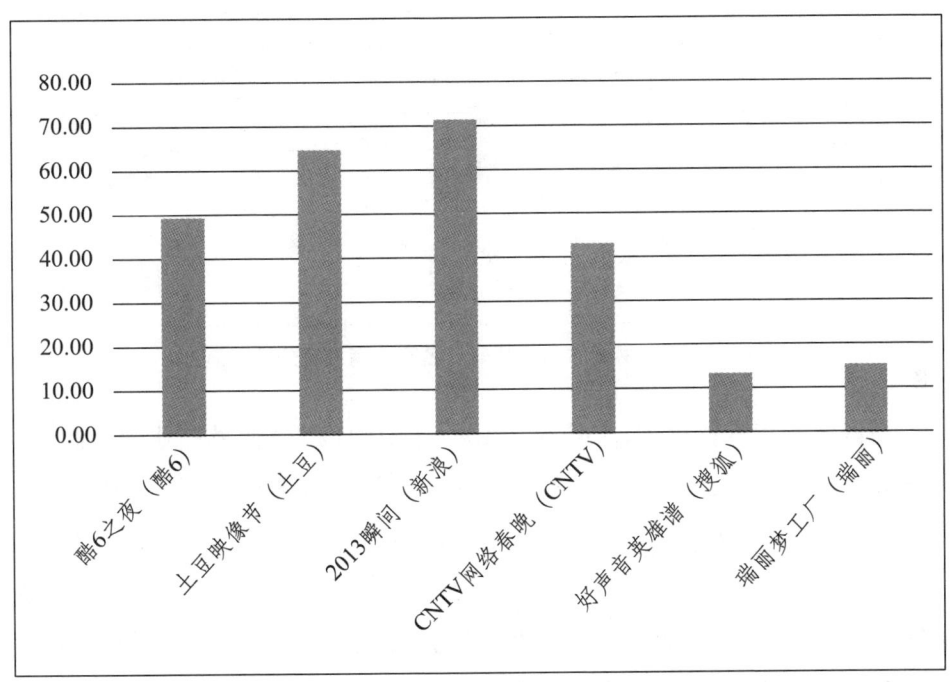

**图7　网络原创节目前6名网络关注度分析**

网络关注度榜单中名列前三名的节目在综合满意度榜单中也是前三名，只不过顺序有了微调。综合满意度榜单中排名第三的《2013瞬间》关注度最高，《土豆映像节》次之，《酷6之夜》名列第三。较高的网络关注度说明《2013瞬间》这部作品的话题性较强，能够引起人们的讨论。该节目制作的目的也正是如此，通过一个个片段勾起人们对2013年每个瞬间的回忆。《酷6之夜》和《土豆映像节》获得较高的关注度也证明这两档节目在网络话题空间中占有一席之地，成为了一档有较高知晓度的作品。《CNTV网络春晚》在综合满意度榜单和网络关注度榜单中的相对位置保持稳定。原先在综合满意度榜单中排名第五的《瑞丽梦工厂》和排名第四的《好声音英雄谱》在网络关注度榜单中调换了位置，但绝对分值相差无几。

### 2. 网络满意度分析

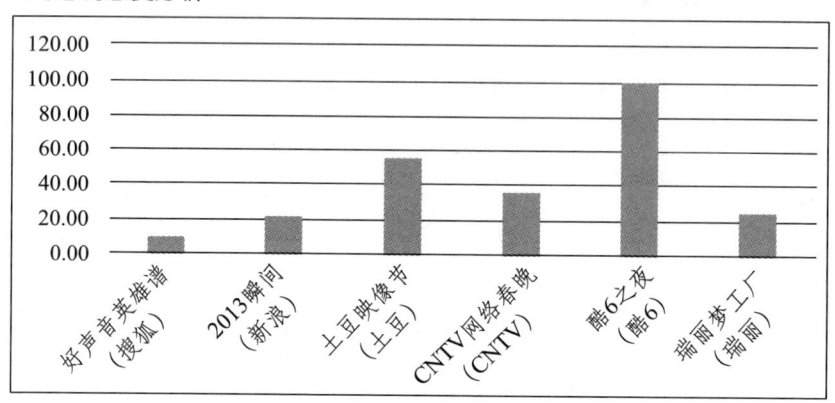

图 8 网络原创视频前 6 名网络满意度分析

在网络满意度榜单中，《酷 6 之夜》《土豆映像节》两档商业网站制作的品牌节目分揽第一名和第二名。综合这两档节目在网络关注度榜单中的表现，可以说这两档节目已经形成了一定的网络影响力和网络口碑。在网络关注度榜单中排名第一的《2013 瞬间》在网络满意度榜单中跌至倒数第二，这一显著的差距说明《2013 瞬间》尽管在话题性方面开了个好头，但在品牌影响力方面还有许多的路要走。《CNTV 网络春晚》在网络满意度榜单中排名第三，相比综合满意度榜单和网络关注度榜单均前进了一位。《瑞丽梦工厂》排名第四，《好声音英雄谱》垫底。

### 3. 网络播放指数分析

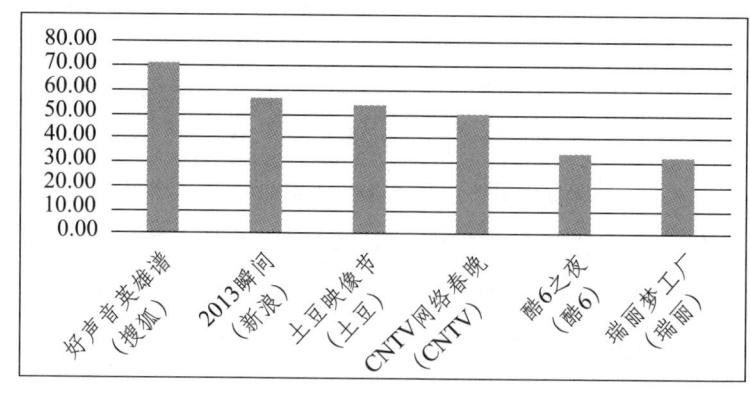

图 9 网络原创视频前 6 名网络播放指数分析

在网络播放指数榜单中，一向不起眼的《好声音英雄谱》一跃成为第一名。这不得不归功于《中国好声音》热播的带动效应。然而《好声音英雄谱》在网络关注度榜单和网络满意度榜单中不理想的排名也提醒制作方需要在节目质量上多下功夫。在以上三个榜单中斩获颇丰的《酷6之夜》和《土豆映像节》败走麦城，排名分别是第5位和第3位。这两档节目的绝对分差达到了20分，抛开节目质量不谈，酷6网远逊于土豆网的影响力和覆盖面是大分差的重要因素。《CNTV网络春晚》排名第4，比《酷6之夜》高一位。《瑞丽梦工厂》得分垫底，制作方需要考虑节目形态与互联网的结合问题。

（三）行业展望

相对于网络原创栏目，网络原创节目带来的品牌影响力有限，且制作成本也并不一定占优势。对于视频网站而言，栏目与节目并不是二选一的选择，而是两个战术要素的搭配。具体而言，发挥网络原创节目的价值有两大策略。

**策略一：发挥节目在视听内容生态中的本位价值**

在传统广电生态中，栏目与节目是并行不悖的两种内容形式。这一规律并不因为互联网的出现而被打破。栏目好比阵地战，须形成长期的播出机制，细水长流，长线作战，在提升节目质量、创新节目形式的同时还须兼顾成本、素材来源等长期发展的问题。节目好比游击战，应形成短期的号召力与影响力，短期内聚集人气，影响话题，可以忽略长期制作成本和素材来源等问题而专注于节目的质量与形式。两种战术要素须在战略实施中科学配合，发挥各自的价值。从目前的市场情况来看，栏目大受青睐，节目略显冷清。当各家视频网站在栏目这片"红海"争斗时，节目这片"蓝海"充满机遇。网络原创节目的价值亟待开发。

**策略二：用节目打通网络视频观众线上与线下的双重生活**

相对于线上的节目制作与播出，线下的活动不确定因素较多，所以少有栏目形成长期的与线下互动的机制。节目作为游击战的能手，不需要考虑与线下的长期互动机制，满足本年度、甚至本季度的战略需求即可，在沟通线下方面具有鲜明的优势。《土豆映像节》已经成为年轻影视制作者的盛会，新生代展现好作品，制片人伸出橄榄枝，土豆网作为主办方和活动平台坐收利好，将当下与未来的好作品收入囊中。这种机制是栏目不可比拟的。

## 四、网络剧榜单分析

### （一）榜单综述

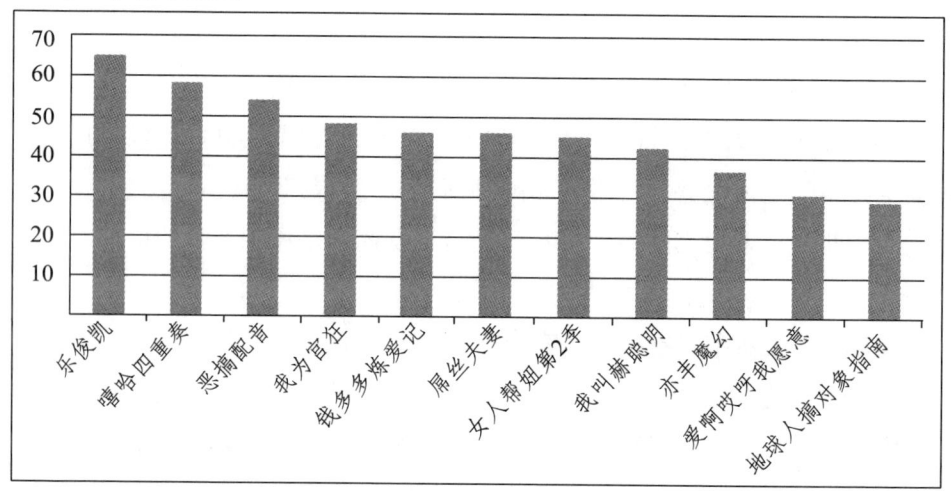

图 10　网络剧综合满意度前 11 名

进入榜单前 11 名的网络剧涵盖了当下网络剧的几大主要类型——白领生活（《嘻哈四重奏》《女人帮妞儿》）、休闲娱乐（《恶搞配音》《屌丝夫妻》《地球人搞对象指南》）、穿越（《我为宫狂》）和都市恋情（《钱多多炼爱记》《我叫郝聪明》《爱啊哎呀我愿意》），其中《亦丰魔幻》比较接近魔术真人秀节目。由图 10 可以看出，这 11 名作品的综合满意度参差不齐，从不足 30—60 有余——综合满意度超过 60 的仅有《乐俊凯》一部，低于 30 的仅有《地球人搞对象指南》一部，其余网络剧的综合满意度均在 30—60 之间。相较于原创网络栏目和节目、动画片等单元，网络剧的得分普遍偏低。在一些剧集中虽有大牌明星的加盟或者当红网络作家作品的改编，从网络收视指数来看也有较为固定的受众群体，但是最终展示出的结果却差强人意，有很大的提升空间。

2013年，各大视频网站继续争夺网络剧市场。榜单中的11部作品共出自7家视频网站，其中出自土豆网的作品有3部（《亦丰魔幻》《爱啊哎呀我愿意》《地球人搞对象指南》），出自搜狐视频有2部（《乐俊凯》《钱多多炼爱记》），乐视网有2部作品（《女人帮妞儿第二季》《我叫郝聪明》），优酷网（《嘻哈四重奏》）、腾讯视频（《我为宫狂》）、糖豆网（《屌丝夫妻》）和播视网（《恶搞配音》）各占1部。其中土豆网和优酷网业已完成合并，所以优酷土豆公司共有4部作品进入榜单，占三分之一。虽然当下许多网站都在出品网络剧，但网络剧的"草根性"并不明显，鲜有黑马出现，仍只有实力雄厚的大网站可以产出制作精良、广受欢迎的剧目，资源集中的现象明显。

（二）满意度指标分析

**1. 网络关注度分析**

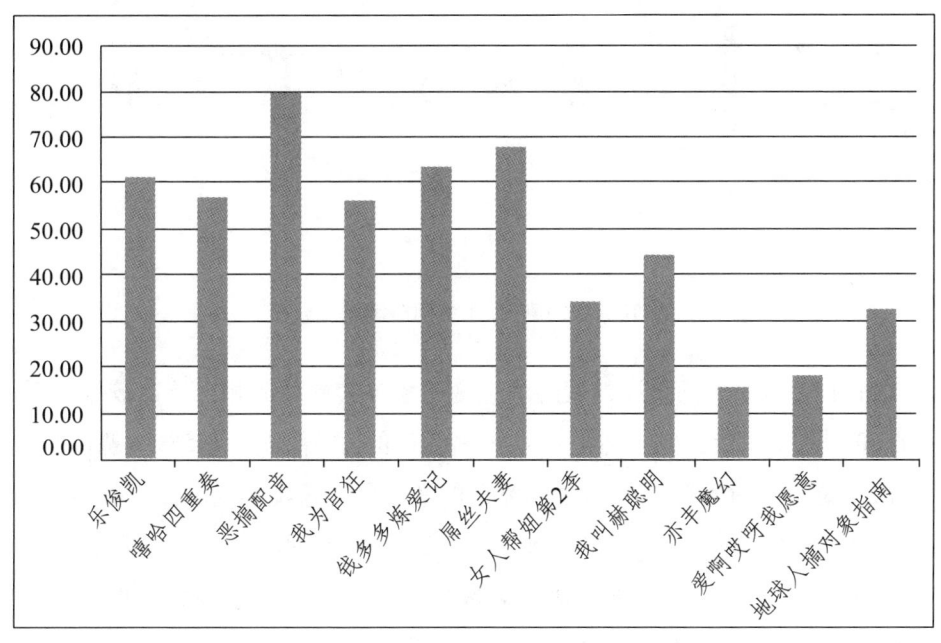

图11 网络剧前11名网络关注度分析

在关注度这一指标上,如图11所示,榜单上各个网络剧之间的差异巨大,最受关注的《恶搞配音》为79.78,而受关注度最低的《亦丰魔幻》仅有15.32,倒数第二的《爱啊哎呀我愿意》为17.9,其余的网络剧受关注量徘徊于30—70之间。其中在60—70之间表现良好的有《乐俊凯》《屌丝夫妻》和《钱多多炼爱记》;在50—60之间表现尚可的有《嘻哈四重奏》和《我为宫狂》;在40—50之间表现平平的有《我叫郝聪明》;在30—40之间令人堪忧的有《女人帮妞儿》和《地球人搞对象指南》。

**2. 网络满意度分析**

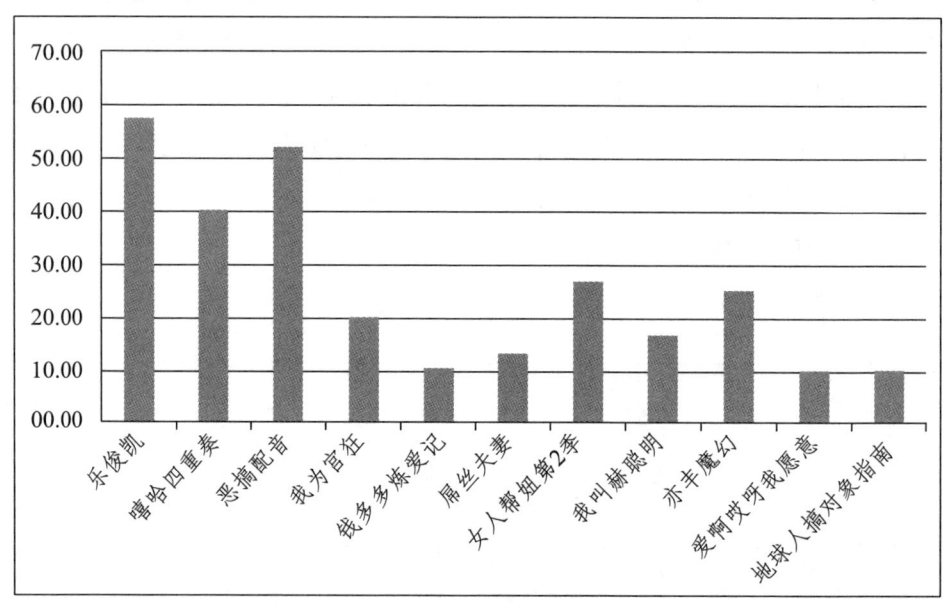

图12　网络剧前11名网络满意度分析

如图12所示,网络剧的网络满意度与榜单其他单元相比普遍较低,无一冲破60,且存在巨大的个体差异:排名靠前的《乐俊凯》为58,《恶搞配音》为52,《嘻哈四重奏》为40。排名靠后的《爱啊哎呀我愿意》《地球人搞对象指南》和《钱多多炼爱记》的满意度均为10。由此可见,国内网络剧的内容生产水平尚有待提高,而其制作思路和表现方式是否体现了平等、共享、集体行动的互联网精神也值得商榷。

### 3. 网络播放指数分析

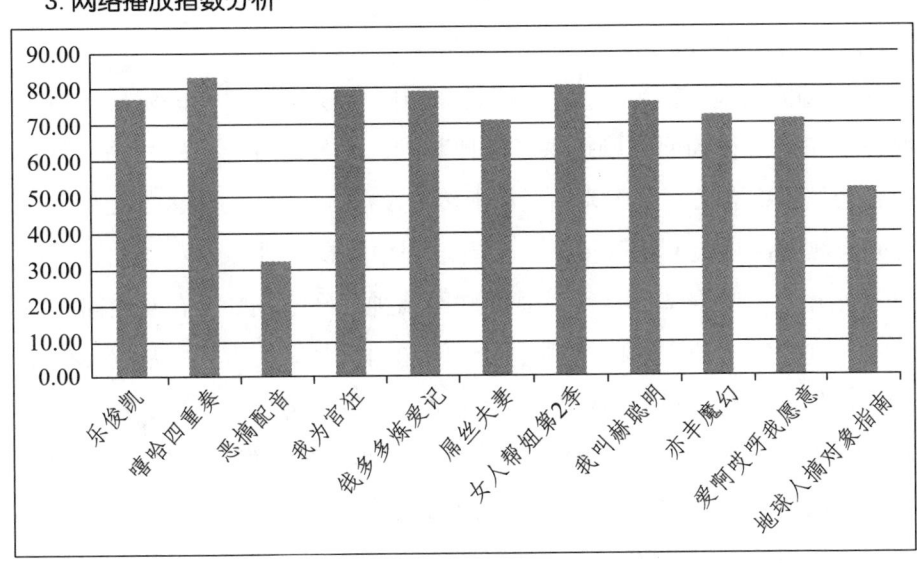

**图 13　网络剧前 11 名网络播放指数分析**

网络播放指数近似于电视剧的收视率，榜单前 11 名的差异并不大。从图 13 可以看出，除了播放指数偏低的《恶搞配音》和《地球人搞对象指南》以外，其他剧集的播放指数均在 70 分至 90 分之间，高于榜单中的其他单元。排在第一的《嘻哈四重奏》是优酷出品推出的第一部网络剧，于 2008 年 11 月上线，是中国第一个观看量达到一亿次的网络剧，具有固定而广泛的点播群体；《女人帮妞儿》第二季因全明星的制作班底和以 80 后女孩为目标受众的定位使其成为播放指数第二高。所以，尽管网络剧吸引的关注量和打造的满意度并不亮眼，但是其作为白领和学生族打发时间的工具，却得到了较高的收视度，赢得了点击量。

### （三）行业展望

网络剧是通过网络平台传输的、网络媒介与电视剧嫁接的产物，它是形似电视剧又比电视剧更贴近人们的现实生活的艺术形式，是网络与影视艺术相结合的新的艺术形式。网络剧的传播改变了人们的收视习惯，在内容获取、信息消费、影音娱乐等方式上都突破了传统媒体的框架体系。网络剧已经脱离早期恶搞剧、山寨剧的阶段，走向专业自制的阶段，它随着互联网的崛起而产生，在视频网站的兴起和竞争中发展。

网络剧的兴起有其独特的原因和助推力：首先，互联网的发展和便携的多媒体设备的流行为网络剧提供了硬件基础，尤其是智能手机和平板电脑既可以作为接收终端又可以作为拍摄和上传的设备，使得"每个人都是生活的导演"成为现实；其次，获取便捷、观看过程中可操作性强、互动性强等特征为网络剧奠定了受众基础，承袭着互联网精神的网络剧受众在观看剧集时乐于分享、"吐槽"，他们以网络剧作为休闲和消磨时间的方式。从榜单的统计来看，他们虽然对剧目的总体质量不太满意，但是仍会当好忠实观众，为点击量做贡献；再次，广告定制和植入式广告为网络剧的发展提供了经济基础，尽管诟病国内网络剧"广告"的痕迹太明显的声音一直存在，但这同样是网络剧获得早期积累比较有效的方式。

网络剧与传统电视剧相比，其特点在于：第一，即时互动、参与性强，网友可以在线讨论剧本创作也可以现场报名参演，实现了自我满足和自我提升，同时为业余编剧、导演和演员提供了机遇；第二，语言风趣幽默、夸张变形，制造笑点和接地气是网络剧崛起时的标签，进入网络剧综合满意度前11名的作品中，几乎全是喜剧作品（《乐俊凯》除外）。除了《乐俊凯》《我为宫狂》《亦丰魔幻》之外，其余8部作品都是立足都市白领等"草根"阶层的幽默故事，和战争片、宫斗剧、家庭伦理剧充斥的电视屏幕相较，更显亲民。

从行业整体来看，我国的网络剧发展势头迅猛，却有"叫座不叫好"之虞，网民满意度较低，更有学者提出"中国何时才能制作出如美国Netflix获9项艾美奖提名的《纸牌屋》？"之问。这自然需要在国内网络剧自制的"混战"现实中做出精品，进而促进行业的良性发展，得以与越来越多的海外优秀剧集竞争，这将是一条漫长的道路。网络剧首先应该做到的是行业自律。2014年1月20日，国家新闻出版广电总局印发《关于进一步完善网络剧、微电影等网络视听节目管理的补充通知》，旨在进一步完善管理，营造文明健康的网络环境，防止内容低俗、格调低下、渲染暴力色情的网络视听节目对社会产生不良影响。这一通知的发布，体现了国家对于网络剧等视听节目的重视，也许可以成为涤荡掉三俗剧、山寨剧等不良剧集的契机，净化网络剧市场，使其走上健康、有序的发展道路。

## 五、微电影榜单分析

### （一）榜单综述

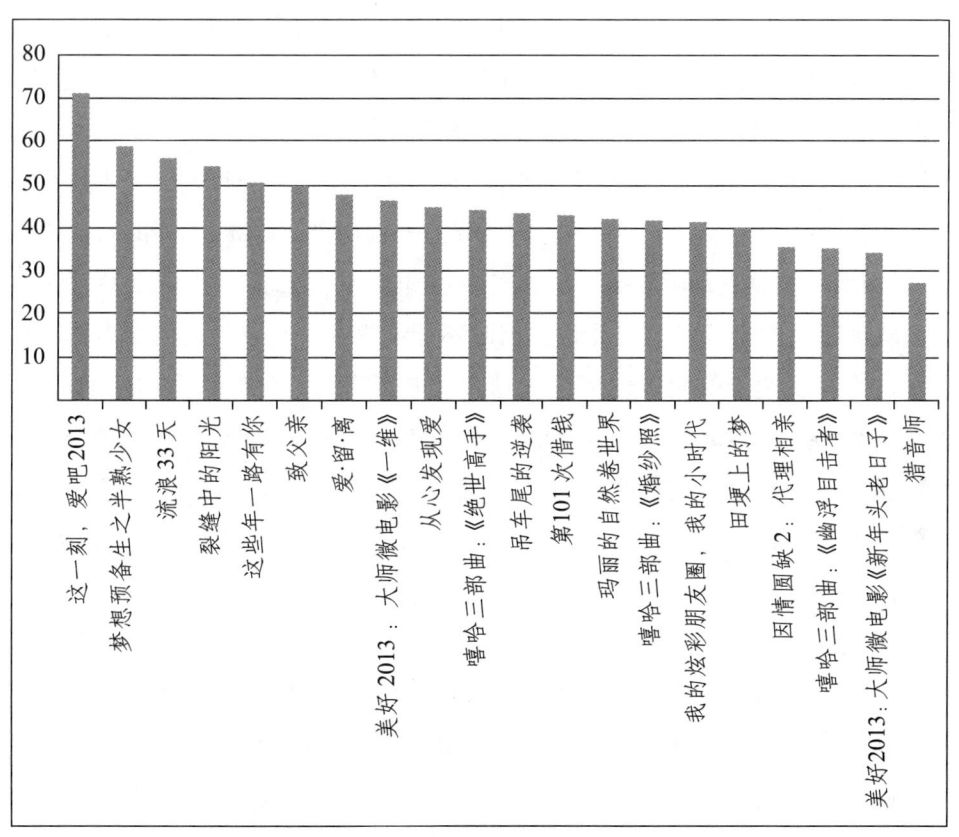

**图 14　微电影综合满意度前 20 名**

进入微电影评比环节的作品共有 226 部，数量较大。榜单列出了前 20 名的综合满意度，每部作品得分间差异较大。从图 14 可以看出，综合满意度最高的《这一刻，爱吧！2013》达到 70.86，高于原创节目、网络剧和动画片的最高分；

但综合满意度最低的《猎音师》为27.31，在榜单所有单元里给出综合满意度的作品中排名倒数第二。可见数量庞大的微电影制作质量之良莠不齐。但总体看来，其网民关注度、满意度和播放指数都较高，具有较好的发展态势和前景。

进入榜单前20名的作品题材丰富，亮点比较多，其间出现的问题也为微电影的制作和推广提供了借鉴意义。如吕乐的《一维》就是专业制作团队的微电影作品，其制作手段和剧本选择无可挑剔，艺术形式尤为令人称道，可以成为一种独特的微电影主题。《一维》的成功在微电影产业上留下的疑问就是非专业团队的微电影作品相对于专业团队的作品其优势在何方，究竟该如何发挥这种优势？问题的答案不存在于理论上，只存在于微电影人的探索中。另一方面，微电影作为一种低审查门槛的艺术形式，为先锋性、艺术性作品的传播提供了渠道资源，这也是微电影的一大作用。又如《玛丽的自然卷世界》，画面风格兼具动画与电影，类型接近国际电影节短片的性质，由于故事较短缺乏延长的必要性与可能性，因此不能称之为严格意义上的微电影，但此类技术与表达上的尝试仍值得鼓励。微电影作为一种低门槛的艺术形态，欢迎各类作品的尝试。作为从草根人群兴起的微电影，需要草根的精神，但不排斥专业的制作。还有明星加盟的《致父亲》，父亲节前"正能量"的弘扬未能逃离父子情深类作品的既有框架。亲情类尤其是父子类的题材极具张力，但在目前的常规叙事框架中找到新的突破口仍属不易。

从制作主体来看，腾讯视频一家独大，占据了其中的9席（《这一刻，爱吧！2013》《梦想预备生之半熟少女》《流浪33天》《裂缝中的阳光》《这些年一路有你》《从心发现爱》《我的炫彩朋友圈，我的小时代》《田埂上的梦》《因情圆缺2：代理相亲》），接近一半。优酷网占了5席，最早从事互联网短片创作的卢正雨2013年在优酷推出的"嘻哈三部曲"之《绝世高手》《幽浮目击者》和《婚纱照》皆榜上有名，"美好2013大师微电影"中吕乐的《一维》和吴念真的《新年头老日子》也得以跻身前20。中央广播有限公司的《致父亲》和《吊车尾的逆袭》分列综合满意度第6名和第11名。迅雷看看提供的两部作品为《爱·留·离》和《玛丽的自然卷世界》。土豆网和播视网分别分得一席，上榜作品是《第 101 次借钱》和《猎音师》。总体来说，微电影作品的基数虽大，但优秀微电影的来源较为集中，产业内的资源分布不平衡。

（二）满意度指标分析

**1. 网络关注度分析**

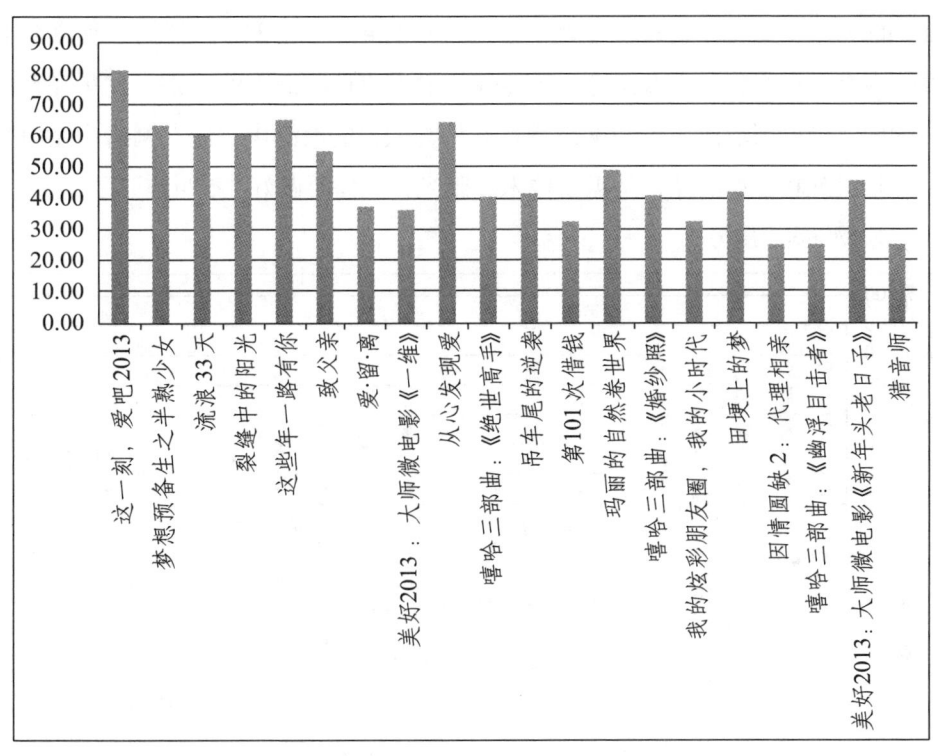

图 15　微电影前 20 名网络关注度分析

从图 15 可以看出，网民关注度区间为 20—90，差距较大。关注度超过 50 的作品有 7 部，占总量的 35%；低于 30 作品有 3 部，占总量的 15%；其余的 50% 在 30—50 之间浮动。享有最高 81.05 网民关注度的《这一刻，爱吧！2013》集结了柯震东、陈柏霖和付辛博等青春偶像，排名第二的《这些年一路有你》讲述的是父子情与骑行的故事，排名第三的《从心发现爱》则是借助林依晨和陈柏霖在台剧《我可能不会爱你》的人气制作的新加坡旅游推广短片。这三部作品均来自腾讯视频。决定微电影受关注度的首要因素是明星效应，因为微电影的受众年轻化，所以青春偶像最具号召力；其次是题材是否有足够的话题性、剧情是否有不可预测的反转性。当然，也不排除母体网站的宣传策略和力度所造成的影响。

由电影节的成功导演吴念真和吕乐执导的微电影《新年头老日子》和《一维》的网民关注度分别收获了处于平均水平的 45.47 和 36.1。任何一种媒介形式，内容总有高雅与大众之分，而主题也总有直白与隐晦的区别。在年轻人主导的网络微电影浪潮中，在网络盛行解构与颠覆的浪潮中，能在网络作品中坚持一种深沉和一种内涵，是需要技术和眼光，也需要做好"不叫座"的准备。

2. 网络满意度分析

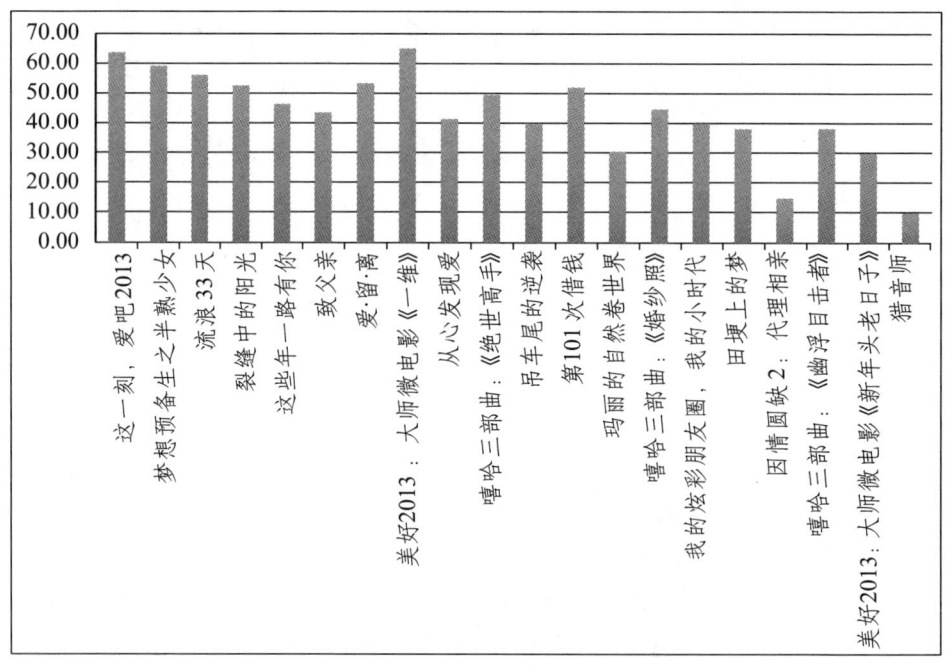

图 16  微电影前 20 名网络满意度分析

通过分析图 16 可知，微电影综合满意度前 20 名的网民满意度从 10—65，超过 50 的作品共有 7 部，低于 30 的作品有 2 部，其余 11 部均在 30—50 之间徘徊。虽然最低值和最高值都偏低，但是总体表现不俗，均值超过原创节目、网络剧和动画片，仅次于原创栏目单元。

没能赢得最高关注度和收视度的《一维》在满意度中夺取了最高分，表明广大受众认可将微电影作为"严肃艺术"的尝试。关注度和收视度为第一名和第二名的《这一刻，爱吧！2013》在满意度中位列第二名，除了明星效应外，也有其探讨成长和爱情的主题和清新风格的原因。第三名《梦想预备生之半熟少女》报送为微电影，但实际时长为105分钟，不是严格意义上的微电影。观众的欣赏水平也在随着微电影的制作水平增长，不再局限于早期的恶搞、山寨、爆笑，开始关注影像风格、主题意义和叙事手法。

3. 网络播放指数分析

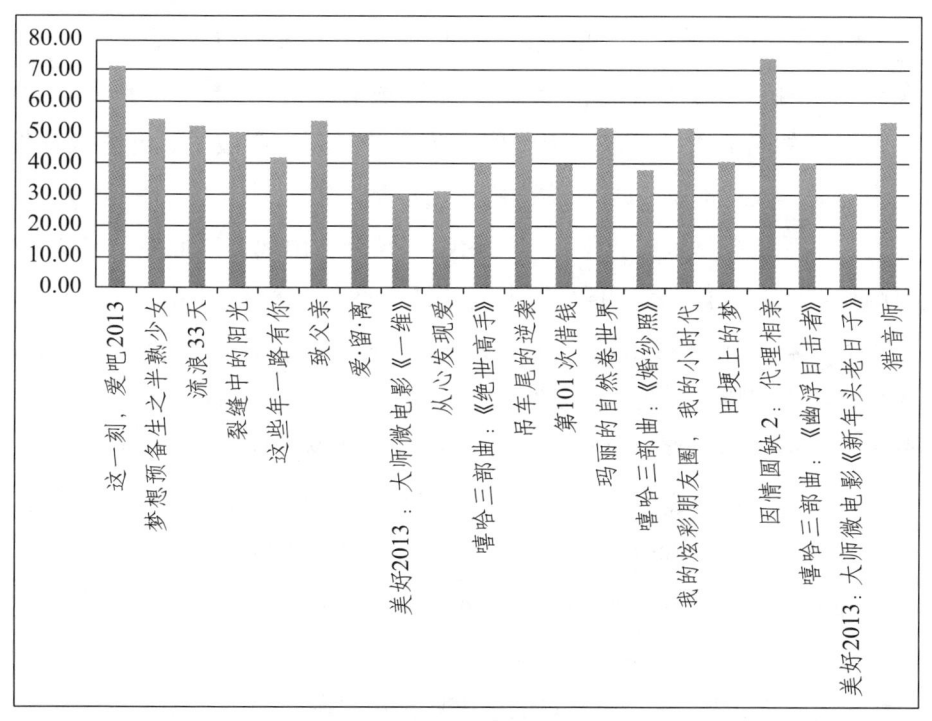

图 17　微电影综合满意度前 20 名播放指数

从图 17 可以看出，微电影综合满意度前 20 名之中，只有 2 部作品的播放指数即网络收视度超过 70，占 10%，均值也处于五个单元中的最低值。究其原因，首先是微电影时长短、单片发行，也就没有类似网络剧或原创栏目的观众黏性；其次是网络上的微电影数量众多，造成了受众群体的分流。播放指数低并不意味着微电影不受欢迎或不具发展潜力。

播放指数与受关注度和满意度没有呈现出必然的正相关关系，在关注度和满意度中均表现平平的《因情圆缺2：代理相亲》拔得头筹，得到74.16的分数，这部作品来自腾讯视频，主演为王丽坤、李晨和曹炳坤三位影视明星，时长23分钟，剧情具有相当的悬疑性；《这一刻，爱吧！2013》在播放指数中和关注度、满意度共同位列第二；《梦想预备生之半熟少女》以54.39的网络收视度排名第三。

（三）行业展望

"微电影"的概念脱胎于欧洲的"短片"（short film），在我国于2011年被提出。短短两三年时间内，微电影在网络视频平台竞争的推动下热度一升再升，吸引了知名的影视导演、大腕明星加入其行列，突破了微电影微时长、微制作周期、微投资规模的"三微"特点。但是，微电影作为一种新的艺术传播形式，不受条条框框的束缚，可以用镜头较为自由地表达世界，可以在平板电脑和手机上观看的移动传播特征也受到了网民的喜爱。

2010年年末，在微电影的概念还未普及时，一部《老男孩》就让业界和学界惊呼此类短片会成为"电影产业的新动力"，它大大降低了传统"大电影"的准入和制作门槛，有着深深的草根情怀。《老男孩》上线一周后点击量突破了500万，成为社交媒体上的讨论热点。此后，"短片"即微电影的创作数量呈现爆炸性增长。与网络剧相似，微电影的发展也历经了恶搞、山寨、专业制作与草根并存的阶段，逐渐成为一种具有固定收视群体的网络视频类目。2011年5月，网易发起并在北京举办了我国第一个微电影节，似乎宣告微电影"登堂入室"成为一种广受认可的艺术形式和产业。

进入2014年，微电影行业的前景仍是市场广阔、竞争激烈，呈现出蓄势待发的劲头。纵观目前国内微电影的发展格局，有两大制作发行的方式，一类是以做网站起家的视频网站，他们以得天独厚的网络技术实力和已形成的网民规模为大量原创微电影提供平台，同时随着微电影的发展，这些企业逐渐意识到其潜在的经济价值和品牌市场，逐渐投入资金拍摄制作微电影，进入榜单前20名的腾讯视频、搜狐视频和优酷土豆都是这一类网站；第二类则是资金雄厚的产业资本公司，受到网络经济的诱惑也投入其中，如盛大集团旗下的华影盛世于2011推出了"你来写，我来演，他来拍"的新型交互性微电影的制作模式，紧扣微电影的本质特点，发挥互联网精神，是对传统电影制作彻底的颠覆和挑战。虽然第二类公司产出的作品尚未进入榜单，但是他们进行的尝试和投入能获得怎样的成绩仍值得期待。

若想使"三微"的微电影独立健康发展，除了和大电影一起迈进大片时代以外，还有第二或第三条道路——拓展用户体验型和多维交互性的微电影。在微电影被嘲笑为"长版广告"时，有人认为微电影要获得经济上的利益，必然要回归"大电影"的艺术制作模式、寻求网络终端之外的播放平台，然而研究者认为这种观点过于局狭，甚至是一厢情愿。在互联网日平均点击率过亿的语境下，微电影恰恰弥补了传统电影的不足，投资小，制作周期短，能够很好地与大众进行实时互动，这都为开创新型的电影模式开辟着前所未有的道路。微电影发展始于普通大众的自娱自乐，其草根性是无法与其割裂开的，这里的草根性具体表现为微电影题材的现实社会性、通俗性和低成本性，这些涵盖了国内微电影的内涵，失掉草根性，就意味着失去广大的观众的支持。所以，要发展微电影市场，必然要根据微电影的本质特点，研究适合其自身发展的新型电影模式。强化用户体验的植入不失为策略之一。加强用户体验是企业树立品牌形象，提高产品品质，扩大受众群，留住老用户的商业策略之一。微电影自身短小的特点，无法像传统电影大片那样通过大量的排山倒海的市场推广宣传，准备较长时间制定档期，申请审批，最终再放映。微电影则更具备互联网产品的特点，以电影自身为卖点，通过吸引流量开发其周边产品的模式，实现其经济价值的转换。人与影片的多维互动则是受到了网络游戏多结构、非限制性模式的启发。虚拟现实的交互的网络游戏的关卡设计是非限制性的，给玩家许多自主空间，玩家可以在游戏中得到角色扮演的体验，根据不同玩家的个性特征会产生不同的结局，从而形成游戏多结构的特点，这也是游戏吸引玩家所在。微电影短小，在制作中易于调整，根据观众的意愿设计不同的故事情节发展是能够实现的,通过鼓励观众的加入,提高交互性,从而实现观众的黏性。

## 六、动画片榜单分析

### (一)榜单综述

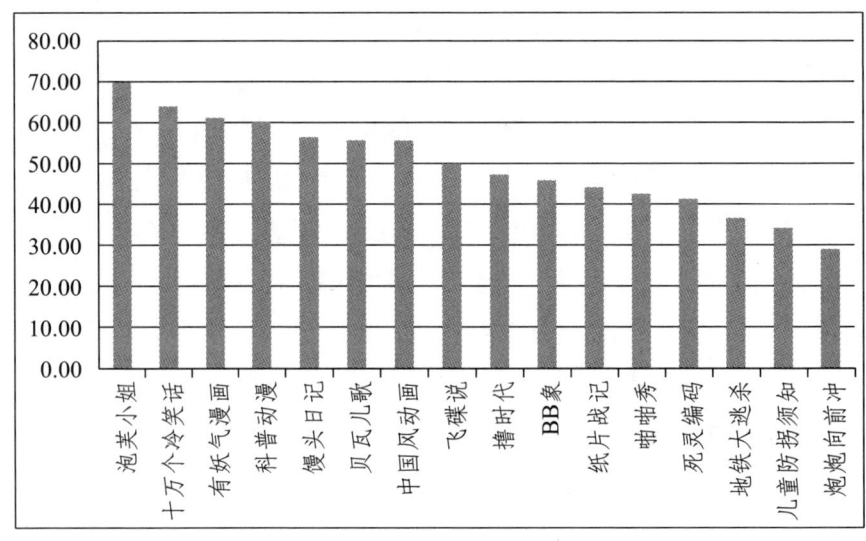

图18 动画片综合满意度前16名

通过图18观察,动画片榜单中的16部作品综合满意度相差不大,主要集中在30—70之间。综合满意度超过60的作品有3部,包括《泡芙小姐》《十万个冷笑话》和《有妖气漫画》。低于40的作品有3部,包括《地铁大逃杀》《儿童防拐须知》和《炮炮向前冲》。其余的10部动画片作品的综合满意度则集中在40—60之间。从综合满意度来看,动画片总体来说高于微电影、网络剧和网络节目,但低于网络栏目,体现了动画片在互联网行业内关注度、满意度及播放指数都相对较高,总体发展趋势较好。

动画片榜单中的16部作品共来自7家视频网站,比较集中。其中来自上海众源网络有限公司(以下简称PPS)的作品(《炮炮向前冲》《死灵编码》《中国风动画》《有妖气漫画》《馒头日记》)和土豆网的作品(《十万个冷笑话》《飞碟说》《撸时代》《啪啪秀》《地铁大逃杀》）最多，分别都是 5 部。优酷网有 2 部（《泡芙小姐》《BB 象》），爱奇艺（《贝瓦儿歌》）、56 网（《纸片战记》）、中传视友（《儿童防拐须知》）、科普网视（《科普动漫》）各 1 部。而优酷和土豆，爱奇艺和 PPS 都已经分别完成了合并，虽然仍以两个平台播放，但是却是一家公司。目前视频网站行业内存在的网站数量较多，但榜单中的作品来源比较集中。这表明，目前在网络动画片制作和播放领域各视频网站的所掌握的资源和能力都较不平衡、差距较大。

综合满意度榜单中的前三名《泡芙小姐》《十万个冷笑话》和《有妖气漫画》都是已经上线多年、制作几季的动画作品，在制作内容、制作水平及运营模式方面都比较成熟。

（二）满意度指标分析

**1. 网络关注度分析**

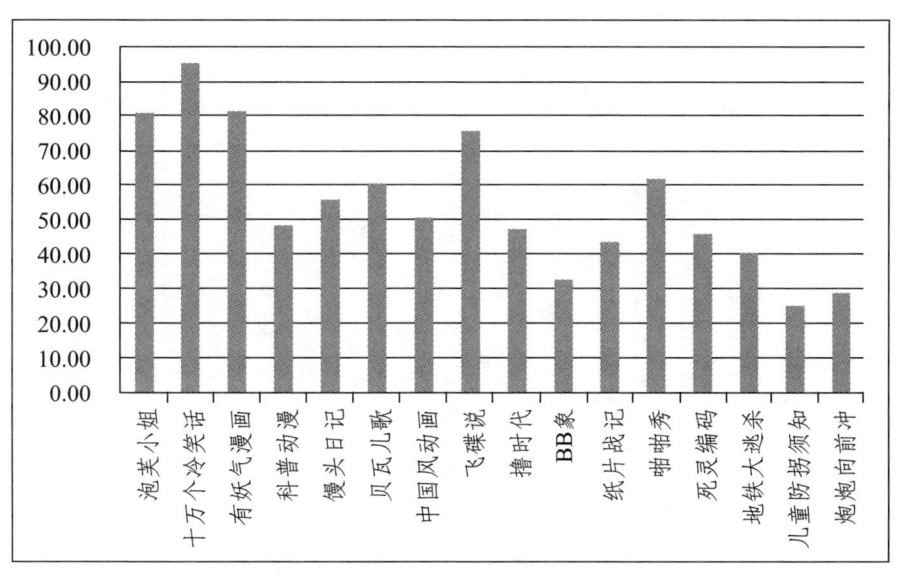

图 19　动画片前 16 名网络关注度分析

从关注量指标分析，榜单上的 16 部动画片之间差距较大，关注度最高的《十万个冷笑话》达到 95.3，而关注度最低的《儿童防拐须知》仅有 25.14。根据关注量可将榜单上的动画片共分为4个梯队,第一梯度是关注度超过80,除了《十万个冷笑话》之外,还有《泡芙小姐》和《有妖气漫画》。第二梯队即关注度在60—80之间,包括《飞碟说》和《啪啪秀》。第三梯队是关注度在40—60之间,榜单上的动画片大部分都集中在这一梯队,共有7部,包括《科普动漫》《馒头日记》《贝瓦儿歌》《中国风动画》《撸时代》《纸片战记》和《死灵编码》。第四梯队即关注度低于40,共有4部,包括《BB象》《地铁大逃杀》《炮炮向前冲》和《儿童防拐须知》。

通过关注度比较,《十万个冷笑话》《泡芙小姐》及《有妖气漫画》等诞生于2011年、2012年的动画片经过几年的发展在关注度方面仍然遥遥领先。而《飞碟说》和《啪啪秀》虽然都是在2013年才上线的新节目但也都享有较高的关注度。此外,榜单中关注度超过40的动画片共有11部,总体关注度水平超过网络剧、微电影和网络节目,但是不如网络栏目。

### 2.网民满意度分析

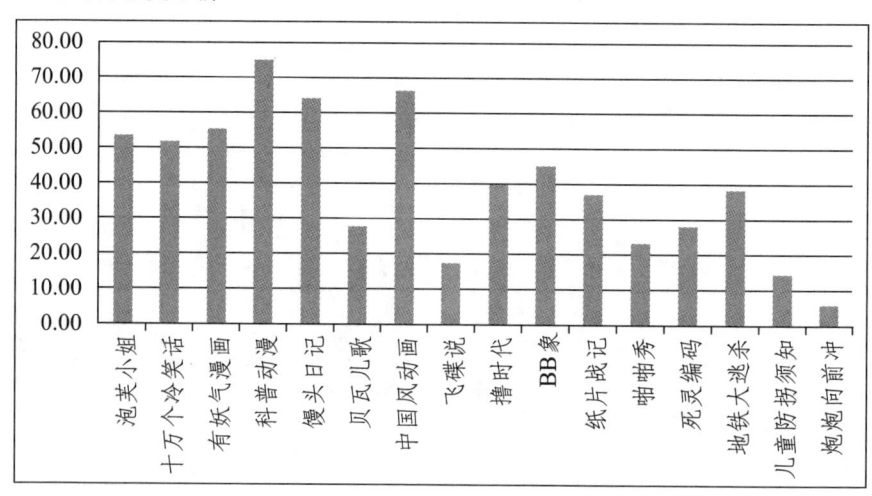

**图20 动画片前16名网络满意度分析**

从网络满意度分析,榜单上的16个动画片之间差距也较大,满意度最高的《科普动漫》达到75,而满意度最低的《炮炮向前冲》却仅有6。满意度超过60的共有3部,包括《科普动漫》《馒头日记》《中国风动画》。满意度在

40—60 之间的有 5 部，包括《泡芙小姐》《十万个冷笑话》《有妖气漫画》《撸时代》和《BB 象》。满意度在 20—40 之间包括《贝瓦儿歌》《纸片战记》《啪啪秀》《死灵编码》和《地铁大逃杀》5 部。满意度低于 20 的共有 3 部，包括《飞碟说》《儿童防拐须知》和《炮炮向前冲》。综合满意度前 16 名榜单上的动画片满意度差距非常明显，说明目前网络动画片市场上作品在制作内容、制作水平等多方面都良莠不齐，导致满意度差距较大。

但关注度前三名的《十万个冷笑话》《泡芙小姐》《有妖气漫画》及播放指数前三名的《贝瓦儿歌》《泡芙小姐》和《飞碟说》的网民满意度却并没有名列前茅。这可能由于这些动画片虽然以其轻松、幽默等特点获得了较高的关注度和播放指数，但在内涵等方面没有得到网民的广泛认可。而网民满意度最高的三部作品《科普动漫》《馒头日记》和《中国风动画》在内容和形式等方面却各有特点：《科普动漫》以动漫形式介绍科普知识，兼具趣味性和知识性；《馒头日记》是一部温馨风格的少年漫画，情节真挚动人；《中国风动画》采用中国水墨画画风，极其富含中国传统文化韵味。这些特点与亮点使得这几部作品享有较高的网民满意度。

### 3.网络播放指数分析

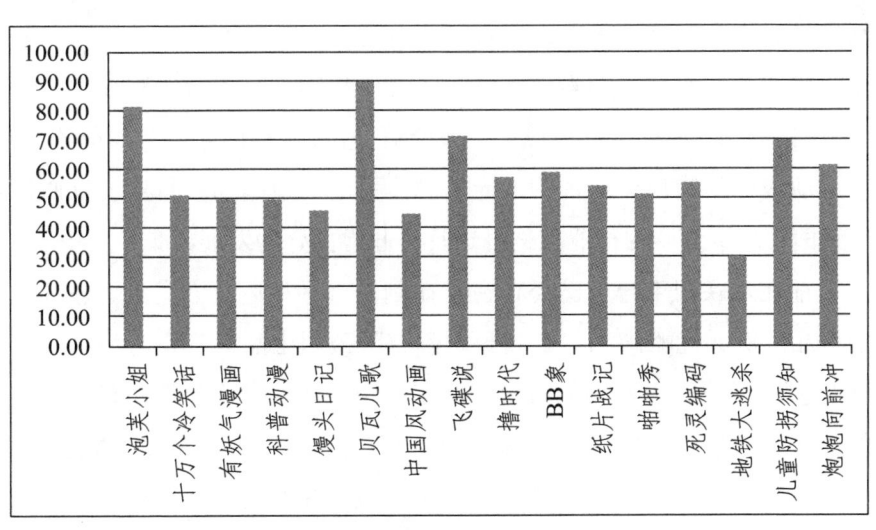

图 21 动画片前 16 名网络播放指数分析

通过播放指数表分析，互联网动画片播放指数较高且较为集中差异不大，除了《贝瓦儿歌》和《泡芙小姐》分别高达90.02和81.7之外，播放指数集中在40—70之间或刚刚超过70，共包括13部作品。而播放指数低于40的只有《地铁大逃杀》一部作品。相比较于微电影、网络剧、网络栏目和网络节目等视频网站上的其他作品形式，动画片播放指数相对较高，这说明了动画片在互联网平台上受到较多受众关注，发展具有较为广阔的市场，目前发展态势良好。通过上表观察，不同的动画作品播放指数比较集中、差异不大，这说明虽然这些动画作品具有不同的形式与内容，但都享有一定范围中的受众，具有比较强的发展前景与潜力。也表明目前互联网动画片受众范围和层次都比较广泛。

（三）行业展望

近年来，随着国家扶持文化创意产业政策的不断出台与原创动漫产业链的不断成熟，我国的动漫产业保持着较为快速的发展态势。与此同时，随着互联网、平板电脑、智能手机等新媒体的发展，更使中国原创动画展现出旺盛的生命力，并开启了崭新的发展方向。首先，新媒体平台为动画作品提供了一个全新的播放载体，传播速度快、更新快、易于分享，这极大地拓宽了动画作品的收视渠道。其次，互联网平台将动画作品的受众不再仅仅局限于青少年和儿童，而是将大学生、白领等群体都纳入，扩大了观众的年龄层和职业范围。再次，互联网平台给予了动画创意人才和作品展示和交流的平台，这使得动漫作品的创作更加的多元。总体来看，中国动漫行业、互联网这两个受到国家政策支持的行业相结合，具有非常良好的发展前景。

目前在互联网平台上已经存在了在制作水平和运营方式上都较为成熟的动画作品。例如优酷网和北京互象动画有限公司出品的都市时尚情感动画系列剧《泡芙小姐》，以新颖的方式塑造了一个聪明、时尚、偶尔喜爱叛逆和冒险的双子座浪漫都市的女生形象。这部反映了当下都市人关于情感、心灵、工作、生活、朋友等多个维度的生活状态的动画作品，具有较好的收视率和口碑。出品《十万个冷笑话》和《有妖气漫画》的"有妖气"原创漫画梦工厂也具有非常成熟的运作模式。它是目前国内最专注的扶持中国原创漫画的互联网平台，也是中国唯一且最大的纯原创漫画网站。它结合新媒体的特质，将"吐槽"的"互动性"发挥到极致。读者可以在当前漫画上做实时评论，甚至对同一时段的评论做再度评论，原本单向的漫画阅读变成网民自发性内容的再创造。它所出品的作品都受到网民的广泛欢迎。

从行业整体来看，网络动画片发展态势总体很好，在关注量、满意度及播放指数等方面相比较微电影、网络剧等其他形式都有较高的数值。此外，动画作品的制作数量也极大提高，制作内容逐渐扩大、制作水平也有所提高。但相比较于动画片行业发展水平较高的美国、日本，我国的网络动画行业在动画内容、质量等方面存在较大差距，亟待提升。在内容方面，我国动画片内容同质化现象较为严重、原创内容较少；在技术方面，则存在着交互性差、技术还较为落后的问题，这些问题在一定程度上制约了网络动画行业的长远发展。目前各视频网站制作动画水平和资源分布较为不均匀，在原创人才和创意方面也比较欠缺。

互联网动画行业的发展还是面临着巨大的挑战：在互联网时代，受众的观影需求更加多远，品位也日益增高，这要求我国网络动画片必须加强发展以满足受众的需求，这对于正在建立行业体系的中国动漫业是较为艰巨的任务。同时，美国、日本等已经具有完整成熟的动画产业的国家在互联网时代传播广度和效果都会更好，对中国市场所带来的冲击也会更加猛烈。如何提升自身实力、应对激烈竞争对于中国网络动漫行业发展是个重要的问题，其发展道路还很长。

（2014 年 6 月《新闻爱好者》）

# 视听作品评估的新思路探究

陆地　靳戈[①]

**摘要**：视听作品作为一种包含多重价值的文化形态，其评估体系完善与否关系到视听作品的质量和视听产业生态的发展。本文通过分析目前主流的视听作品评估模式和新的传播生态，提出基于互联网信息检索技术、以满意度为核心的视听作品评估体系雏形，并作该体系的实践成果介绍了和未来发展展望。

**关键词**：视听作品　评估　信息检索技术　满意度

## 一、视听作品评估的必要性

广义的视听作品是指同时以视听和听觉作为感知载体的一切艺术形式。在现实条件下，狭义的视听作品主要包括电视作品（栏目、节目、电视剧、纪录片等）、电影作品、网络视频作品。视听作品作为一种文化形态，承载着历史传承的责任、社会沟通的作用和丰富精神世界的使命。一般认为，进入商业社会以来，产业化是某一文化形态广泛传播和吸纳新元素的重要途径。视听产业的发展在全世界都已蔚然成风。美国作为视听产业大国，以三大电视网为代表的电视产业、以好莱坞为代表的电影产业和以 Netflix、Hulu 为代表网络视频产业均已羽翼丰满。中国的电视行业和电影行业经过了意识形态部门和市场经济部门之间的角色博弈，也在产业化的道路上起步并追赶领先者。

---

① 陆地系北京大学新闻与传播学院教授、博士生导师，北京大学视听传播研究中心主任，靳戈系北京大学职员。

没有科学的评估,就很难有合理的制作与生产,健全的产业链更是无从谈起。无论是实体产品生产还是虚拟产品制作,生产与销售的评估对于改进产品技术标准与市场策略十分必要。可以说,市场上出现了劣质产品,首先要被问责的就是质检部门。在生活中常常听到"以评估促进创建",就是说通过科学的评估可以对被评估对象的价值有一个准确定位和市场反馈,既有利于树立榜样、确定标准、彰显价值,而且对于产业生态也大有裨益。

视听产业很早就开始关注评估环节。美国是最早开展收视率调查的国家,1947 年胡伯公司(Hooper)开始在纽约进行电视收视率调查。[1] 票房和影评也一直是电影评估的主要指标和参考。90 年代之后,收视率调查在中国广播电视市场大幅度铺开,收视率数据成了广电集团决策层的案头必备文件。中国本土传媒机构也日渐重视自我研发评估方法,如中央电视台研发的以"四项标准,一把尺子"为特征的综合性评估体系。还有一些国际传媒机构已经尝试在评估体系中纳入新媒体传播的要素,如英国广播公司 2004 年提出的以"公共价值"为主旨的信评估体系,专门将"新平台到达情况"作为一个评估指标。[2]

## 二、视听作品评估的几种模式

视听作品包含了多重价值。作为一种文化商品,视听作品具有明显的经济属性,促进文化产业大发展大繁荣已经成为中央会议的主题。[3] 作为一种建构意识形态的工具,视听作品的宣传价值同样不容忽视。作为一种数量规模占主导地位的文化载体,视听作品连接着市井与精英,承接着历史与未来,文化价值不可低估。此外,视听作品还至少具有娱乐价值和信息价值。

对电视的评估,在 2011 年之前主要由两种常见的方法:基于收视调查的收视率评估(如央视-索福瑞公司的收视调查)和基于指标加权的综合评价体系(如中央电视台以"四项标准,一把尺子"为特征的综合性评估体系)。收

---

[1] 谷征、徐展:国外收视率调查业的发展历程及其特征解读,《中国广播电视学刊》,2011.11。
[2] 刘燕南:关于电视评估中纳入新媒体指标的思考,《中国广播电视学刊》,2013.5。
[3] 中共中央第十七届六中全会公报:《中共中央关于深化文化体制改革、推动社会主义文化大发展大繁荣若干重大问题的决定》。

视率在国内有近二十年的实践,为国内广电业发展提供重要参考的同时,其弊端亦逐渐显现,比如收视率评估体系的价值缺陷,重市场经营轻文化传承,不能满足建立文化强国的要求;收视率收视评估体系存在操作缺陷,用样本的"小数据"代替全局的"大数据",不能反映真实的市场情况;收视率评估体系还存在系统缺陷,样本户仅限于电视观众,不能反映电视节目的网络传播情况。[①] 尽管收视率评估体系存在以上不足,调查和评估有失片面,但目前收视率仍是实践中比较可靠的评估方法。基于指标加权的综合评价体系以中央电视台的综合性评估体系为代表,以引导力、影响力、传播力和专业性为以及评估指标,其中引导力和影响力的评估来自专家调查和观众调查结果,传播力来自收视率调查的数据,专业性的判断主要依靠专家调查。不难看出,这套综合评估体系试图将收视率调查的定量研究与专家、观众访谈的定性研究相结合。但由于央视的节目量十分庞大(每年须评估的作品常常装满上百张光盘),而专家的数量十分有限,评审专家难免有心有余而力不足之感。同时,尽管央视在设计新体系时也曾考虑加入新媒体指标,但在央视公布的最终方案中新媒体指标依然缺席。[②]

电影作品的评估不如电视作品那般复杂。电视产业以"二次销售"作为主要的商业模式,即电视台购买节目免费(或收取低廉的费用)提供给观众,观众将注意力出让给电视台换取高质量电视作品,电视台以观众的注意力与广告主和广告购买机构实现经济交换。而电影产业则简单得多,电影产业以版权出让作为主要的商业模式,辅以衍生品开发和部分的贴片广告收入。另一方面,电视的艺术性相较于电影而言要弱一些,在文艺评论中电影评论是一门专业的学问。电影评论常被用于电影价值(主要是文化价值)的评估。因此,对电影的评估主要是对其版权价值、投资收益率和文化价值的考察。由于版权保护的限制,目前网络观影仍未形成风气。但网络影评却已经蔚然成

---

① 陆地、靳戈:大数据对电视产业意味着什么,《视听界》,2013.4。
② 中共中央第十七届六中全会公报:《中共中央关于深化文化体制改革、推动社会主义文化大发展大繁荣若干重大问题的决定》。

风。电影作品的评估中也应考虑加入新媒体的评估指标。

网络视频无论在中国还是其他国家,发展历史都不长。距离世界第一家视频网站 YouTube 和中国第一家视频网站土豆网的诞生至今刚满十年。对于网络视频的评估,目前主要参考传统的电视评估手段和电影评估方法,如参考收视率的点击量评估,参考电影版权价值评估网络视频的版权价值,参考投资收益率的广告主吸引力评估等。也有一些第三方的机构尝试通过专家评议的方法评估网络视频,但这种方法较为简单,维度不足,广度不够,且网络视频"观看者即制作者"的模式本身就与专家打分方式的气场格格不入。目前网络视频的评估方法不成体系、不成气候,尚待进一步的调整与完善。

### 三、视听作品评估面临的传媒新生态

评估体系要发挥应有的作用,离不开对传媒生态变化的研究与探索。因此,提出一套新的评估方案,需要对目前的传媒生态的现实做一番考察与分析。

(一)现实一:视听作品的跨媒介传播已然成风

2008 年国家广电行政机关的一纸规定要求"申请互联网视听节目服务的单位必须为国有独资或国有控股",不但将一些商业资本关在网络视频行业的大门之外,也变相地"倒逼"传统电视台开办网络电视台,进军网络视频领域。网络电视台的出现,使版权栏目突破了电视的"大屏",进入电脑的"小屏"。之后网络视频领域一批依靠资本力量兴起的网站,如搜狐视频、爱奇艺、腾讯视频等,纷纷大费血本购买电视剧、电影和电视栏目的版权。可以说,网络视频发展历程上的这两次事件推动了电视作品的在网络平台上的播出。

2011 年,移动互联网的出现使视听作品的播出媒介从电视的"大屏"和电脑的"小屏"拓展到移动终端(如移动电话、小尺寸平板电脑等)的"微屏"。据统计,2013 年第四季度,优酷、土豆移动端日均浏览量已经达到 3.7 亿,相比年初的数据增长了 270%,已经超过了 PC 端。[①] 爱奇艺的移动客户

---

① 邝新华:多屏战略与小屏时代,《新周刊》,2014 年 4 月 1 日。

端也贡献了超过 50% 的流量和 10% 的营收。① 同时，随着网络视频自制能力的增强，以及小米盒子、乐视盒子以及一批互联网智能电视的出现，网络视频开始反哺传统电视市场，从移动终端向电视节目的大本营——客厅——进军。视听作品横跨电视、电脑、手机、平板电脑的跨媒介传播生态已然形成。

（二）现实二：**网络观众的数量规模日渐崛起**

网络视频的市场规模在 2005 年从零起步，到 2013 年实现 128 亿的战果，其发展速度不可谓不惊人。② 网民再也不是一个小群体概念。2013 年的《中国互联网发展报告》显示，中国网民数量约为五亿，其中 80% 是网络视频用户。尽管其数量规模尚不足以完胜电视观众，但值得注意的是网络视频用户的年龄段大部分在 40 岁以下——这意味着未来二十年网络视频用户将覆盖大部分 60 岁以下人群，其增长力相当可观。另一方面，转型社会流动人口的大规模增加也使电视市场日益萎缩，网络市场日渐繁荣。在校大学生、军营里的士兵和其他流动人口均是网络收视的常客。中央电视台军事频道的《防务新观察》的收视数据在全台并不显著，但其网络点击量一度排入全台前五。经常播放军事类节目的北京电视台青年频道在收视调查和网络点击量统计上也出现了这种差异。③

（三）现实三：**互联网正成为一个海量的数据库**

网络时代的"先知"尼葛洛庞帝早在二十多年前就在《数字化生存》一书中预言：未来的世界将是比特（bit）的世界。比特的世界，即数据的世界。随着互联网渗入到人们生活的每个角落，互联网的数据量也在急剧膨胀。百度每天收到的检索请求达 50 亿次，每天有 86.4 万小时的视频被上传至 YouTube，有 1.87 亿小时的音乐在网络音乐电台"潘多拉"上播放……除此之外，更为庞大的是用户行为数据。通过 Cookies 分析和网页插码采集到的用户数据每分每秒都在增长，这些结构化和半结构化的数据经过处理就可以准确

---

① 中共中央第十七届六中全会公报：《中共中央关于深化文化体制改革、推动社会主义文化大发展大繁荣若干重大问题的决定》。

② 2013 年中国在线视频市场规模达 128.1 亿元，iresearch.com.cn/View/224597.html。

③ 谷征、徐展：国外收视率调查业的发展历程及其特征解读，《中国广播电视学刊》，2011.11。

描述网民的行为，如购物爱好、浏览爱好等。生活中最典型的案例就是电子商务网站的推荐系统和门户网站的推荐广告，这些都是基于互联网的用户数据形成的精确投放。互联网的海量数据以及基于海量数据衍生出的分析方法为视听作品的评估提供的新的可能：互联网跨平台的技术优势为研究视听作品的跨媒介传播提供了渠道，海量数据的收集和分析方法的进步为分析全局观众的观看行为提供了支持，丰富的数据为研究视听作品的多元价值提供了可能。①

## 四、视听作品评估新思路

视听作品评估面临的传媒新生态是新评估体系研究的起点。结合视听作品的在社会网络中的价值，新的评估体系至少应具有以下三种功能：实现跨媒介的评估，实现多重价值的评估，实现大数据的评估。

如前文所述，电视台向桌面互联网进军、桌面互联网向移动互联网转型和移动互联网在客厅挑战电视台这一产业现实，要求对视听作品的评估必须实现"全媒体化"。传统意义上电视台使用的是电视网，电脑使用的是数据网，手机使用的是通讯网。三张网各自为政，人为上设定互不兼容。互联网的技术魅力使三张网逐渐打破藩篱，行三网分离之名，办三网融合之事，视听节目实现了"全媒体播出"，也就是说基于互联网的评估可以基本覆盖电视、电影和网络视频三种视听作品形态。

关于如何实现多重价值的评估，笔者认为可以尝试以"满意度"作为新评估体系的核心。第一，任何一种价值的实现都取决于传播的效果，而传播效果的实现取决于受众的满足程度。可以说，满意度能够成为衡量视听作品价值的主要指标。第二，以"满意度"为核心，符合"使用与满足"的经典理论。对"使用"（也可以称之为"消费"）的视听作品是否满意，一方面决定了使用者（消费者）对呈现内容的媒介的态度，另一方面也影响了"使用"（消费）者

---

① 中共中央第十七届六中全会公报：《中共中央关于深化文化体制改革、推动社会主义文化大发展大繁荣若干重大问题的决定》。

"使用"（消费）以后对媒介和内容的态度。所以，满意度是视听作品价值实现的标志，可以成为视听作品评估的核心指标。①

那么使用哪些维度分析观众的满意程度？"满意"作为一种态度，言行是其表现方式。最常见表达满意的方式就是褒义评价和反复观看，其中褒义评价对评估的价值比反复观看要高。另一方面，褒义评价作为参考指标也必须建立在一定的评价数量上，即"叫好又叫座"。因此，网民对于视听作品的评论数量和好评数量可以作为评估"满意度"的主要维度。在实际操作中可以加入收视率（电视）、票房（电影）、点击率（网络视频）等定量指标作为参考，并适当引入专家意见。

多重价值的评估需要海量的网民评论数据和浏览数据作支撑，这部分数据如何处理成为一个技术问题。伴随着互联网数据的膨胀，搜索引擎技术也日渐兴起。搜索引擎技术是一种基于数据抓取、数据处理、数据匹配和结果排序的互联网数据处理系统，可以全天候实时处理互联网的数据。搜索引擎最基本的应用即根据关键词找到相关的网页并排序，高级应用还可以实现针对专门目录的检索、针对词群的检索、模糊检索甚至是褒贬判断。目前市面上的商业搜索引擎的效率很高，已经能满足大部分生活与科研工作的需要。但是目前执行褒贬义判断的潜在语义分析（Latent Semantic Analysis）技术还不够成熟，其准确性不如信息检索技术。

综上所述，视听作品的新评估体系应包括六个部分：

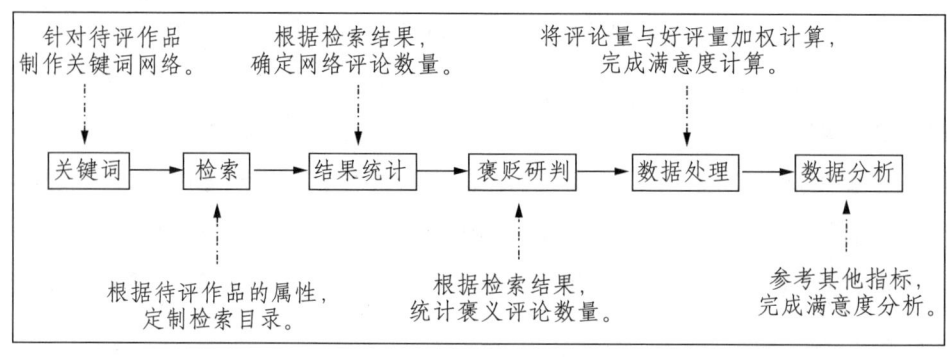

---

① 陆地：构建科学的电视节目评估体系与博雅榜的价值，《南方电视学刊》，2012.1。

## 五、新思路的可行性探索与前景展望

在 2008 年，笔者承担了国家广播电影电视总局部级社科研究项目《中国广播电视节目评估体系研究》，正式提出以满意度为核心的电视节目评估体系。从 2011 年至今，笔者与南方电视协作体合作完成了四届"中国电视满意度博雅榜"，将该评估体系推向实践，听取了来自学界和业界专家的意见，四年来不断地改进和完善。2014 年春天，笔者调整了关键词抓取目录和评估指标，将评估体系从电视领域拓展到网络视频领域，与河南日报报业集团合作完成了第一届网络视频满意度博雅榜。四年的实践基本表明了该评估体系具有操作性和可行性，数据的解释力也比较强，能够成为目前电视领域收视率评估的有益补充、网络视频评估领域的新参考。四年的实践也在不断丰富以满意度为核心的视听作品评估体系，该评估体系将在以下三方面重点改进。

### （一）扩大信息技术在评估体系中的使用范围

目前的评估体系中信息技术仅使用在检索、结果统计和褒贬研判三个部分，关键词网络依靠人工完成，整个体系的自动化程度有限。关键词网络这一技术广泛用于同义词判断、用户检索行为纠正以及相关性排序，对提高检索精度大有帮助。相对于人工设计的关键词网络，由机器完成的关键词网络效率高、范围大，非常适合全天候的动态分析。目前主流的关键词网络提取技术主要依靠搜索引擎和智能输入法这两大信息入口完成信息收集，通过聚类的方法绘制网络图谱。本评估体系将尝试探索新的信息入口或对现有信息检索入口进行改良，用信息技术完成待评作品关键词网络的设定。

### （二）提高信息检索和褒贬研判的准确性

搜索引擎的检索准确性与语义分析的准确性是信息科学领域的全球化难题。但由于本评估体系是针对某一类关键词开发的"垂直搜索"，相对于通用搜索而言提高垂直搜索准确率的难度大大降低。垂直搜索是针对某一特定领域、某一特定人去提供的信息检索服务，其特点是专、精、深，且具有行业色彩。具体而言，该评估体系将在关键词网络的生产、检索目录的选择两方面针对评估作品所处的行业特点进行深度定制，提高信息检索与褒贬研判的准确性。

（三）进一步丰富满意度的评估维度

目前评估体系中评估满意度的维度主要是网民评论量和网民好评量，维度略显单一。通过技术手段并参考第三方数据，可以拿到收视率、点击率等数据，也可以通过专家研讨等形式得出专家评分。这三个数据与视听作品评估的关系十分密切，如何将这三个数据进行转化，并与网民评论量和网民好评量进行加权统计，丰富满意度的评估维度，提高满意度数据的解释力，是下一阶段评估方法论要重点解决的问题。

(2014年7月《新闻与写作》)

# 网络视频行业发展新特点与决胜点

陆地　胡馨木[①]

【摘要】2014年是网络视频行业高歌猛进、开拓创新的一年。各视频网站发挥优势纷纷发力，取得了颇多可圈可点的成绩，行业总体呈现出五大发展特点。但网络视频行业还存在着许多不足，能否弥补上这些"短板"，是网络视频行业获得成功的决胜点。

【关键词】网络视频行业　发展特点　未来方向

中国网络视频行业经历了拓荒创业、领土争夺、兼并联合的时代，在2014年形成了比较稳定的竞争格局，视频网站已由原来的数百家淘汰至十余家。在商业视频网站的梯队里，优酷土豆和爱奇艺PPS两大联合体成为行业主导，搜狐视频、腾讯视频和乐视网则在各自所擅长的领域精耕细作，成绩斐然。作为网络视频行业的"国家队"，中国网络电视台、芒果TV、新蓝网等视频网站也注重发挥十几年来积累的制播资源，在积极谋求母台转型的同时，也敢于向商业视频网站等渠道话语权较强的平台"叫板"。总体来看，2014年网络视频网站行业呈现出如下五大特点。

## 一、"独播"垄断受众

在网络视频行业竞争激烈的大背景下，稀缺的优质内容资源一直是各视频网站争夺的焦点。与前几年版权分销、联合采购不同，为了进行差异化竞争，各家视频网站纷纷押注独播，以增强用户黏性。以爱奇艺为例，作为背

---

[①] 陆地是北京大学新闻与传播学院教授、博士生导师，北京大学视听传播研究中心主任；胡馨木系北京大学新闻与传播学院硕士研究生。

靠百度的"富二代",在 2014 年斥巨资打造"独播时代",并取得了良好收视和口碑效果。2013 年年底,爱奇艺出资 2 亿元购买了湖南卫视《爸爸去哪儿》(第 2 季)《天天向上》《快乐大本营》等六大热门综艺季度及韩国《Running Man》《Star King》等十九档最热门综艺全部独家网络版权。除了综艺节目,爱奇艺在还加大力度独播独播美剧、韩剧、日剧等海外版权剧目及年度重点体育赛事项目。例如独播剧《来自星星的你》迅速风靡亚洲,在爱奇艺平台上播放量近 28 亿,创造多项纪录,成为迄今最热韩剧。

表 1  2014 年主要视频网站独家资源表

| | | |
|---|---|---|
| 爱奇艺 PPS | 独播栏目 | 《爸爸去哪儿》《康熙来了》《快乐大本营》《天天向上》等国内综艺节目和 Running Man、Star King 等韩国综艺节目 |
| | 独播剧 | 《爱情公寓 4》《来自星星的你》《老有所依》《爱闪亮》《虎刺红》《云中歌》《进击的巨人》《喜羊羊与灰太狼》等 |
| 优酷土豆 | 独播栏目 | 《美国偶像》《X-Factor》《全美达人》《最美和声》《妈妈咪呀》等 |
| | 独播剧 | 韩剧《危情三日》英剧《神探夏洛克》《唐顿庄园》等 |
| 腾讯视频 | 独播栏目 | 《中国好声音》第三季、《中国达人秀》第五季等 |
| | 独播剧 | 《华胥引》《离婚律师》《神雕侠侣》等 |
| 搜狐视频 | 独播栏目 | 占有独家的军营真人秀品类热点,独家引进一批海外综艺 |
| | 独播剧 | 《生活大爆炸》《海贼王》《步步惊情》《纸牌屋 2》等 |
| 乐视网 | 独播栏目 | 《我是歌手》第二季 |

## 二、"自制"提升实力

越来越多的视频网站意识到,版权采购的"输血"并非长久之道,唯有依赖自制内容的生产才能够使得视频网站摆脱依赖,立于不败之地。2014 年,视频网站投入了大量的资金和人力在自制综艺节目、网络剧等领域发力。2014 年,优酷土豆投入 3 亿多元力推网络自制,包括自制节目、合作节目(PGC)和用户原创(UGC)。乐视网通过《乐视午间自制剧场》实行"365×2

内容战略",即全年每日播出 2 集自制网络剧,共推出 700 集自制剧,数量大致是去年两倍。爱奇艺成立马东、高晓松等众多工作室加大自制力度,并将自制栏目密集融入世界杯。腾讯视频也开始建设演播室,招揽制作人才,并在《中国好声音》第三季播放之前,原创出品《微视好声音》《寻找好声音》等节目预热。在这一形势下,视频网站原有的自制综艺节目与自制剧的质量都有所提升,并出现了一批新制作的优秀作品。例如优秀节目包括搜狐视频邀请韩国综艺团队打造的《隐秘而伟大》、土豆网的《土豆周末秀》、优酷视频的《聚焦》、腾讯视频的《大牌驾到》等;优秀网络剧包括搜狐视频制作的《匆匆那年》、乐视网推出的《STB 超级教师》等。

表 2 2014 年主要视频网站自制内容表

| | | |
|---|---|---|
| 爱奇艺 PPS | 自制节目 | 《汉字英雄》第二季、郭德纲《人事儿》、朱丹《青春那些事儿》 |
| | 自制剧 | 郭靖宇《见鬼》、王岳伦《人生需要拆穿》、尹琪《撞业奇遇记》《废柴兄弟》等 |
| 优酷土豆 | 自制节目 | "优酷全系列"之《优酷全娱乐》《优酷全视角》和《优酷全明星》、综艺类《优酷牛人精选》以及体育类《里约大冒险》等;全面升级《土豆周末秀》《土豆最音乐》《土豆最娱乐》等"最"系列自制节目;出品《新城时尚》《晓·朋友》《知之为知之》等新节目 |
| | 自制剧 | 《万万没想到》《泡芙小姐》《暴走漫画》等 |
| 腾讯视频 | 自制节目 | 《夜夜谈》《天天看》《大牌驾到》等 |
| | 自制剧 | 《微时代》《怪咖啡》《HOLD 住爱》《探灵档案》《暗黑者》等 |
| 搜狐视频 | 自制节目 | 《隐秘而伟大》《大鹏嘚吧嘚》《搜狐娱乐播报》《唱游世界杯》《腾飞说历史》《自由者联盟》等 |
| | 自制剧 | 《匆匆那年》《极品女士》《三国热》《屌丝男士》第三季等 |
| 乐视网 | 自制节目 | 黄健翔《黄·段子》、杨澜《天下女人》《星月私房话》《star》《荷体育》《开播乐》等 |
| | 自制剧 | 通过《乐视午间自制剧场》实行"365×2 内容战略",全年共推出 700 集自制剧如《STB 超级教师》 |

## 三、"数据"拓宽思路

孕育于互联网的视频网站开始运用互联网思维,将从互联网中获得的数据应用到节目制作中。以腾讯视频的《大牌驾到》为例,在 2014 年利用互联网数据对原有节目进行了升级与包装,取得了良好的效果。这档名人谈话节目将过去"被动通告"的形式转为"主动约请",栏目组会在节目开始前发起"我请大牌"活动,让观众投票选择喜爱的明星上节目。还充分发挥腾讯的微博、微信、QQ 空间等平台优势,开展"大牌听你的"、"大牌粉丝"等线上特色活动,观众可以通过提问等形式与明星进行互动,体现出鲜明的网络特色。

视频网站也开始通过大数据平台挖掘用户需求,洞察用户喜好,提供满足受众口味的节目。爱奇艺的《大魔术师》正是基于这种大数据的产物。依托百度与爱奇艺两大平台的大数据分析优势,爱奇艺发现,近年来"科幻"、"魔术"等热词被用户广泛关注和讨论,而国内电视魔术题材节目处于尚待发掘的处女地,爱奇艺抓住这一机会和中央电视台综艺频道联手打造了一档大型明星互动魔术竞技真人秀节目《大魔术师》。这一节目在 7 月上线,首期开播就一举拿下了 1.07% 的高收视率,在爱奇艺网站的首期点击量更是高达 2262 万。早在 2013 年 11 月,爱奇艺就推出了"绿镜"视频编辑功能,通过综合分析用户海量视频观看数据,自动判断用户喜好,并将精彩内容抽离出来,生成精华版。通过这个功能,用户需要 30 分钟就看完时长 90 分钟的《爸爸去哪儿》《康熙来了》等热门综艺节目及电视剧,非常现代社会的快节奏生活。

视频网站不仅仅将大数据应用于节目制作与播放等方面,同时还将其应用于营销。例如优酷土豆在与阿里巴巴"联姻"之后在大数据整合基础上推动视频电子商务模式的发展,例如在优酷上点开一个"教您制作水煮鱼"的视频菜谱,就会看到水煮鱼调料的网购广告。①

---

① 陈静:《视频网站布局战激烈 大数据成营销新入口》,经济日报,2014 年 12 月 2 日。

## 四、"跨界"提升形象

2014 年，网络视频网站先后成立影业/电影公司跨界入主电影行业。这一方面是由于中国电影票房目前可观的规模和发展速度，视频网站也希望能够通过跨界"分得一杯羹"；另一方面，优秀的电影作品具有较高的社会影响力，参与制作有助于提升企业的品牌形象。

7 月，爱奇艺宣布成立影业公司；8 月，优酷土豆集团宣布成立电影公司"合一影业"。这两家网络视频公司都充分利用其互联网技术平台优势，重点打造电影行业线上线下产业链。爱奇艺推出"爱 7·1 电影大计划"，计划未来一年内与国内外电影公司联合出品 7 部国产电影和 1 部好莱坞电影。并打通电影票在线购买、网络游戏、衍生品开发及线上销售、电影网络版权货币化等全 O2O 产业链。此外，还将与百度钱包、百度金融中心共同推出百度·爱奇艺众筹计划，打造"互联网—金融—电影"的共赢生态圈。 在成立合一影业之前，优酷土豆就打造了从宣发、自制、票务、院线到大数据一站式的电影宣发链条，相继出品了《后会无期》《黄金时代》等电影。成立影业公司的同时，优酷土豆发布了"1895"执行计划。即履行"1"贯的青年影人扶植计划，线上线下结合，挖掘培养导演、编剧、演员；每年至少投资"8"部院线电影；并投资"9"部以上互联网电影，为其提供互联网和院线的播映平台。①

从 2006 年中国网络视频元年至今已近十年，网络视频行业在内容、渠道、营收等诸多方面都取得了一定的成就，但仍存在一些问题和不足，如何克服这些难题，是视频行业得以蓬勃发展的决胜点。

**决胜点一：加快促生具有网络特色的优质内容**

电影的诞生催发了全新的艺术表达形式，电视行业的发展也带来了与之相配套的电视节目、电视剧等。然而，发展了近十年的网络视频行业目前仍主要依靠向传统媒体采购版权播放电视剧和电视节目增加用户黏性，缺乏独

---

① 范晓东：《优酷土豆集团成立合一影业电影公司》，腾讯科技，http://tech.qq.com/a/20140828/067333.htm。

具互联网基因和特色的原创内容。虽然有孕育于互联网的网络剧，但质量参差不齐，虽出现了一些精品，但总体上粗制滥造居多，这一现实是行业发展的一大障碍和遗憾。目前，很多视频网站也立足网络身份，进行了相应的探索和尝试。在形式创新方面，腾讯视频的《大牌驾到》通过互联网互动增强观众的参与感，爱奇艺建立于互联网大数据基础的"绿镜"功能都非常具有网络特色，体现了互联网思维。在内容质量提升方面，搜狐视频则突破了网络自制剧多以情景剧和网络短剧为主的现状，首度打造电视标准的网络长剧，邀请赵宝刚团队制作根据九夜茴原著小说改编的《匆匆那年》。该剧筹备两年制作而成，制作精美、情节流畅、真挚动人，上线之后也取得了良好的效果。如何发挥互联网及时、流通性强的特色，制作出适应互联网平台、合乎互联网受众口味的内容和形式是值得视频网络公司思考的重点问题，也是其成败的关键。

**决胜点二：重点提升独立自制能力**

2014年5月，湖南卫视宣布，《花儿与少年》《唱战记》《变形记》第八季等几档新节目今后只在旗下的视频网站芒果TV播放，不再对外销售互联网版权。这些优质综艺节目的播放权的丧失，虽然目前没有对视频网站行业格局产生太大的撼动，但对于视频网站的用户数、用户黏性和广告营收都产生了一定的负面影响。网络视频发展的平台已经在很大程度上冲击了电视等传统媒体的发展，侵蚀了电视台原有的渠道，垄断内容进行独播可以说是电视台所进行的反击。国家政策层面目前也在支持传统媒体与新媒体的融合发展，建设复合型的传媒集团，在这样的背景下，传统媒体靠自己的内容优势建立新媒体阵地，实现全媒体战略转型已经成为大趋势。因此，视频网站加大自制投入力度，提升自制节目和电视剧水平十分必要。然而，目前很多视频网站优秀的自制节目都是与传统媒体进行合作产生的，例如爱奇艺与河南卫视合作出品的《汉字英雄》，爱奇艺与中央电视台综艺频道打造的《大魔术师》，搜狐视频联合湖南卫视制作的《向上吧！少年》等。视频网站行业仍然依靠传统媒体的制作人才，缺乏优秀的内容制作团队。因此，挖掘和培养制作方面的优秀人才十分重要。爱奇艺从传统媒体和其他网络媒体大量挖掘人才，先后成立马东、高晓松、吴晓波、刘春等工作室，为其自制内容提供保障。优酷土豆则发挥 UGC 的优势，利用"土豆映像节"和"优酷拍客"APP 鼓励和扶持原创作者，挖掘和培养具有潜力的导演、演员和编剧。并从 2013 年 6 月就分别推出"优酷分享计划"和"土豆播客分成计划"，将原创作者收入与版权内容挂钩推出视频分成项目。2014 年前三个季度分成视频作者的金额高达 1000 万元，此外，在广告投放、技术研究等方面，优酷土豆也分别做出利好原创内容创收的尝试。像"暴走漫画"、"李洪绸"等 UGC 创作大户，更是早就迈入优酷土豆"百万富翁"的阵营。①

**决胜点三：注重利用多屏渠道拓展广告营收**

广告作为网络视频营收结构中的重要支柱在 2014 年一直保持着高歌猛进的增长势头。根据艾瑞咨询数据，网络视频广告收入在第二季度和第三季度分别达到 38.8 亿和 42.5 亿，相较 2013 年有了较大提升。这一情况的出现主要由于三点原因：第一，网民数量持续增加与网络视频用户规模的不断扩大为广告的投放提供了受众市场，而且网络视频用户结构呈现年轻化特点，具有较强购买力，因此吸引广告主的关注。第二，网络视频网站通过引进优质视频资源、精品自制、节目多元化等内容策略，以及打造"多屏"、提升用户体验等重要举措，进一步提升了用户黏性，提升了广告的到达率与接受效果，吸引广告主的广告投放；而视频网站品牌价值的提升使其广告议价能力也在一定程度上增强。第三，视频网站广告数量有所增加，广告类型也不断扩展增加收入，包括：贴片广告、开屏广告、植入广告、独家冠名等。

值得重点强调的是，智能手机、平板电脑等智能终端及互联网电视 TV 端的广告也是拓展网络视频广告市场规模的重要来源。而且，除了根据不同终端平台特点播放适合的广告提升广告价值之外，打通多屏整合资源进行统一营销则能取得更好的效果。多屏领域的先行者乐视网凭借其自身强大的硬件终端进行了实践，唯品会在 2014 年与乐视网签署战略合作协议，以千万级

---

① 魏蔚：《优酷土豆单季 UGC 分成破千万元 多元刺激原创创收》，《北京商报》，2014 年 10 月 29 日。

投入抢下乐视网全网独播的《我是歌手》第二季网络独家冠名,并与乐视网展开包括 PC 端,移动端,TV 端在内的五屏立体联动推广战略合作。乐视网通过为《我是歌手》量身定制一系列丰富娱乐内容产品及技术产品,全面打通触达消费者的五屏终端。

(2015 年 3 月《当代传播》)

# 中国网络视频发展的四大趋势

陆地　靳戈[①]

**摘要**：本文通过对中国网络视频发展数据和典型案例的分析，梳理出中国网络视频发展的四个大趋势。在制作方面，由于专业制作团队的加入和制作经验的累积，网络视频的质量越来越高，接近电视节目的水平。在播出方面，随着移动互联网技术和智能终端的普及，伴随式收看成为网络视频的主要观看方式，与网络音乐服务的消费方式逐渐趋同。在营销方面，网络视频近期在精准推荐和互动传播领域频频作为，与电子商务的营销方式有不少交集。在盈利模式方面，许多视频网站实现跨界多元化经营，拓展收入来源，分散经营风险，与网络游戏的盈利模式有不少相类似的地方。

**关键词**：网络视频　制作　播出　营销方式　盈利模式

从 2005 年 4 月土豆网上传的一条视频内容，到 2015 年，中国网络视频走过了整十年。十年前，网络视频质量差、内容少，大量的内容照搬电视；十年后，网络视频从亦步亦趋的学习者进化为虎视眈眈的挑战者，向电视输出内容，与电视争夺观众。根据中国互联网信息中心 2014 年 6 月发布的数据，网络视频用户 4.28 亿人，网络视频用户占网民总数量的近 70%，网络视频成为互联网第六大应用、移动互联网第五大应用。[②] 在网络视频发展伊始，各方面的机遇尚未成型，每一家视频网站都在不断地尝试各种经营模式，谈不

---

[①] 陆地系北京大学新闻与传播学院教授、博士生导师，北京大学视听传播研究中心主任；靳戈系北京大学新闻与传播学院博士生。

[②] 第 34 次中国互联网络发展状况统计报告：cnnic.net.cn/hlwfzyj/hlwxzbg/hlwtjbg/201407/P020140721507223212132.pdf。

上有何趋势可言。如今，十年的沉积，成绩与失误不可谓不丰富，已经足够研究者来认识中国网络视频发展的大趋势了。

### 趋势一：制作越来越像电视

电视的产业化改革以及民营电视制作机构的兴起，推动了电视版权交易市场的繁荣，促成了跨台合作，倒逼电视台自制力量不断提升，使购买、合作、自制成为各电视台节目内容的主要来源。这种多元化的片源格局对于2010年之前的网络视频来说，是难以实现的。那时的网络视频内容低劣、盗版盛行，归根结底是片源不稳定影响了内容质量。五年之后，如今的网络视频在经历了UGC（User-generated Content 用户生产内容）、PGC（Professionally-generated Content，专业生产内容）、版权购买、自制开发等阶段后，也形成了合作、购买、自制三位一体的片源格局，日渐向电视的制片生态靠拢。随着片源格局的完善，网络视频的内容质量也越来越高，已经具备与电视台合作的可能。网络视频在片源格局与制作质量方面越来越像电视，源自三方面的原因。

第一，健康的市场秩序。在2008年前后，盗版行为和盗链行为[①]在网络视频市场屡见不鲜。正版内容得不到保护，不愿进入网络视频市场；盗版内容肆无忌惮，横行霸道，鸠占鹊巢。这种版权保护乏力的市场环境，缺乏对高质量内容生产的激励机制，导致产业生态出现了问题。2009年，由央视网牵头设立的"网络视频版权保护联盟"以行业协会的形式，通过行业自律要求联盟成员尊重网络版权，共同打击侵权行为。[②]随着越来越多的视频网站加入行业自律公约，网络视频版权保护的意识逐渐建立。2011年年末的版权大战中，被炒到天价的剧集可谓是版权保护力度增强的一种极端表现。如今，任何一起侵权都会引发权利人的诉讼。弹幕网相对于爱奇艺来说只是一家名

---

① 盗链是指服务提供商自己不提供服务的内容，通过技术手段绕过其他有利益的最终用户界面（如广告），直接在自己的网站上向最终用户提供其他服务提供商的服务内容，骗取最终用户的浏览和点击率。

② 央视网、凤凰网发起建立网络视频版权保护联盟：iprchn.com/Index_NewsContent.aspx?NewsId=13130。

不见经传的小网站，因为前者对权利人爱奇艺的部分内容进行了盗链，就立刻被后者告上法庭。①

第二，充足的资金储备。有了健康的市场秩序，视频网站就要花真金白银去买内容。2009年成立了版权保护联盟，2011年网络视频市场就上演了版权大战：2011年7月，搜狐视频以3000万元买下新《还珠格格》网站独家播映权；10月，腾讯又以7000万元的高价购得《宫2》网络独家版权。②为了拿到内容版权，提高网络关注度，各家视频网站纷纷开拓各种渠道筹集资金。上市、收购、合并成了筹资的三件法宝。2009年，酷六网找了"金主"盛大网络公司，成为后者的子公司。获得注资的酷六网很快便擎起"全正版"的大旗，势要通过手中的版权库击垮无力购买版权的视频网站。2010年，乐视网上市，优酷网上市，土豆网递交上市计划书。同一时段，百度、搜狐、腾讯等传统门户三巨头纷纷设立视频平台，诞生了三个"口含金钥匙"的视频网站：奇艺网（后更名爱奇艺），搜狐视频，腾讯视频。三者各有"金主"依靠，购买版权毫不吝啬。从2011年开始，各家视频网站非常重视积累资金购买版权，网络视频的内容质量也有了质的提升。

第三，长期的人才培育。虽然视频网站各个都"不差钱"，但长期处于产业链的底端，被内容制作机构的"天价"版权榨干了利润，视频网站大都心有不甘。不少网站原本就有不少的UGC内容，在内容自制的驱动下，这些网站一方面扶植社会制作力量，合作拍摄；另一方面培养内容制作团队，单独制作。优酷网和土豆网善于经营网络社区，掌握比较多的社会制作力量。土豆网设立"土豆映像节"，鼓励年轻导演制作高水平的微电影作品在土豆网上播出；优酷网设立"青年导演扶持计划"，催生了"筷子兄弟"等一批草根明星。爱奇艺成立了内容生产团队，制作了《灵魂摆渡》《奇葩说》等知名网络节目。乐视网推出了"乐视午间剧"等自制节目品牌，自制剧《唐朝好男人》《屌丝日记》《光环之后》等都受到了网友热捧。拿出好的作品，不但需要花钱来把队

---

① 风波中的弹幕视频网站：it.21cn.com/itnews/a/2014/1227/08/28793106.shtml。
② "酷豆"之战凸显视频网站版权乱象：《工人日报》，2011年12月21日第5版。

伍拉起来，又需要时间允许团队成员之间不断磨合。十年磨一剑，视频网站对自制的投入如今也到了收获的时候。

2013年、2014年两年间，新闻出版广电总局先后下发了《关于明确网络视听节目服务机构总编辑职责要求的通知》（广办发 [2013]142 号）、《关于进一步完善网络剧、微电影等网络视听节目管理的补充通知》（新广电发 [2014] 2 号）等一系列文件，鼓励网络视频产业的发展，规范网络视频的市场秩序。广电行政主管部门还设立了中国网络视听节目服务协会，通过行业自律、行业评比，鼓励视频网站制作、传播优秀作品。可以确定的是，网络视频作为电视产业的进化品，其市场秩序将日益规范、科学，资本力量也将更加青睐具有潜力的视频网站。虽然今日的网络视频仍是电视身后的学步者，但随着市场、资本与人才三个要素的发展，网络视频的制作水平将越来越像电视，最终超过电视。

## 趋势二：播出越来越像音乐

曾几何时，由于网络视频只能通过电脑播放，用户被"绑"在桌前看视频的时候，网络音乐已经进入网民的口袋，被下载到手机上"随身听"、"随意听"。那时候想要"随身看"网络视频非常麻烦，移动网络速度太慢、价格太贵，只能通过电脑将视频下载到手机上看。在这个过程中，还会遇到传输卡顿、介质损坏和格式不兼容的问题。对于如今年轻一代的网络视频用户，以上听起来如同天方夜谭。现在他们只需要在网页上点一下"分享"按钮，指定的内容就会立刻通过无线网络传输到绑定的终端上，快捷方便，费用几乎为零。观看网络视频的便捷程度越来越接近收听网络音乐。

影响网络视频"随身化"的第一要素是方便可靠的移动设备。便携式CD唱片机和MD唱片机没能带动网络音乐的繁荣，小小的MP3播放器却实现了。MP3播放器具有价格低、体积小、容量大、效果好的优势，这是它能够打败便携式CD唱片机的重要原因。实现网络视频"随身化"，也需要一种方便可靠的终端。目前，手机是人们生活的必备工具，也是被寄予厚望的便携式多媒体设备。在非智能机时代，手机的屏幕分辨率低、操作复杂，最关键的是无法运行复杂的应用程序。美国谷歌公司提供的移动开源操作系统安卓为各手机企业以较低的研发成本生产智能终端提供了便利，催生了韩国三星电子、中国台湾宏达电子等智能终端领域的巨头。在这批公司的主导下，智能终端的处理能力越来越强、屏幕分辨率越来越高，体积越来越精巧。播放视频已经成为目前主流智能终端的基本能力，支持1080P高清格式和4K超清格式的智能终端已经量产，部分新型终端还具有视频剪辑和视频投影的功能。

影响网络视频"随身化"的第二要素是物美价廉的移动网络。在民用3G（3rd–Generation，第三代移动通讯技术，提供高速的移动互联网接入服务）业务在国内已经全面铺开，家用WiFi也已大量普及。4G业务也已投入运营，向用户提供价格更低、速度更快的移动数据传输服务。廉价高效的移动网络使用户可以更方便地在室外在线观看网络视频，而不用担心费用过高或者观看不流畅的问题。根据优酷公布的一组数据，在3G时代使用移动数据网络观看网络视频的用户只占总用户数量的2%，在4G时代由于费用降低、速度提升，15%的网络视频用户通过移动数据网络看视频。[1]

在过去的2014年，全球智能手机出货量达到了11.67亿部（不含平板类设备），较上年同比增加了25.9%。[2] 在智能终端数量增加的同时，终端的性能也在不断提升。2015年年初在美国拉斯维加斯举办的国际消费类电子展览会（CES）上，各大厂商展示了体积更小、功耗更低的柔性屏幕，视野率更大、分辨率更高的曲面屏幕，以及新一代的处理芯片。这些设备都将在2015年投入量产。此外，5G网络的概念也已提出，更高速、更廉价的移动数据网络指日可待。有了终端与网络的支持，"看视频就像听音乐"已经成为网络视频播出的一大趋势。

---

[1] 优酷土豆副总裁李捷的演讲《遇见与遇见——4G流量与大数据的运营思考》: china-cloud.com/yunzixun/yunjisuanxinwen/20141212_44247.html

[2] 2014年全球智能手机出货量十强：news.xinhuanet.com/tech/2015-01/22/c_127409510.htm。

## 趋势三：营销越来越像电商

电子商务的出现，带来了营销新问题：数据变得廉价，数据分析方法日渐珍贵；线上营销成本优势明显，线下营销亟须重新定位。新问题也带来了新方法：精准推荐和互动传播成为电子商务的主要营销方式。前者强调对用户行为信息的分析研判，后者强调线下渠道与线下渠道的互动作用。网络视频在国内刚刚起步的时候，广告投放方式比较传统，大量的广告被投放在网络平台上，比如传统的新闻门户网站。近两年，网络视频越来越重视精准推荐与互动传播。虽然目前还缺少数据表明网络视频究竟在这两个领域中投入了多少资金，但市面上已经出现了不少网络视频精准推荐和互动传播的成功案例，如优酷网的大数据推荐系统①、爱奇艺《来自星星的你》营销推广方案②等。

网络视频采用精准推荐的营销方式，是网络信息"碎片化"的现实使然。信息碎片化加剧了网络营销的难度——网民所需要的信息也许就在网络的某个角落，但他就是找不到。彰显网络信息的价值，必须将用户可能需要的信息堆在他的面前——这就是精准推荐的必要性。精准推荐的理论基础是社会计算技术，该技术通过收集海量的用户行为信息并加以分析，建立一套能够预测用户行为的数学模型，并依据此模型向用户推荐购物信息。在知名电子商务网站亚马逊上，用户每点开一个商品页面，屏幕上都会根据用户信息和商品信息推荐相关产品。比如用户点开了图书《红楼梦》的页面，网站就会推荐《三国演义》《曹雪芹传》等商品。目前，亚马逊销售额的三分之一都来自这套精准营销系统。③优酷土豆是精准推荐的代表。优酷网在诞生伊始就鼓励用户观看视频时提供注册信息，以用户账号作为标记，追踪用户的观看信息。笔者对电子产品比较感兴趣，虽然在优酷网的注册信息中没有说明这一点，但由于经常观看此类节目，优酷网在后台收集到笔者的行为信息后，推

---

① 详见"拒绝千人一面 优酷土豆为你推荐"：network.chinabyte.com/321/12845821.shtml。
② 详见"爱奇艺发布《来自星星的你》收官后最权威数据"：cnad.com/html/article/2014/0303/20140303145725330.shtml。
③ 维克托·迈尔-舍恩伯格等：大数据时代，盛杨燕等译，浙江人民出版社2013年版，第87页。

荐了许多笔者尚未观看的同类型节目（如图 1）。

图 1　优酷网根据笔者的行为信息推荐的视频

互动传播是互联网信息分布规律在营销中的应用。美国学者伯纳多 A. 胡伯曼在《万维网的定律》一书中论证了网民注意力的幂律分布特征：少部分网站集中了大部分的网民注意力，大部分网站只能生存在互联网的角落，关注量低得可怜。① 胡伯曼认为，互联网信息的基本分布规律就是幂律分布。幂律分布带来了一个营销难题：酒香也怕巷子深，如何让酒香飘出去？这就需要一个不符合幂律分布规律的信息系统作为破局者——线下渠道。线下渠道的优势在于实实在在的用户与实实在在的体验，只要根据人口学特征锁定目标人群，通过促销（promotion）的方式鼓励他们体验一种产品或者服务，就能产生比较可观的消费转化，使目标消费用户顺着"酒香"在巷子深处找到"酒坊"。随着用户量的累积，小巷深处终将成为闹市，新产品、新服务的关注度如滚雪球般越来越高，成为幂律分布中"占有多数注意力的少部分网站"。阿里巴巴 2013 年为了推广人们尚不熟悉的移动支付，在线下采取了打车补贴、购物补贴等方式使用户了解并体验移动支付服务，最终使旗下"支付宝钱包"成为国内装机量最大的移动支付软件。

---

① ［美］伯纳多 A. 胡伯曼：万维网的定律——透视网络信息生态中的模式与机制，李晓明译，北京大学出版社 2009 年版。

尽管互联网一直处在不断进化的状态，任何规律都有可能被不断变化的现实所挑战，但信息的碎片化特征与幂律分布的特点在短时间内还难以改变。那么，这就意味着传统的营销模式依然展不开手脚，精准推荐和互动传播仍是网络视频营销的一大趋势。

### 趋势四：盈利越来越像游戏

网络游戏盈利模式的显著特点是多元化。据不完全统计，网络游戏的盈利模式至少有软件销售、游戏时间销售（点卡）、虚拟装备销售、游戏植入广告和衍生产品的开发等五类。[①] 在网络游戏刚刚进入中国的时候，游戏时间销售（点卡）是主要的收入来源，之后才慢慢衍生出其他的盈利模式。网络视频在诞生伊始主要模仿电视的盈利模式，希望通过广告收入弥补运营成本并获得收益。但经过几年的发展，广告在网络视频收入格局中的地位越来越不重要，付费点播、票房收入、终端销售逐渐构成了网络视频多元化收入格局（如乐视网，见表1），并且伴随着各个网站的不断探索，该格局也在不断变化。这与网络游戏盈利模式的发展路径非常类似。

表1　乐视网主营业务收入分析[②]

| 项目 | 本年金额 | 上年金额 |
| --- | --- | --- |
| 主营业务收入 | 2361244730.86 | 1167307146.72 |
| （一）广告业务 | 838955356.28 | 419347807.25 |
| （二）终端业务 | 687635485.35 | 38207540.81 |
| （三）会员及发行业务 | 834327829.04 | 707400303.52 |
| （四）其他业务 | 326060.19 | 2351495.14 |
| 合计 | 2361244730.86 | 1167307146.72 |

在创业初期，视频网站与电视争夺广告市场失利，倒逼视频网站拓展广告之外的盈利模式。早期的视频网站面对当时依然强势的电视，争夺广告资

---

① 王颖：中国网络游戏盈利模式研究，《北方经济》，2010年第12期，第34页。
② 乐视网2013年年度报告：cfi.net.cn/p20140321001834.html。

源的能力还比较弱,广告收入远远抵不上日益增长的带宽成本、版权成本和运营成本。于是,有一些视频网站开始探索付费观看。这其中,乐视网是成功的代表,并且至今依然坚持对大多数的高质量独播内容实行收费观看。除了付费观看,扶持社会制作力量也能间接带来盈利。优酷网的"青年导演扶持计划"和土豆网的"土豆映像节"通过搭建赞助企业、视频网站和青年导演的联系平台,鼓励青年导演制作具有自己风格的影片在优酷网或者土豆网上播出。这种合作模式诞生了《老男孩》等一批备受热捧的微电影,有一些还被搬入院线,换来了票房收入。优酷网和土豆网不仅省下了购买版权内容的费用,而且还借势创造了新的盈利点。

在事业成长期,资本力量要求网络视频拓展更多的盈利模式,增强盈利能力。乐视网和优酷网先后通过上市融得大笔资金,在做好主营业务的同时,开始涉足风险更高、收益也更大的影视剧投资领域。乐视网于2011年3月成立乐视影业公司,新公司的主要业务在电影市场——进口片《敢死队2》、国产片《小时代》系列、张艺谋的《归来》等一系列票房斩获颇丰的影片都出自乐视影业之手。优酷网则通过联合出品的方式,在2014年上半年投资了《人间小团圆》《窃听风云3》《笔仙3》《后会无期》《闺蜜》《白发魔女传之明月天国》等八部作品,总票房达到19亿。[①]

尽管蓬勃发展的网络视频日渐掌握了广告市场的话语权,但由于资本市场对盈利能力和风险控制的要求,未来的网络视频不大可能把广告收入作为单一盈利来源。多元化的盈利模式能够拓展收入来源、分散经营风险,使文化创意产业的"轻资产"能够在起伏不定的市场经济中乘风破浪,比较适合网络视频行业的发展现实,比较符合上市公司股东的预期,多元化的盈利模式成为网络视频发展的另一大趋势。

(2015年3月《新闻爱好者》)

---

① 优酷土豆半年8部联合出品电影 票房占国产片4成: finance.21cn.com/stock/express/a/2014/0815/23/28034423.shtml。

# 2014年度中国网络视频满意度博雅榜全解读

陈思　靳戈　马婧　姚怡云[①]

**摘要**：随着一系列中央文件的出台，传媒改革已经成为国家全面改革的重要部分，纳入了顶层设计。在传媒改革中，网络视频为广电行业的发展进行探路、试水，目前已经颇具规模。但网络视频的产业链尚不完善，缺少评估环节。本报告提出以满意度为核心的网络视频评估体系，以语义分析技术为方法，对2014年在全国播出的网络视频进行评估，并对评估结果进行解读。

**关键词**：网络视频　语义分析　博雅榜　满意度

从十七届六中全会提出打造现代传播体系，到十八届三中全会要求全面深化文化体制改革，再到中央发布的关于加快媒体融合的指导意见，传媒业改革已经为新一轮全面改革的重要子课题，纳入了国家顶层设计。中央提出，要着力打造一批具有竞争力的新型主流媒体。报刊业和广电业在建设新兴主流媒体方面都不甘为人后，纷纷提出新方案、拿出新产品。这其中，向网络视频进军成为广电领域变革的新方向与新思路。网络视频在中国经过10年的发展[②]，其策划、制作、播出、营销的产业模式虽已基本形成，但与电视业较为成熟的产业链相比，还缺少评估的环节。北京大学视听传播研究中心从2008年建立伊始就关注到电视业向网络视听业转型的趋势，长期以来致力于采用新技术、新方法对视听作品进行评估，提出了以满意度为基础的博雅榜评估体系，目前已应用到电视栏目的评估中。本次论坛所发布的中国网络视频满意度博雅榜，是通过搜索引擎技术和语义分析技术，以满意度为核心，

---

[①] 陈思、靳戈是北京大学新闻与传播学院博士生，马婧、姚怡云是该学院的硕士生。

[②] 中国第一家视频网站土豆网于2005年4月开播。

对上百部网络视频的网络评论文本进行分析研判。本次榜单是北京大学视听传播研究中心发布的第二届网络视频年度榜单，相较于 2014 年 4 月份的发布的第一届榜单，今年的评估技术有了显著的改进，评估方案得以优化，评估结果的解释力更强。

## 一、研究设计

### （一）以满意度为核心的评估体系

目前，网络视频领域最常见的评估指标当属点击量。点击量是视频网站根据特定网页的点击数量累加而得出的结果，反映的是用户点开某网页的总数。尽管以点击量作为网络视频受欢迎程度的评价指标简便易行，但这种方法仍然陷入了收视率在电视评估中面临的困境：片面强调了作品的经济属性。

为综合评估网络视频的多重价值，课题组提出以"满意度"作为评估指标。"满意"作为一种态度，言行是其表现方式。最常见表达满意的方式就是褒义评价。同时，褒义评价作为参考指标也必须建立在一定评价数量的基础上。假设作品 A 只有两条评论，一正一负，作品 B 有 100 条评论，其中 40 条为正面评论，那么我们不能认为作品 A 的满意度比作品 B 高——因为二者的数量级不一样。因此，课题组首先剔除了评论量明显低于同类水平的作品，在剩下的作品中再以好评率作为排名依据，确定上榜名单。

### （二）基于语义分析的评估方法

博雅榜评估体系共分为五步骤：筛选节目、分类、技术处理（确定目录，抓取评论、分析文本语义、统计数量）、制表、分析。其中在筛选节目的环节，为保证获得尽可能多的合法的网络视频作品名单，课题组以国家新闻出版广电总局发布的《互联网视听节目服务持证机构名单》（截至 2014 年 3 月 5 日）[①]为参考，组织研究人员在 613 个具有合法制作播出音频、视频资质的网站上检索符合要求的网络视频作品，并参考第三方数据（如中国网络视听服务协会的数据）补充作品名单，剔除重复的作品后，最终有近一千个网络视频作

---

[①] 来自国家新闻出版广电总局网站：sarft.gov.cn/articles/2014/03/07/20140306172144770721.html。

品被纳入统计范围。

根据评估体系中的分类方案,课题组将近千个入围的网络视频分为网络原创栏目、网络原创节目、网络剧、微电影和动画片五组分别评估。

技术处理是博雅榜评估体系的关键,整个技术处理的过程围绕语义分析的方法展开。首先,技术团队结合第三方数据确定网络抓取范围,最终圈定了近两百个传媒网站、网络社区和社交网站作为检索目录(Index)。其次,技术团队与分析团队联合确定了每一个节目的关键词库,并由技术团队在系统中输入关键词以获得某一节目的网络评论量。第三,采用语义分析技术[①]判断网络评论文本中褒义评价的数量。第四,在制表环节,剔除了评论量明显低于同类水平的作品,在剩下的作品中以好评率(褒义评价率)作为依据,按降序排序,得到最终榜单。

最后,在数据分析环节,由北京大学视听传播研究中心研究员完成榜单解读与分析,并预测行业发展趋势。

## 二、网络原创栏目满意度分析

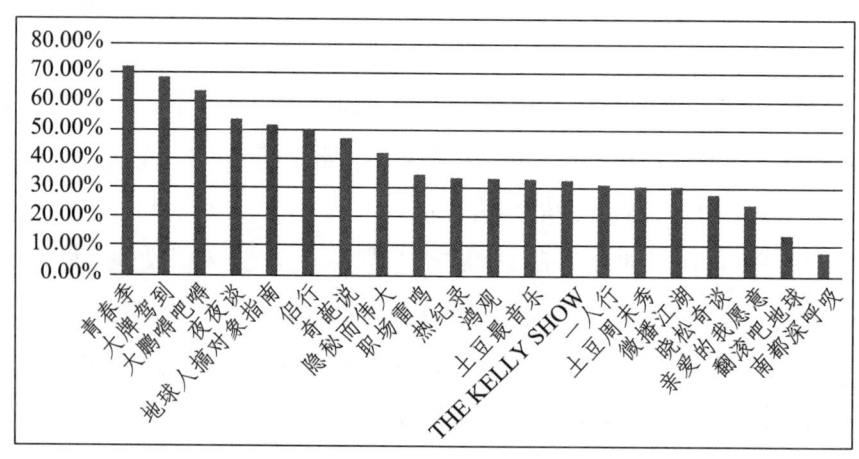

图1　网络原创栏目满意度前二十名

---

① 本研究采用了北京大学内部相关科研团队的技术成果,采用NLPCC2014微博情绪分析任务的标注数据(http://tcci.ccf.org.cn/conference/2014/pages/page04_sam.html)作为训练集,采用情感词个数、unigram特征以及微博表情符号等作为训练特征,使用LIBSVM作为学习工具,最终语义分析的准确率在85%以上。

从播放平台看，背靠百度而立的爱奇艺在榜单中占了六席，分别是位列第七的辩论赛真人秀《奇葩说》、位列第九的职场实用类脱口秀《职场雷鸣》、位列第十的热点知识解读的《热纪录》、位列第十七的文化类脱口秀《晓松奇谈》、位列第十八的恋爱养成真人秀《亲爱的我愿意》以及位列第十九的旅游杂志类《翻滚吧地球》。爱奇艺所占席位虽最多，但其好评率均居于第三阵营，没有十分亮眼的作品。老牌视频网站土豆网占据了榜单四席，分别是位列第一的聚焦青少年生活的纪录片《青春季》、位列第十二的音乐节目《土豆最音乐》、位列第十四的旅游类真人秀《一人行》和位列第十五的搞笑真人秀《土豆周末秀》。土豆网与优酷网于2012年合并之后，分工明晰，在优酷专攻网络剧的同时，土豆仍专注于原创栏目的开发，发扬其"轻松周末文化"。紧随其后的是搜狐视频，占据了三席，分别是位列第三的脱口秀《大鹏嘚吧嘚》、位列第八的明星真人秀《隐秘而伟大》和位列第十三的美剧专题脱口秀THE KELLY SHOW。腾讯视频占据两席，都是名人访谈栏目，分别是位列第二的《大牌驾到》和位列第四的《夜夜谈》。优酷网占据两席，分别是位列第六的旅游真人秀《侣行》和位列第十一的财经解读类《鸿观》。和土豆网、优酷网同为第一批视频网站之一的56网也占据两席，分别是位列第五的恋爱教科真人秀《地球人搞对象指南》和位列第十六的热门话题解说类《微播江湖》。最后，位列第二十的《南都深呼吸》选择了由南方报业传媒集团控股的奥一网作为其播放平台。

从栏目题材看，榜单之中脱口秀节目占据了半壁江山，其次是真人秀和访谈栏目，再次是旅游类栏目。知识性和实用性较强的有《职场雷鸣》《鸿观》和《晓松奇谈》，其余皆为娱乐栏目。如果对入榜栏目稍作文本分析，便可以发现从节目策划的角度来看，选题和名人效应越来越多地结合在了一起，许多选题都是为知名主持或知名嘉宾量身定做的。视频网站开始抢占各个行业尤其是在电视行业中已获得较高名气的人物作为栏目的"定海神针"。如《大牌驾到》由号称"中国好舌头"的浙江卫视主持人华少担纲主持，《奇葩说》由台湾主持人蔡康永和原中央电视台主持人、现任爱奇艺首席内容官的马东主持等，各大网站投入大量资金"吸星"，并利用明星效应推广自己的栏目，在前期的"烧钱攒人气"、"烧钱换口碑"的阶段性过渡之后，已累积了大量固定观众，通过原创内容回本并盈利指日可待。

## 三、网络剧满意度分析

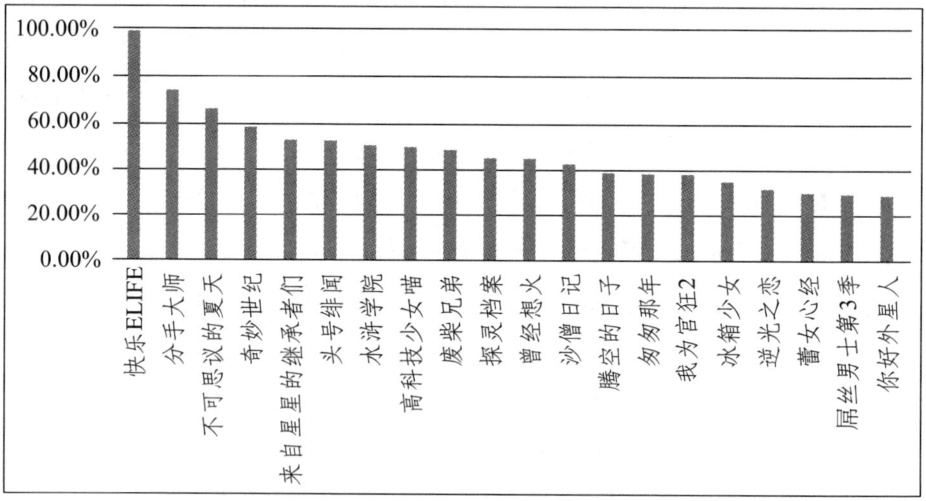

图2　网络剧满意度前二十名

本次上榜的二十部网络剧中，满意度在60%以上的有三部，与网络原创栏目、微电影和动画片的情况基本相同。由于本次语义分析材料来源主要是视频所在的播出平台，因此产生《快乐ELIFE》近100%（实际满意度为99.15%）并不奇怪。本年度上榜的网络剧在题材方面雷同度较高，局限于都市、奇幻、青春和古装四类，其中又以都市类和奇幻类为主，具体情况如表1所示。

表1　网络剧满意度前二十名题材分析

| 题材 | 名称 | 满意度 | 排名 |
|---|---|---|---|
| 都市 | 快乐ELIFE | 99.15% | 1 |
| | 分手大师 | 73.51% | 2 |
| | 头号绯闻 | 51.78% | 6 |
| | 废柴兄弟 | 47.94% | 9 |

续表

| 题材 | 名称 | 满意度 | 排名 |
|---|---|---|---|
| | 曾经想火 | 44.36% | 11 |
| | 逆光之恋 | 31.36% | 17 |
| | 蕾女心经 | 29.67% | 18 |
| | 屌丝男士第3季 | 29.20% | 19 |
| 奇幻 | 不可思议的夏天 | 65.59% | 3 |
| | 奇妙世纪 | 57.67% | 4 |
| | 来自行星的继承者们 | 52.15% | 5 |
| | 高科技少女喵 | 49.20% | 8 |
| | 探灵档案 | 44.49% | 10 |
| | 沙僧日记 | 42.01% | 12 |
| | 我为官狂2 | 37.70% | 15 |
| | 冰箱少女 | 34.63% | 16 |
| | 你好外星人 | 28.61% | 20 |
| 青春 | 腾空的日子 | 38.34% | 13 |
| | 匆匆那年 | 37.85% | 14 |
| 古装 | 水浒学院 | 49.93% | 7 |

奇幻类网络剧在2013年尚默默无闻，在2014年却实现了井喷式增长，共有9部作品上榜。这种现象让人不禁想起2014年年初奇幻都市剧《来自星星的你》在国内的热播。2014年的这股网络剧奇幻潮，很难说与《来自星星的你》没有关系。

都市题材一直是电视剧的热门，如今在网络剧领域也同样炙手可热。不过，通过简单的分析，不难发现网络剧的都市题材大多是关于30岁之前的生活，如创业、婚恋、职场等，而电视剧的都市题材则主要关于30岁之后的生活，如离婚、育儿、婆媳关系等。这种差别产生的原因可能是网络剧观众与电视剧观众的年龄结构差异。根据央视－索福瑞公布的2014年中国电视收视市场的数据（见图1），中青年观众收视持续减少、老年观众收视保持稳定，并且从图中可以看出，从14岁开始，年龄越小，平均收视时长随年份递减的斜率就越大。在45—64岁阶段斜率几乎为零,到65岁以上斜率则逆转向上——由此可见,电视观众结构中老年观众占了很大比例,电视观众已经出现"老龄化"的趋势。与中国网民的年龄结构进行对比,会发现电视观众与网民在年龄分布上可谓是"互斥"——网民的年龄高峰在10岁至39岁(如图2),而电视观众的年龄高峰在45岁以上。

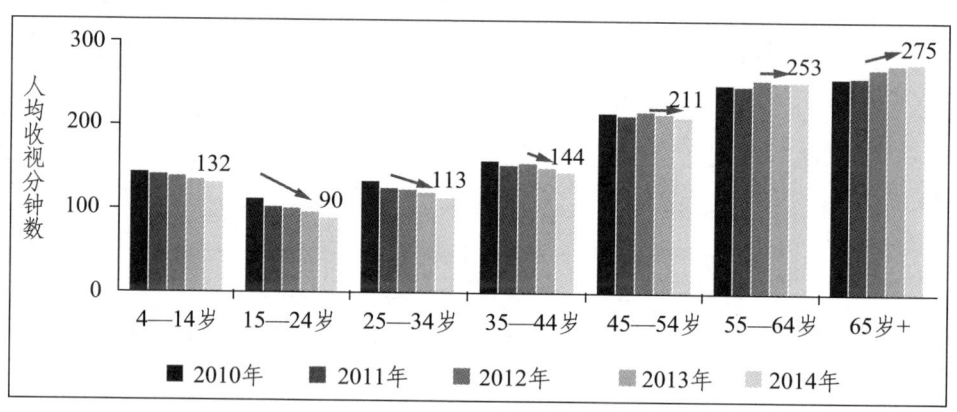

数据来源:CSM媒介研究历年所有调查城市

图3　人均收视时长变化图

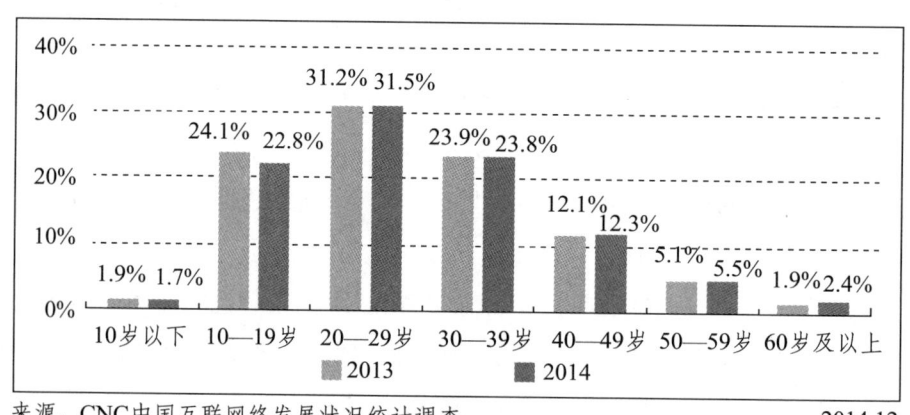

来源:CNC中国互联网络发展状况统计调查　　　　　　　　　　　2014.12

图4　中国网民年龄结构图[①]

反观观众群体更年轻的青春题材网络剧,则只有两部上榜。这种现象

---

① 第35次中国互联网络发展状况统计报告:cnnic.cn/hlwfzyj/hlwxzbg/201502/P020150203551802054676.pdf。

看似奇怪,若对这两部分的故事加以分析,则不难发现其话题主要是高中生活——对于二十岁至三十岁之年的年轻观众,中学时代是一个过去时,都市是一个现在时。很显然后者的吸引力更大一些,戏剧的张力也更强。

古装戏近些年在电视剧中也略显颓势,自《武林外传》后少见优秀的古装电视剧。网络剧市场也出现了相似的情况,古装题材的网络剧在2013年和2014年的榜单上均表现欠佳。

从播出平台方面分析,本次上榜的二十部网络视频主要来自五家视频网站:腾讯视频(5部)、优酷网(6部)、爱奇艺(5部)、搜狐视频(3部)和乐视网(2部)。根据易观智库的报告,中国网络视频呈现"七雄"之势[①],其中就包括以上五家视频网站。而根据国家新闻出版广电总局公布的数据,全国获得《互联网视听节目服务许可证》的网站共有613家(截至2014年3月15日)。这正是互联网信息的幂律分布特征——少部分的网站集中了大多数的用户,大多数的网站都处于默默无闻的状态。此外,这五家视频网站均有较强的资金支持,他们或是上市公司(优酷网和乐视网),或是有互联网巨头的资本支持(爱奇艺、腾讯视频、搜狐视频)。

## 四、微电影满意度分析

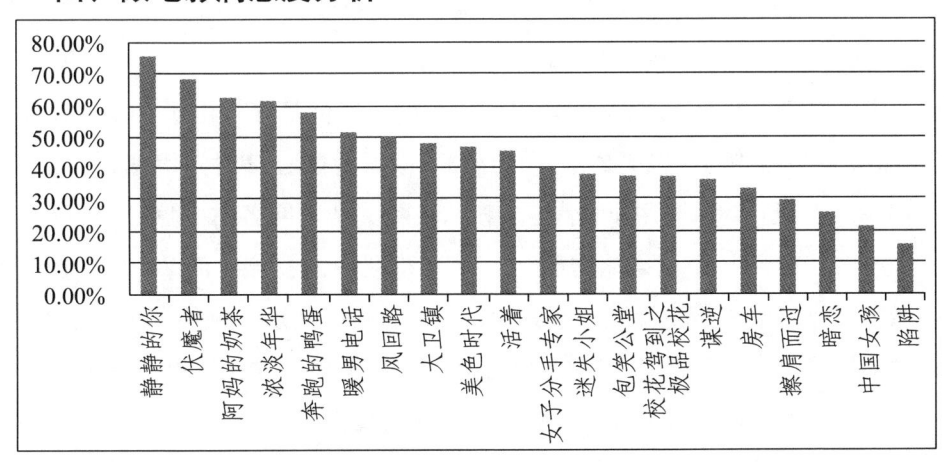

图5 微电影满意度前二十名

---

① 中国网络视频市场年度综合报告2014(简版):analysys.cn/report/detail/153.html。

满意度最高的是 56 网播出的《静静的你》，满意度达 75.62%。该片是由"56 海外影像计划"出品，由"同志亦凡人"联合出品，该作品的题材是女性同性恋，讲述了两位女同性恋夫妻生死离别的故事。《静静的你》与排在第 17 名的《擦肩而过》都是"56 海外影像计划"首季上线的国际短片，曾在海外展映，目标受众定位于国际市场，不像其他上榜作品将主要受众群定位在国内。正是由于不同的定位，《静静的你》采用了大尺度的题材，也体现出明显的西方影片风格。

排在第 20 名（榜单倒数第一名）的作品是由土豆网播出的《陷阱》，仅拥有 15.77% 的满意度，排在第 19 名（榜单倒数第二名）的作品是由爱奇艺播出的《中国女孩》。二者和前两名的满意度相差很大，且均为悬疑惊悚题材的短片。

整体来看，入榜的 20 个微电影作品中，爱情类题材为 8 个，分别是《静静的你》《浓淡年华》《暖男电话》《女子分手专家》《迷失小姐》《房车》《擦肩而过》和《暗恋》；亲情类题材为 4 个，分别是《阿妈的奶茶》《奔跑的鸭蛋》《凤回路》和《活着》；惊悚悬疑类题材为 3 个，分别是《谋逆》《中国女孩》和《陷阱》；科幻类题材为 2 个，分别是《伏魔者》和《大卫镇》；青春偶像类题材为 1 个，即《校花驾到之极品校花》；搞笑类题材为 1 个，即《包笑公堂》；选秀类题材为 1 个，即《美色时代》。

从播出平台来看，爱奇艺播出的作品所占比例最多，占了 5 席，分别是《伏魔者》《大卫镇》《包笑公堂》《暗恋》《中国女孩》，其中《伏魔者》满意度位居第二。风行网、乐视网各占 3 席，56 网、酷六网各占 2 席，腾讯视频、土豆网、优酷网、中国网络电视台、爆米花网各占一席。而 2013 年的前 20 名微电影作品中，腾讯视频一家独大，占了 9 席，其次是优酷网，占了 5 席。通过对比可以看出，2014 年的微电影播出平台呈现多样化特点，各个平台间的竞争加剧，平台优势由独树一帜向平分秋色转变。

## 五、动画片满意度分析

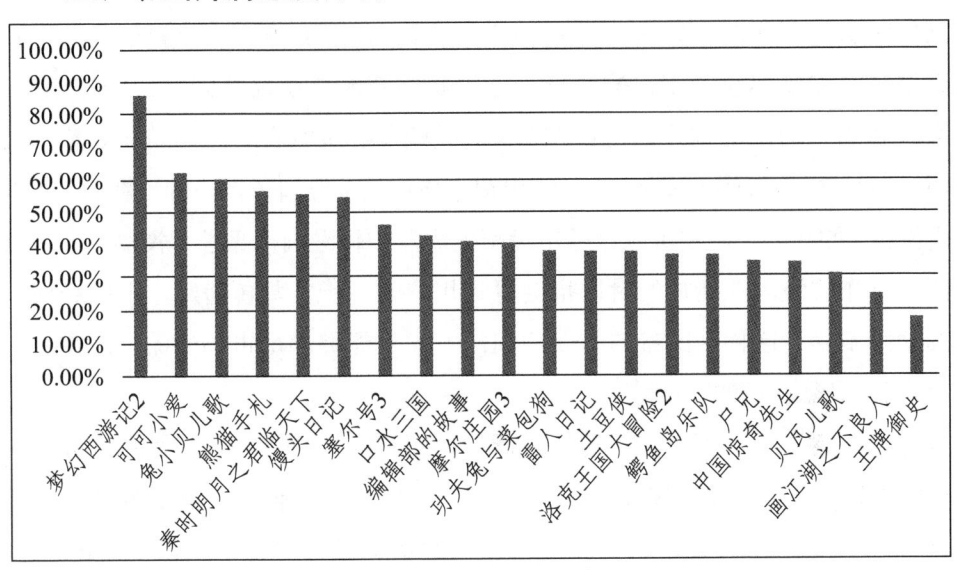

图 6　动画片满意度前二十名

从满意度来看,动画片总体来说超过微电影和网络栏目,但相比网络剧较低,体现出动画片总体发展趋势良好,互联网动画获得了越来越广泛的关注。满意度超过 60% 的作品有 3 部,分别是《梦幻西游 2》《可可小爱》和《兔小贝儿歌》,其余 17 部动画作品的满意度则集中在 15%—60% 之间。

随着技术的成熟与出品方资金投入的增加,互联网动画的制作质量也在不断提升。居于满意度榜首的《梦幻西游 2》在画面方面获得了巨大的突破,影片不仅延续了一如既往的浪漫风格,还实现了画面、镜头、特效、表演、光影等环节的全面提升,堪比迪士尼 3D 动画电影的制作。

2014 年上榜的互联网动画在人物造型、画面质量与故事架构方面都有了突破,并且在多元化、风格化道路上做了很多尝试。榜单上既有绘本风格的《馒头日记》,简约的黑白定格动画《口水三国》,还有真人定格与卡通角色结合的《功夫兔与菜包狗》,大型的 3D 武侠动画剧《秦时明月之君临天下》等。这些风格各异的互联网动画都有着自己的忠实观众,呈现出百花齐放之势。

从播出方式上看,与传统媒体上动画片连续播出方式不同,现阶段的互联网动画依托视频网站的灵活性，采取了周播、双周播、月播等方式。因此，创作团队在创作时可以更好地和网络用户进行互动，通过网络社区、微博、微信等社交媒体收集用户的意见，进而将观众的想法反馈到影片创作中去，实现和用户的协同创作。比如在"暴走漫画"系列中的《编辑部的故事》中，UGC（User Generated Content，即用户生成内容）得到了很好的诠释。在"暴走漫画"的社区，网友可以自己用漫画生成器编辑漫画作品进行投稿，而主创团队制作的漫画在播放的时候也会得到用户的评价。与传播媒体上已经成型的动画不同，这种网民参与的动画创作方式更能够满足市场的需求，在目标用户群里形成良好的口碑。

从题材选择上看，除了传统的低龄化题材之外，青少年题材和成人化题材的互联网动画正在崛起，形成了三足鼎立的局面。低龄化题材的动画主要针对12岁以下的儿童，以《可可小爱》《摩尔庄园3》《兔小贝儿歌》和《贝瓦儿歌》等为代表，这类互联网动画与传统平台上的主流动画有相似之处，以夸张化的卡通动物和人物为主体，故事情节简单，在满足儿童审美的基础上实现亲子互动。青少年题材的动画以13-18岁的青少年为主要观众，比较有代表性的是《梦幻西游2》《秦时明月之君临天下》等，动画形象相对复杂，以热血动漫、网络游戏、历史故事等为素材，强调勇敢、正义、梦想等主题。成人化题材的动画则是互联网动画的黑马，比如《熊猫手札》《馒头日记》《口水三国》《尸兄》和《中国惊奇先生》等，包含搞笑、吐槽、治愈或者惊悚等元素。这是电视平台播出的动画之前较少涉及的题材，也是互联网动画可以广阔发挥的舞台。

最后，需要指出的是，2015年5月22日在郑州发布的《2014年度中国网络视频满意度博雅榜》共有六类栏目：网络原创栏目、网络原创节目、网络剧、微电影、动画片和特别推荐作品。其中，网络原创节目和特别推荐作品的数量相对较少，其结果不具有分析价值，在本报告中未做分析。

（2015年6月《新闻爱好者》）

# 2015 年度中国网络视频满意度调查分析报告

陈思　敖鹏　靳戈[①]

**摘要**：2015 年，北京大学视听传播研究中心开展了第三次中国网络视频满意度调查。根据本年度网络视听产业出现的新事物、产生的新变化，本次调查重点分析了"网络剧"这一形态，并将"微电影"类型更名为"短片"类型，把之前独立评估的"网络原创节目"纳入到"短片"类型。本年度的调查依然采用博雅榜满意度评估体系，基于独立开发的搜索引擎技术和语义分析技术，对 2015 年主要网络视频的关注量和好评率加以统计，并结合网络视频产业年度发展情况进行分析。

**关键词**：网络视频　满意度　节目形态　语义分析

转眼间，网络视频满意度调查已经进行了三年。每一次调查，研究团队都会面临新的产业形态，调查实施的细节也会做进一步的调整。在 2015 年，伴随着"IP"成为产业热词和研究热词，大量资本注入网络视频行业（如阿里巴巴集团收购优酷土豆，乐视网成为创业板龙头股等），网络剧借此风潮迅速发展。与之相对的是，网络原创节目的生存空间越来越狭窄，此类形态的内容已经渐渐融合在原创栏目和短片这两个类型中。本年度的调查正是根据网络视频行业发展的以上特点，在继续完善调查软件的基础上，调整了之前的研究设计和分析模式，以期更符合行业发展的新情况。

---

[①] 陈思，女，北京大学新闻与传播学院博士生；敖鹏，女，北京大学新闻与传播学院博士生；靳戈，男，北京大学新闻与传播学院博士生。

## 一、研究方法与评估体系

### (一)博雅榜满意度评价体系的理论依据

网络视频近年来的发展一路高歌猛进,其内容日趋精良、形式逐渐完善,已经可以和电视节目制作水准并驾齐驱,制作成本和广告价格也相应地水涨船高。网络视频日益壮大的观众群体,其发展成果已经不言自明。在这个日益壮大的观众群体中,来自移动客户端的观众又占了大多数。根据中国网络视听节目服务协会和中国互联网络信息中心联合发布的报告,76.7%的用户使用手机观看网络视频,手机成为网络视频收看的第一终端。①

关于网络视频的评价体系,惯用的衡量指标通常是基于收视水平的播放量、点击量和下载量等。这种评估的逻辑与传统电视节目的收视率评估体系是一致的,简单直接的数字比较难以掩盖其仅仅重视经济价值的单薄,无法呈现视频的艺术价值、传播价值、受众态度等价值维度。传统的评估方法面对网络视频这种新业态,显得力不从心。

**1. 网络视频是一种形态丰富、价值多元的内容载体**

相较于电视制作与播出的节目,由于互联网的参与面广、主体多元,网络视频在反映社会文化与心理方面更具优势。千姿百态的视频内容是了解社会、政治、经济、文化的最直接入口。网络电视台、商业视频网站和自媒体工作室或个人"播客"等特质各异的主体共同在互联网这个新舞台上创作、表达与对话,其中交错着商业利益、社会价值、个人追求、文化创新等多种价值取向。

**2. 观众导向是网络视频与生俱来的特质**

网络视频最初是网民的一种表达方式,以期在虚拟空间获得更多的认同和归属,而网络视频从一诞生起,就是与网民对于视频的评价、讨论、互动相伴相生的。互联网的平等参与属性赋予了网民平等的制作、发布视频的机会,也赋予了网民平等的观看、评论、表达的权利。随着技术的不断更迭,"一云多屏"等跨屏观看方式的普及使网民可以更轻松地用"注意力"投票,网

---

① 《2015 年中国网络视听发展研究报告》,第三节中国网络视听大会,2015 年 12 月。

络论坛、视频弹幕等方式更推动了网民表达和讨论热情的高涨,海量的评论信息为网络视频的研究和分析提供了更具张力的素材。

### 3."满意度"研究之于网络视频的意义

满意是一种心理状态,是观众需求被满足后的愉悦感,表示观众的事前期望与事后实际感受之间的相对关系。满意度是对满意这种态度的量化评价。对于网络视频而言,"满意"这种主观态度的外显形式就是用户主动进行的评价,和反复观看的行为。从研究层面来看,用户在网络空间自主表达的态度意见往往比明确知道自己处于被调查状态下的回答问卷要更为真实和全面,因此,基于海量评论信息,以观众的满意度为切入点来研究分析网络视频,可以更客观、综合地反映视频作品的价值。

### (二)博雅榜满意度评估的具体实现路径

博雅榜满意度评估体系具体分为五个步骤:筛选节目、分类、技术处理(确定检索目录、确定关键词、抓取评论、分析文本语义)、统计制表和分析。

在筛选环节,研究团队以最新的国家新闻出版广电总局发布的《互联网视听节目服务持证机构名单》[①]为参考,在613个具有合法音视频资质的网站上进行检索筛选出在2015年1月至2016年1月这个区间段内网络平台制作和首播的视频作品。同时,结合第三方数据(如中国网络视听服务协会的优秀视频作品评选名单)进行补充筛查,剔除重复项后,最终有963个网络视频作品被纳入统计范围。

在分类环节,今年的评估结合网络视频形态的发展状况,将这963个入围作品划分为网络原创栏目、网络剧、网络短片以及动画片四个类别进行分别评估。

围绕语义分析的技术处理是博雅榜评估体系的核心。首先,确定检索范围:研究团队根据前期调研数据,圈定了近200个传媒网站、网络社区和以微博、微信、移动应用等社交平台,作为检索目录;第二,确定视频作品关键词:研究团队结合数据挖掘程序筛查确定关键词库,辅之以人工二次筛查,

---

① 互联网视听节目服务持证机构名单: xn--79qy5jwte2pa03geqdl6n7lzw6fb55g.xn--fiqs8s/sapprft/govpublic/6955/290980.shtml。

确定每个视频作品的核心关键词与外围关键词，并在去年研究的基础之上，进一步优化关键词检索的限定条件和检索规则，以获得某一节目更为精准全面的网络评论量；第三，收集评论：运用语义分析技术把关于视频作品的评论和意见构成划分为褒义评价、中性评价和贬义评价三种类型，并进一步优化了语义分析技术，降低了网民评论意见褒贬价值之间的判断误差。

在统计制表环节中，首先剔除评论量明显低于同类水平的作品，鉴于作品的收视水平与代表性的显著水平，对评论量符合标准（即具备一定的影响范围）的作品计算满意度。在满意度的计算中，对褒义评价和中性评价按照7:3进行加权，最终相加得到某一作品的满意度水平，将各类作品按照满意度比率进行降序排列，得到最终榜单。

## 二、网络原创栏目满意度分析

表1　网络原创栏目满意度前二十名的关注量与满意度

| 序号 | 名称 | 出品方或播放平台（不完全列举） | 关注量（条） | 满意度 |
|---|---|---|---|---|
| 1 | 优叻个秀第一季 | 优酷网 | 170210 | 65.58% |
| 2 | 流行之王 | 爱奇艺 | 867140 | 60.17% |
| 3 | 乐人无数 | PPTV聚力 | 13130 | 59.77% |
| 4 | 汉字英雄第三季 | 爱奇艺 | 71610 | 57.52% |
| 5 | 美芽 | 厦门梦马网络科技有限公司 | 23240 | 57.35% |
| 6 | 爱上超模 | 爱奇艺 | 720750 | 56.80% |
| 7 | 带你去探班 | 乐视网 | 281110 | 56.06% |
| 8 | 醉鹅红酒日常 | 北京企鹅团文化传媒有限公司 | 54280 | 55.63% |
| 9 | 造物集 | 新片场 | 63270 | 54.78% |
| 10 | 厨娘物语 | 泽休文化 Jezziu Studio | 33410 | 53.21% |
| 11 | 拜托了冰箱 | 深圳市腾讯计算机系统有限公司 | 2481000 | 51.22% |
| 12 | PP明星汇 | PPTV聚力 | 19010 | 49.49% |
| 13 | yif魔幻 | 优酷土豆 | 176350 | 48.40% |
| 14 | 奔跑卡路里 | 爱奇艺 | 84230 | 46.94% |

续表

| 序号 | 名称 | 出品方或播放平台（不完全列举） | 关注量（条） | 满意度 |
|---|---|---|---|---|
| 15 | 晓松奇谈 | 爱奇艺 | 258630 | 43.81% |
| 16 | 最强综艺 | PPTV 聚力 | 39580 | 43.80% |
| 17 | 奇葩说第二季 | 爱奇艺 | 95660 | 42.59% |
| 18 | 萝莉侃剧 | 济南女老诗文化传媒有限公司 | 48410 | 40.13% |
| 19 | 大鹏嘚吧嘚 | 搜狐视频 | 145120 | 37.87% |
| 20 | 魅力野兽 | 深圳市腾讯计算机系统有限公司 | 124820 | 35.17% |

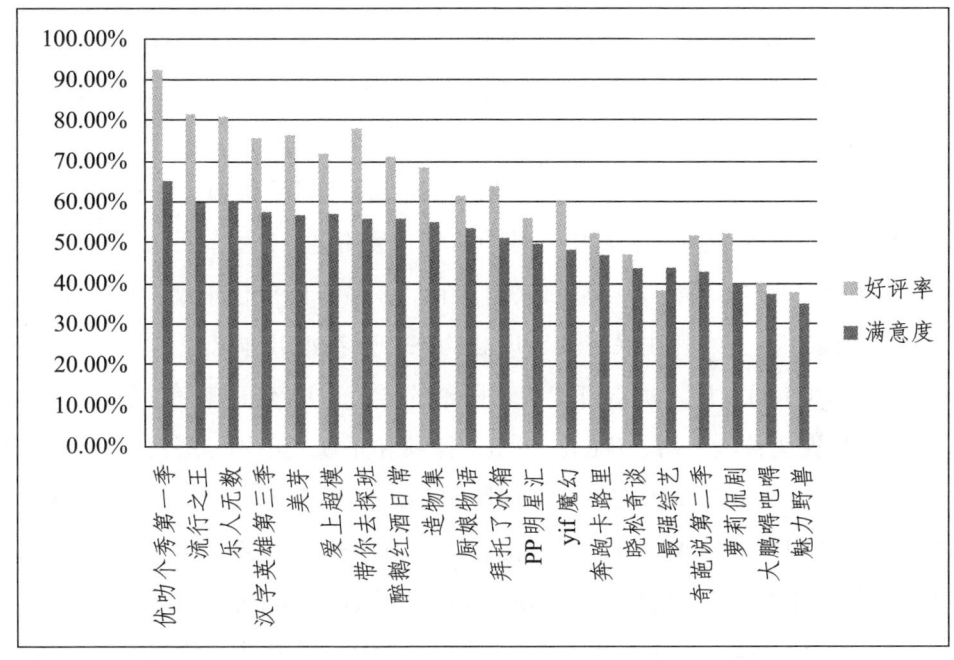

图 1　网络原创栏目满意度前二十名的好评率与满意度

（一）榜单综述

本次上榜的网络视频原创栏目的总体满意度处于中等水平，介于 37% 到 65% 之间，且栏目与栏目之间的差距并不显著，一方面反映出网络视频的整体质量已经摆脱了下游，跻身中游，另一方面也说明网络视频在争取忠实观众方面依然有提升的空间。第一阵营中只有《优叻个秀第一季》和《流行之王》的满意度超过60%；第二阵营的满意度集中与50%到60%的区间，包括《乐人无数》《汉字英雄第三季》《美芽》《爱上超模》等，满意度的差距十分微小；第三阵营的得分大多集中与40%到50%之间，以《PP明星汇》《晓松奇谈》等为代表。从数据来看，满意度得分高的栏目并不一定是关注量最高的，这点印证了满意度指标反映的是栏目的综合价值，可以挖掘出视频作品背后更多层次的内涵和意义。

（二）上榜栏目特征分析

总体而言，对比与前两年的榜单，2015年度商业视频网站占领榜单，没有一家网络电视台上榜。从栏目的制作主体来看，今年的榜单打破了前两年由主流视频网站独霸的格局，一些文化传媒公司和自媒体创作平台登榜，优秀作品获得网民认可，"大制作方"与"小制作方"各领风骚。

上榜栏目的制作主体集中于优酷、爱奇艺、PPTV聚力、乐视网、搜狐视频和腾讯视频六家网站，其中6档节目来自爱奇艺，3档节目来自PPTV聚力，2档节目来自优酷，2档节目来自腾讯，1档节目来自乐视，1档节目来自搜狐。爱奇艺一如既往保持独领风骚的态势，在近几年来尤为强调专业内容自制（PGC）的发展，加上百度搜索引擎的导流，风头正盛。在今年的榜单中，PPTV聚力首次上榜。优酷、腾讯、搜狐和乐视表现稍显逊色，与各家的发展策略和主要分配精力相关，或向版权独播购买倾斜，或向网络自制剧领域倾斜。自制栏目的水平可以反映出在网络自制热潮之下，各主流视频网站也纷纷结合自身特色决定发展领域的重心，并由此决定了资源分配的力度。

在以文化传媒公司为代表的"小制作方"领域，本次上榜栏目中有五档栏目分别来自五个新兴传媒企业，且全部属于近几年来流行的创业型公司，分别是厦门梦马网络科技有限公司、北京企鹅团文化传媒有限公司、新片场、泽休文化JezziuStudio和济南女老诗文化传媒有限公司。这些创业类文化传媒公司或工作室代表的是自媒体视频创意力量的专业化成长之路，其推出的视频作品在受众满意度方面崭露头角，在众多实力雄厚的专业视频网站制作方主导话语权的竞争场阈中获得一席之地，一方面说明视频生产是以受众偏好为主导的内容创意，优秀的创意总能够获得生存空间；另一方面也表明网络视频市场的竞争态势之激烈，随时都有意想不到的黑马出现。此外，这些创业类文化传媒公司推出的视频通常作为自身品牌的推广载体，因此在内容和形式的设置上十分注重垂直细分领域的切入，比如企鹅团文化传媒有限公司的《醉鹅红酒日常》主要面向红酒爱好者，厦门梦马科技有限公司的《美芽》则面向美妆爱好者传授美妆秘籍，二者均以视频栏目为载体在目标受众中形成了社群组织"企鹅吃喝团"和"芽蜜群"，线上线下的互动使得视频受众与视频栏目之间形成了更具黏性的强连接。

本次网络视频原创栏目榜单中，娱乐类栏目取得了压倒性的优势，除了《汉字英雄第三季》《醉鹅红酒日常》具有一些教育类元素，《造物集》和《厨娘物语》侧重于纪录的形式之外，其余上榜栏目全部为纯粹的娱乐性质栏目。而作为主体的娱乐性栏目也呈现出了丰富的节目样态，不再是单一的真人秀、脱口秀、访谈等，很多栏目如《优叻个秀》《拜托了冰箱》，在一档节目中融合了明星真人秀、脱口秀、竞技体验、喜剧秀等多种元素；《yif魔幻》实现了纪录风格、人物、与魔术的融合；《魅力野兽》则别出心裁地采用特效化妆技术，将相亲、体验和采访无缝糅合。这些原创栏目均采用创新的节目形态，不断吸收新鲜元素，说明网络自制类栏目更善于发掘受众的收视偏好特点，并且能够快速灵活地应用于节目模式的开发和创新。

在网络视频栏目的形式样态选择上，上文提到的"大制作方"与"小制作方"也结合自身的实力状况采取打造特点鲜明的视频作品，谋求差异化共存发展。对于爱奇艺、优酷土豆等财力和品牌优势突出的视频网站而言，更加重视推动原创类栏目的精品化和品牌化，其在内容自制上的投入日益专业化和"大手笔"，如《奇葩说》《汉字英雄》《晓松奇谈》等栏目制作的精良程度可以与顶级卫视的王牌级别综艺节目相媲美，这些栏目均播出超过两季，经过了较长时间的历练考验依然可以保持较为突出的受关注度以及好评度，同时具备不断生成网民社交圈的话题焦点的能力，构建起完整的栏目上下游可持续生态，一定程度说明这些栏目具备了成为精品的特质。和这些大规模的精品力作相对应的是一些独辟蹊径的原创类小视频栏目,如《造物集》《厨娘物语》《yif 魔幻》《醉鹅红酒日常》等,这些栏目通常内容选题切口很小,而且节目时长较短小精悍,一般以 5—10 分钟一期。

## 三、网络剧榜单分析

**表 2　网络剧满意度前二十名的关注量与满意度**

| 序号 | 名称 | 出品方或播放平台(不完全列举) | 关注量(条) | 满意度 |
|---|---|---|---|---|
| 1 | 大侠黄飞鸿 | 北京万合天宜影视文化有限公司、优酷 | 146520 | 67.20% |
| 2 | 极品女士第四季 | 搜狐视频 | 438490 | 66.02% |
| 3 | 仙剑客栈第一季 | 亿奇娱乐、优酷 | 656250 | 65.86% |
| 4 | 新嘻哈四重奏 | 优酷土豆 | 79500 | 65.85% |
| 5 | 名侦探狄仁杰 | 北京万合天宜影视文化有限公司、优酷、腾讯视频 | 244380 | 65.42% |
| 6 | 万万没想到第三季 | 万合天宜、优酷土豆 | 38680 | 64.52% |
| 7 | 会痛的 17 岁 | 优酷土豆 | 307510 | 61.12% |
| 8 | 诡案 | 乐视网 | 204000 | 60.69% |
| 9 | 他来了请闭眼 | 搜狐视频 | 18159830 | 59.63% |
| 10 | 屌丝男士第四季 | 搜狐视频 | 911020 | 57.38% |
| 11 | 暗黑者 2 | 腾讯视频 | 1123340 | 55.14% |
| 12 | 活着再见 | 爱奇艺 | 89880 | 54.58% |
| 13 | 高品格单恋 | 搜狐视频 | 323070 | 54.38% |
| 14 | 校花的贴身高手 | 爱奇艺 | 269180 | 53.95% |
| 15 | 心理罪 | 爱奇艺 | 317840 | 53.84% |
| 16 | 无心法师 | 搜狐视频 | 1698370 | 53.32% |
| 17 | 盗墓笔记 | 爱奇艺 | 515440 | 51.98% |
| 18 | 匆匆那年:好久不见 | 搜狐视频 | 4063010 | 48.78% |
| 19 | 灵魂摆渡第二季 | 爱奇艺 | 95200 | 47.41% |
| 20 | 太子妃升职记 | 乐视网 | 1651740 | 33.06% |

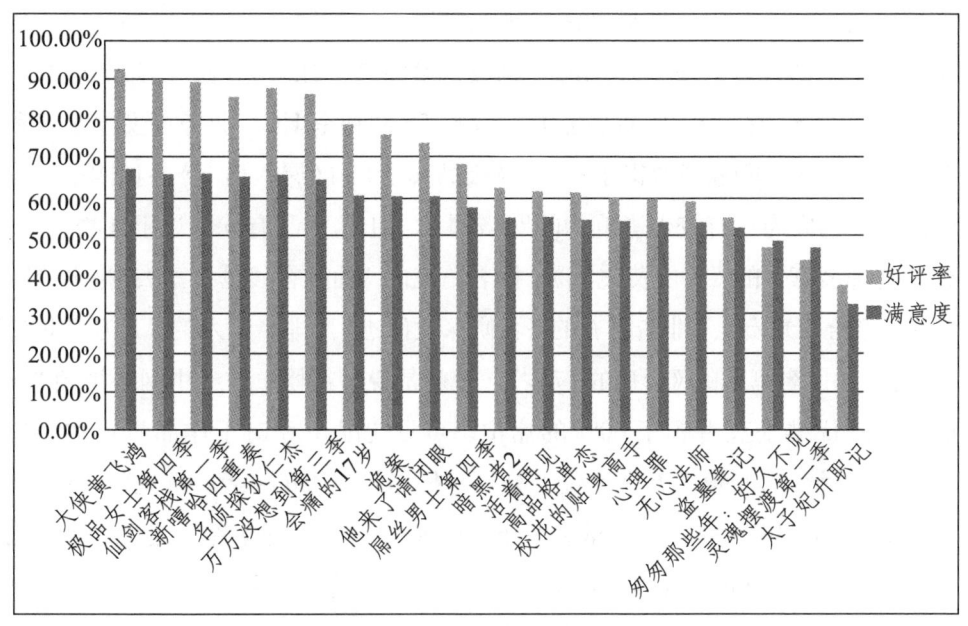

图2　网络剧满意度前二十名的好评率与满意度

2015年各大视频网站开始借助网络剧，实现了自身发展的突破。在2015年度网络视频满意度博雅榜的四大榜单中，网络剧的满意度仍高于其他三个类别，其中受关注度最高的《他来了请闭眼》一年内的评论量超过1816万条，正面评论超过1345万条。榜单上点击量破亿的剧目过半，《万万没想到》《匆匆那年》等都制作了同名电影，实现了网络通道与院线通道的联动，成功拓展了网络剧的产业链。过去的一年网络剧的发展走向是可喜的，经过数年的探索，网络剧从创意制作到推广发行都走上了产业化的轨道，审美逐渐脱离"三俗"，成为不容小觑的新兴文创产业。

从所属网站来看，榜单中的20部剧目全都属于实力较为雄厚的大牌视频网站，包括搜狐、优酷土豆、爱奇艺、乐视网和腾讯视频，资源较往年进一步集中。其中有6部属于搜狐视频，分别是排名第二的《极品女士第四季》、排名第九的《他来了请闭眼》、排名第十的《屌丝男士第四季》、排名第十三的《高品格单恋》、排名第十六的《无心法师》和排名第十八的《匆匆那年：好久不见》。自2009年年初搜狐高清影视剧频道上线到现在，搜狐视频经历了独家首播千余影视剧、成为热门海外剧版权垄断者、在各大视频网站的版权之争中显出颓势、在自制中重新崛起、收购56网补全UGC业务等发展步骤和节点，并在网络剧领域取得了成功。《极品女士》和《屌丝男士》经过四季的惨淡经营，已成为具有较大影响力的网络剧IP。上榜作品有6部属于优酷土豆，分别是排名第一的《大侠黄飞鸿》、排名第三的《仙剑客栈第1季》、排名第四的《新嘻哈四重奏》、排名第五的《名侦探狄仁杰》、排名第六的《万万没想到第3季》和排名第七的《会痛的17岁》，也就是说，在榜单前十中网络视频"旗舰"——优酷土豆占领了60%的席位，可见优酷土豆对于作品质量和品位的追求。爱奇艺占领了五个席位，分别是排名第十二的《活着再见》、排名第十四的《校花的贴身高手》、排名第十五的《心理罪》、排名第十七的《盗墓笔记》和排名第十九的《灵魂摆渡第二季》。爱奇艺的上榜剧目中不乏大IP、大制作，但总体排名比较靠后，说明网友所看重的不仅仅是"大咖"的明星或震撼的场景。乐视网有两部作品上榜，分别是排名第八的《诡案》和排名第二十的《太子妃升职记》。

从制作、出品方来看，20部上榜作品中仅有5部是视频网站或其兄弟公司自制、自己出品的，分别是《极品女士第四季》《新嘻哈四重奏》《屌丝男士第四季》《暗黑者》和《匆匆那年：好久不见》其余15部均与其他制作方有合作，或是制播分离，或是联合制作。万合天宜与优酷土豆在成功联手推出"网络神剧"《万万没想到》后于2015年接连推出《大侠黄飞鸿》和《名侦探狄仁杰》，其中后者的合作方还有腾讯视频。启用了一线明星阵容的《他来了请闭眼》的联合制片方则有搜狐视频、山东影视集团、SMG尚世影业、正午阳光影业，其中山东影视集团在2015年的电影屏幕上贡献了《琅琊榜》和《伪装者》两部现象级的作品，与搜狐合作也展示其进军网络视频行业的布局思路。《高品格单恋》是20部上榜网络剧中唯一一部跨国合作的作品，由搜狐视频和韩国的金钟学影视制片公司联合制作，发行方也是后者，双方共同打造了"首部互联网定制韩剧"的概念和噱头。其他合作不再一一列举，但应该明确的是，网络剧制作和出品环节合作方式的灵活性、多样性折射的是这个行业的潜力和活力。

从题材选择来看，每部网络剧都有新鲜的噱头，如上文提到的《高品格单恋》是"首部互联网定制韩剧"，如《仙剑客栈》自称"古装跨次元互动网络剧"，又如《会痛的17岁》将饶雪漫的小说改编为"黑色物语网络剧"，不一而足。事实上，归纳起来，共有五个主要题材。最主要的题材是占位6个的犯罪悬疑，分别是解构经典狄仁杰形象的单元喜剧《名侦探狄仁杰》、农村题材的凶杀悬疑推理剧《诡案》、以犯罪心理学家为主角的《他来了请闭眼》、"暗黑哥特风"的《暗黑者》、缉毒破案的《活着再见》和关注犯罪美学与惊悚氛围的《心理罪》。数量位居第二的是青春剧，共有4部，分别是关注青少年成长问题的《会痛的17岁》、展现文化碰撞的《高品格单恋》、塑造校园欢喜冤家的《校花的贴身高手》和由《匆匆那年》的校园走入职场的《匆匆那年：好久不见》。都市喜剧也是4部，分别是展现不同职场女性生存状态的《极品女士》、与网民互动书写的《新嘻哈四重奏》、天马行空去搞笑的《万万没想到》和众多明星客串的《屌丝男士》。灵异玄幻类同样有3部上榜，分别是民国时期的玄幻故事《无心法师》、灵异惊悚的《灵魂摆渡》和古墓探险类的《盗墓笔记》。总之，榜单上的网络剧主题较为集中，相较2014年度的"穿越热"已经开始走向理性，引人入胜且观众黏度最高的悬疑推理成为主流。类型下的多样化与创新也成为亮点，如《名侦探狄仁杰》借用了《名侦探柯南》的名头，颠覆了经久不衰的具有中国智慧的狄仁杰的破案套路；如改编自同名小说的《诡案》开始关注农村题材，并且将拍摄地点移到了风景清新宜人的台湾；《活着再见》则将注意力放在了金三角的缉毒问题上。而每个上榜网站所选择的题材也并不单一，展示了他们对于受众层的了解、继续探索的精神以及对于行业前景的信心。

从剧目的成功要素来看，主要有剧本、热门IP、卡司、大场景以及营销等，如果将这些要素做成五角分析图的话，每部网络剧的覆盖面都不相同。但这5个要素与好评率、满意度的关联并不是等边均衡的。《盗墓笔记》是热门 IP、用了粉丝众多的一线明星、场景和 CG 技术较为成熟，同时也搭上了爱奇艺和欢瑞两艘营销旗舰，只有剧本偏弱，排在第 16 位，与其制作成本和知名度不成正比。反观搜狐视频的《极品女士》和《屌丝男士》，都是小成本制作，虽然明星客串也是其一大亮点，但并没有一线明星作为固定卡司，最为亮眼的是其接地气而又充满创意、紧扣网络热点的剧本。好评率超过 90%、满意度近 70% 的《大侠黄飞鸿》英文剧名是 To be a Better Man（成为更好的男人），关注个人的成长过程并且允许主角犯错，补足了中国电视剧一向被学者诟病的"只见成功不见成长"的编剧思路。《万万没想到》更是从无到有，用夸张的喜剧风格将低成本的剧集本身打造成了网络上的知名 IP。由此可见，网络视频用户所偏爱的仍是符合互联网发展规律的网络剧——创意迭出、界面友好、便于互动、草根属性、轻松愉悦等。所以网络剧想要取得成功，不必比拼成本、拉拢名人，而是要尊重用户的审美和辨别能力，锐意创新，理性炒作，并且要像综艺节目一样善于总结模式，这样才能打造更为健全、健康的产业链。

## 四、短片榜单分析

表3　短片满意度前二十名的关注量与满意度

| 序号 | 名称 | 出品方或播放平台（不完全列举） | 关注量（条） | 满意度 |
| --- | --- | --- | --- | --- |
| 1 | 较量 | 中共四平市纪律检查委员会、四平市监察局 | 74250 | 50.19% |
| 2 | 初一 | 中国传媒大学南广学院 | 65320 | 47.60% |
| 3 | 奉子 | 上海紫云影视传媒 | 20420 | 46.78% |
| 4 | 无无眠 | 优酷网 | 7380 | 46.66% |
| 5 | 热点大家谈 | 河南日报报业集团 | 2620 | 44.24% |
| 6 | 失眠笔记 | 优酷网 | 10330 | 44.07% |
| 7 | 春泥 | 山西传媒学院 | 1037930 | 43.62% |
| 8 | 霾没了 | 爱奇艺 | 29210 | 41.78% |
| 9 | 父亲 | 优酷网 | 221180 | 41.33% |

续表

| 序号 | 名称 | 出品方或播放平台（不完全列举） | 关注量（条） | 满意度 |
|---|---|---|---|---|
| 10 | 向阳生长 | 北京东海麒麟文化传播有限公司 | 55580 | 41.14% |
| 11 | 奔跑吧小凡 | 杭州奔跑文化艺术有限公司、爱奇艺 | 3000 | 40.67% |
| 12 | 对鸟 | 新片场 | 136830 | 39.93% |
| 13 | 航拍四川 | 四川日报网络传媒发展有限公司 | 12130 | 34.38% |
| 14 | 网络问政 | 茂名日报社 | 12960 | 33.35% |
| 15 | 那片海 | 深圳市腾讯计算机系统有限公司 | 1119120 | 33.25% |
| 16 | 死后三天 | 优酷网 | 17100 | 33.15% |
| 17 | 逆战解说 | 广州爱拍网络科技有限公司 | 7690 | 32.82% |
| 18 | 理发师 | 广西电视台新媒体部 | 7670 | 31.16% |
| 19 | 房客 | 优酷网 | 43570 | 23.73% |
| 20 | 无栖之地 | 地下电影影视传媒有限公司、中国传媒大学 | 4900 | 18.98% |

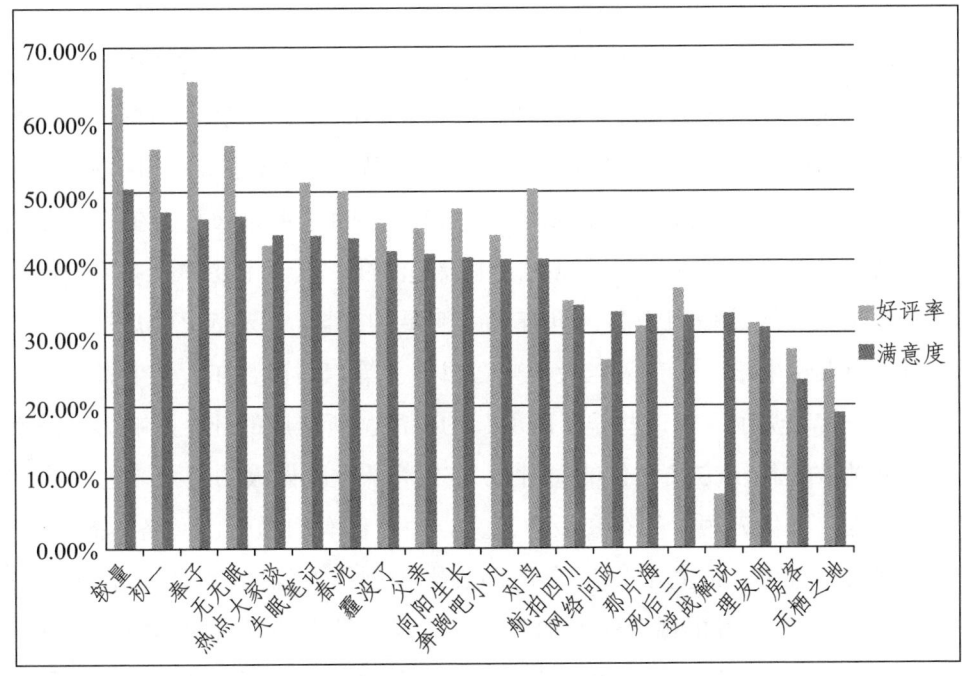

图3 短片满意度前二十名的好评率与满意度

本届榜单将前两届的节目和微电影两个单元合并为短片，原因之一是为了规范分类，因为两者在国际影音语系中都可以被称之为"short film"，直译即为短片；原因之二是微电影在网络上的式微，满意度超过 50% 的作品只有 1 部，制作精良、更具连续性的纯网综艺和网络剧将微电影原有的用户关注量夺走不少；并且短于 20 分钟甚至 10 分钟的 UGC 内容也不再完全按照原先的网站点击的方式存在，而是更多的存在于社交软件的链接中，甚至被压缩成了聊天时的表情包被传播，也造成了数据抓取的困难。但这并不代表短片中就没有优秀作品，入榜的 20 个短片各有所长，有的具有现实意义，有的具有美学价值，也有兼具实用价值和娱乐价值的网络游戏解说。

具有现实意义的短片有廉政主题的《较量》、临终关怀主题的《对鸟》、农民工讨薪主题的《无栖之地》、亲情主题的《初一》和《父亲》、都市生活主题的《霾没了》、参政议政的《热点大家谈》和《网络问政》、提倡诚信的《奉子》和《理发师》教育主题的数量最多，包括《春泥》《向阳生长》（上线于 2014 年年底，2015 年较为受关注，所以列在本届榜单中）和《那片海》。审美价值较高的是优酷自 2012 年开始的大师微电影系列，"美好 2015"的 4 部电影分别是蔡明亮导演的《无无眠》、黄建新导演的《失眠笔记》、严浩导演的《死后三天》和伊朗知名电影人莫森·玛克玛尔巴夫导演的《房客》，相较于最初两年的大师微电影的崇高声誉，2015 年的这 4 部水准仍在的作品似乎并没有在专业影评界和普通观众之中掀起波澜。以上上榜作品多为公益性质，除了知名导演操刀作品，也有大牌明星的加盟，《无栖之地》还获得第三届中国大学生微电影节最佳大学生剪辑奖、第六届银杏杯大学生微电影节最佳导演奖等奖项，但这些作品所引起的关注、所造成的社会影响力却是寥寥。可见按照传统方式制作的短片已经走完了风风火火的道路，进入冷却期。但这并不代表短片的存在没有意义，短片仍有门槛低、网络传播力强、实验性强等优势，成立于 2013 年的国内影视创作人社区新片场，在短短三年内就有超过 29 万影视创作人加盟，成为国内最大的互联网影视出品发行平台，出品了大量病毒广告、美学短片、短故事片，从而证明短片制作需要社区化聚集与规范化管理。

榜单中比较特别、有创新力的有奔跑文化和爱奇艺联合出品的"首部网络大电影"《奔跑吧小凡》，创造出了和电视电影一样的非院线单渠道传播电影，用小成本讲述了轻松的职场和爱情故事。但这个模式能走多远，有待时间考验。第二个是《航拍四川》，是四川日报网络传媒发展有限公司开通的网络频道，类似央视网开通的熊猫频道，但其拍摄手法以航拍为主，拍摄对象以美景为主，是一个党媒宣传的创新性尝试。此外爱拍网的《逆战解说》是一个游戏解说，但是因为其幽默的语言和高超的玩家技巧获得了较大的关注量。

2015年，在传统制作的短片逐渐式微的背景下，直播平台上的短片却在90后、00后群体中迅速兴起。斗鱼tv、虎牙直播等直播平台从最初的游戏直播将内容和业务拓展至美食直播、秀场直播、电视直播、演唱会直播、发布会直播、体育直播。其直播内容较为低俗，"美女撕丝袜"、"韩国小鲜肉吃芥末酱"等直播的主角都迅速成为粉丝众多的网红，具有可观的变现能力。虽然"三俗"泛滥，但直播平台的崛起势头仍然十分强劲，因为其让广大草根有了比参加真人秀门槛更低的方式走入"名人榜"。更多结合新科技的新玩法也投入使用，如美国推特旗下的直播应用软件Periscope宣布将与中国无人机制造商大疆合作，推广无人机直播项目，只需要将手机和无人机连接即可。无人机的航拍视频可以通过手机或GoPro直播，并可以自动保存。同时，用户还可以在社交网站上评论和点赞。

## 五、动画片榜单分析

表4 动画片满意度前十名的关注量与满意度

| 序号 | 名称 | 出品方或播放平台（不完全列举） | 关注量（条） | 满意度 |
|---|---|---|---|---|
| 1 | 十月呵护 | 西安图灵网络技术有限公司 | 22910 | 64.21% |
| 2 | 灵域 | 爱奇艺 | 46930 | 58.73% |
| 3 | 莽荒纪 | 骅威·深圳市第一波网络科技有限公司、爱奇艺、腾讯视频 | 346890 | 53.90% |

续表

| 序号 | 名称 | 出品方或播放平台(不完全列举) | 关注量(条) | 满意度 |
|---|---|---|---|---|
| 4 | 勇者大冒险 | 腾讯动漫出品,多平台播出 | 577170 | 51.92% |
| 5 | 老百姓的事儿好办了吗? | 朝阳工作室 | 26740 | 49.94% |
| 6 | 群众路线动真格了? | 朝阳工作室 | 37600 | 48.32% |
| 7 | 飞碟说 | 飞碟视界传媒科技(上海)有限公司 | 688970 | 42.61% |
| 8 | 十万个冷笑话第3季 | 有妖气、bilibili弹幕网 | 14053180 | 38.07% |
| 9 | 中国惊奇先生 | 上海绘梦文化传播工作室、腾讯视频、爱奇艺 | 400760 | 36.36% |
| 10 | 我叫白小飞 | 绘梦动画 | 39500 | 20.54% |

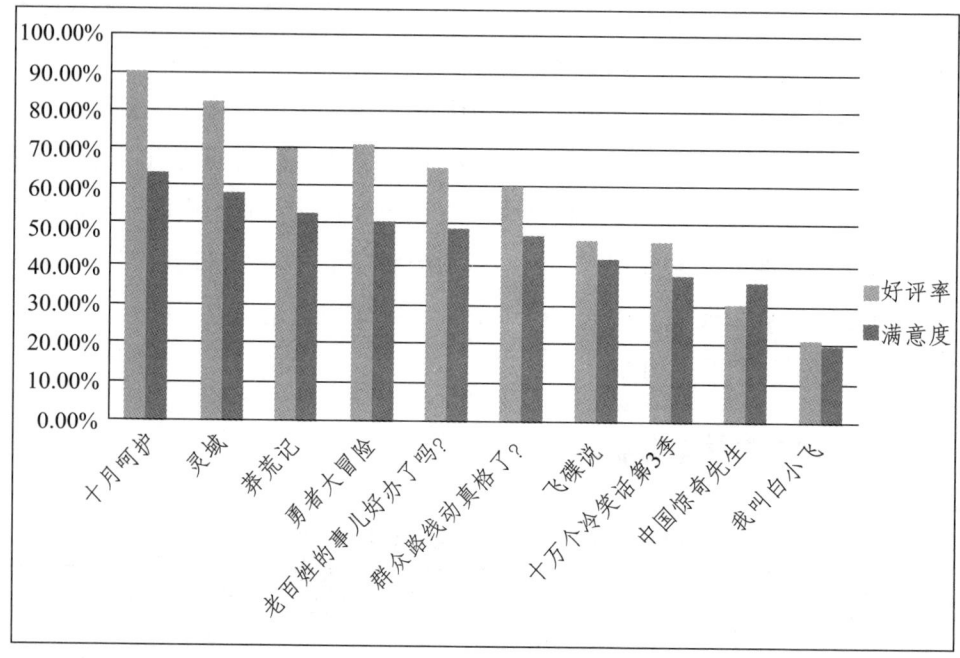

图4 动画片满意度前十名的好评率与满意度

本届入榜的动画作品有一大特点,即全都是适合成年人观看的动漫作品,无适合幼龄观众的动画入榜，50%左右都是惊悚题材，其中7部形成了完善的产业链，有两部与政治环境密切相关，其中一部来自自媒体。

排名第一的是较为专业的讲解孕期知识的《十月呵护》，好评率超过90%，满意度超过60%，主题明确、画风简洁、语言通俗，由西安图灵网络技术有限公司制作出品，其产业链下有免费的孕期服务应用程序，涵盖孕期的咨询问诊、孕期的定期健康跟踪服务。动画片和移动应用都服务于收费的产检，十月产检联合多家医院，为孕期女性提供产检预约平台，并提供上门产检的服务。由此可见，具有实用意义和服务性能的动画片是行业所需，即便其作为产业链的宣传端，也并不影响受众对其的正面评价。

其余6部产业链动画包括《灵域》《莽荒纪》《勇者大冒险》《十万个冷笑话》《中国惊奇先生》和《我叫白小飞》（原名《尸兄》）。这些动漫作品的产业链已经或正在延伸至小说、漫画、电影、电视剧、手游、网友等，周边产品还有待开发。其中《勇者大冒险》是唯一一部3D视效作品，编剧之一是写《盗墓笔记》的南派三叔，该动漫视觉感受优秀，配音也很专业。《十万个冷笑话》经过前两季的铺垫已经在大众市场成为热门IP，2015年元旦上映的同名大电影投资约1000万元，但在票房就得到了1.19亿元的回报，投入产出比近1∶12，于年初便显示出年度票房黑马的气概。这些作品的特点是联合出品，多平台播出，哪怕是腾讯动漫独家出品的《勇者大冒险》，也同时在优酷、爱奇艺、芒果TV等12个平台上播出。可以说，这些动漫作品本身就是产业链下的衍生品，免费的动漫内容服务于其他需要付费获得的内容与服务，但只要其品质"良心"，便能被火眼金睛的受众所推崇。

《老百姓的事好办了吗？》和《群众路线动真格了？》则是2015年年初的春节前夕三个在网上悄然流传的"群众路线系列动漫"之二，另外一个是《当官的真怕了？》。三个动画短片的出品方是北京朝阳工作室，片中多次出现习近平等领导人的卡通形象，甚至有习近平挥棒"打虎"的画面，尺度之大，就连之前复兴路上工作室出品的《领导人是怎样炼成的？》也未能与之相较。短片将党的群众路线教育实践活动比作一场新时期的"整风运动"，透露出活动将杀"回马枪",反"四风"将成为新常态的信号,还引用海外观察家的话评价"习近平让中共有了政治新气象"。出品方"朝阳工作室"颇显神秘。有分析指出,短片创新领导人的卡通形象,用民众视角和网络语言呈现严肃题材,无论该工作室是否有官方背景,都体现政治传播方式正在改变。①

好评率和满意度处于40%至50%的《飞碟说》是自媒体动画的"老品牌",据百度百科称其第二季全网播放流量已突破7.5亿。《飞碟说》为原创视频自媒体飞碟视界传媒科技(上海)有限公司出品的科普类节目。此动漫作品聚焦热门的科技话题,用简易的画风和夸张的配音轻松为观众答疑解惑,创造了飞碟王子等固定形象。《飞碟说》秉承"smart is the new sexy"(知识从未如此性感)的理念出品了近五年跨度的200余期,已有了稳定的受众群,具备相当的影响力。

(2016年2月《南方电视学刊》)

---

① 南方都市报:《群众路线动真格,当官的真怕了吗?》,http://www.nandu.com/nis/201502/20/328929.html。

# 网络视频直播不是电视台的"终结者"

## 靳 戈

**摘要**：网络视频直播是近期互联网的热门领域，有人认为它宣告电视直播的终结。本文通过分析互联网直播的历史和网络视频直播的现实，指出各类互联网直播并未代替同时代的主流媒体，目前网络视频直播的繁荣是政策"缺位"和资本"上位"共同驱动的结果。因此，无论是从现实还是理论上看，网络视频直播都不是电视直播的替代者。但是电视要向网络视频学习如何把直播做得更受欢迎，这是网络视频直播为中国电视提供的自我改革机会。

**关键词**：网络直播　网络视频　电视直播　政策法规　传媒经济

不知何时，不少媒体患上了"新媒体恐惧症"，一提到新的网络媒体形态，就好像要被新生事物"革了命"。在2010年至2013年微博风头正盛的时候，微博代替报纸的论调时不时出现，比如"某某明星的粉丝比《人民日报》的发行量还多"等一些看似震撼却经不住推敲的说法。2012年微信公众平台上线运营后，又有人说未来是"微"阅读的时代，传统出版业将走向灭亡。现如今，面对网络视频直播的兴起，媒体仍旧在恐惧——网络都能直播了，电视台还有什么竞争力？

恐惧，一则源于对手的强大，二则源于内心的不自信。笔者认为，"新媒体恐惧症"的病因并非全部因为对手太强大，很大程度上是电视发展"定力"不足，不能全面地审视自身与竞争对手的优势和劣势，出现了信心"溃败"。网络视频直播不是电视直播的替代者，而是直播的另一种语态、形式和编排上的可能。无论是从历史的维度还是现实的角度进行分析，对于电视台而言，网络视频直播是"自我改革的机会"，而不是"终结者"。

## 一、互联网直播早已有之

直播按照《新闻传播学大辞典》的定义,是指广播电视节目的后期合成与节目播出同时进行的播出方式,不经事先录音或者录像。① 按照《现代汉语词典》的解释,直播是"电视台不经录像而直接播出"。综合以上两种定义,即时性是直播区别于其他传播方式的最显著特征——来自现场的信息实时地传输给观众。只要媒体能实现信息的实时传输,它就具备实现直播的能力。电是一种可以实现快速传递的能量,在自然界中拥有仅次于光的速度。当信息被电子化以后,它就告别了信函和烽火的形式,传播速度超越以往任何一种方式,在人类能力所及的范围内基本能够实现实时传输。这就是说,电子化是媒体实现直播功能的关键因素。作为电子化媒介的代表,电视和广播可以实现直播。但一般意义上的报纸和杂志不属于电子化媒介,受到媒介物理属性的限制,无法实时地传输前方记者在现场获得信息,因而不具备做直播的能力。

20世纪90年代之后,互联网这种新型的电子化媒介开始崛起并不断发展壮大。尽管互联网最早以一种技术的形式出现,但"互联网'长'得太像'媒体'了!从门户网站开始,互联网的'媒体'属性就一直伴随着它的成长。"② 互联网在中国的商用化进程开始于20世纪90年代末,逐渐发展出了门户网站、博客和社交媒体等形态。在笔者所能查到的文献资料中,互联网直播在BBS盛行的年代就有了雏形,在门户网站时代已经成为一些频道的基础功能,如体育赛事直播。在当时,虽然中央电视台购买了美国篮球职业联赛(NBA)在中国地区的转播权,但由于电视线性播出的特征,且在数字电视回看功能尚未普及的情况下,许多观众由于工作或者学习的原因并不能准时坐在电视机前观看电视直播。这时候,一些门户网站的体育频道就会制作比赛的图文直播,网民浏览指定的网页,就能看到比赛进度的实时描述。

---

① 童兵、陈绚:《新闻传播学大辞典》,中国大百科全书出版社,2014年6月版,第79页。
② 段永朝:《互联网思想十讲》,商务印书馆,2014年10月版,第47页。

以微博为代表的移动互联网应用，把用户从电脑前解放出来，客观上使用户任何时间、任何地点的所见所闻、所思所想都可以上传到网络空间，供他人转发或者评论。这种技术进步，使互联网直播的适用范围显著扩大。原先网页图文直播受制于发布端（计算机）的笨重体积，直播的内容仅限于固定场所的各类比赛。用户使用各类便携的移动终端发微博，增加了网络直播的社会渗透力，只要是用户能够到达的地方，就是可能是直播开始的场所。从2011年开始，各类微博直播的活动层出不穷，大到各类体育比赛和演出活动，小到一个单位的运动会，甚至是用户的一次特殊体验，都可以以文字和图片的形式进行微博直播。新浪微博甚至还开发了一种叫"微博墙"[①]的直播方式。微信作为面向熟人"圈子"的传播工具，在诞生之后也很快成为新的直播平台。尤其是微信的小视频功能，是直播的新形态，比图文直播的表现力更强。

视频网站开展直播业务的时间也比较早，主要面向大型集体活动，如文艺演出、产品发布会等。但由于实现视频直播信号的流畅传输对网络带宽有一定的要求，所以网络视频直播诞生初期的观看体验并不理想，影响这种模式的推广。2013年12月末，国家发布了电信业务4G牌照，中国移动、中国联通、中国电信分别获得的4G业务运营资质；2015年，国务院发布了《关于加快高速宽带网络建设推进网络提速降费的指导意见》，要求各级政府和各网络服务提供商加快基础设施建设、大幅提高网络速率。在以上两项政策的影响下，移动互联网的传输协议很快从第三代发展到第四代，各级城市的网络运营商纷纷提高当地的上网带宽。原先制约视频网站直播模式发展的带宽瓶颈不存在了。这一年网络视频直播实现了高速扩张，被一些媒体称为"直播元年"。

通过对互联网直播的历史进行分析，不难发现这并非新事物，只不过自2015年开始网络视频直播成为主流。互联网直播与主流媒体新闻报道在中国

---

[①] 微博墙又称微博大屏幕，是在展会、音乐会、婚礼现场等场所展示特定主题微博的大屏幕，大屏幕上可以同步显示现场参与者发送的短信和网友发送的微博，使场内外观众能够第一时间传递和获取现场信息（转载自互联网公开资料）。

同行了十余年，两者并没有代替对方。相反，主流媒体的新闻报道中越来越注重利用互联网的实时互动功能，比如在电台直播和电视访谈会中主持人会回复网民在微博上的提问；互联网平台在内容质量方面也在不断向主流媒体学习，一些门户网站的深度报道在选题和操作上已经可以与大报媲美。即使在人类媒介发展史上，也尚未出现新媒介代替旧媒介的情况：旧媒介并没有被新媒介所替代，而是成为新的媒介系统的一部分。[①] 因此，从媒介发展的历史经验来看，网络直播并非要做电视台的"终结者"，而是为电视台与互联网的融合提供了新的方向。

## 二、网络视频直播"风光"难以长久

### （一）规制从松到严

带宽条件的改善使网络视频直播得以实现，监管政策的暂时缺失和产业资本的喧嚣声势使网络视频直播进入"野蛮生长"的状态，创造了"直播时代"浮萍式的繁荣。

在通讯社、报社、电视台、广播台等主流媒体的组织结构中，通过主流渠道发布的消息，必须经过内部的事前审核和上级单位的事后审查。无形中主流媒体的采写编评被加上了一些"镣铐"。在严格的事前审核和事后审查规制下，主流媒体寄希望于"哗众取宠"式的报道并不现实，只能通过节目形态创新、节目编排创新等方式提升竞争力。

2010年微博在国内开始大面积扩张之后，出现了一批微博意见领袖（即网络"大V"）和媒体的微博账号。这时的微博平台，尚未建立起必要的内容风险防控机制。一些主流媒体无法报道、无法刊发的消息通过微博意见领袖这一渠道向公众传播。主流媒体所开设的微博账号亦缺少明确的内容定位，有时这些媒体的微博上会出现未经内部审核的信息。相较于主流媒体在报纸、广播和电视中一本正经地"板着脸"，这些带有道听途说色彩的消息在语态和形式上都更加生动，甚至出现为了迎合网民审美习惯故意"润色"消息内容的

---

① 吕尚彬：《中国大陆报纸转型》，上海交通大学出版社，2009年1月版，第2页。

情况。微信平台上的谣言和夸张信息也不少,而且由于微信文章仅显示经过作者审核的评论,读者对文章内容的质疑与修正并不一定得到及时的呈现。网络视频在国内诞生的初期,不少视频的内容都有"打擦边球"的嫌疑,或是存在版权问题,或是出现一些有违公序良俗的画面和对白。与主流媒体相比,各类网络媒体在诞生初期普遍缺少规制,在题材、内容等方面的空间明显大于主流媒体,有时可以讲主流媒体所不能讲、报主流媒体之不能报,很容易在互联网较为开放的传播生态中吸引"第一批粉丝"。再借助互联网的裂变式传播链条,"第一批粉丝"很快发展成规模可观的粉丝群。网络视频直播也是一样。根据媒体的公开报道和笔者的亲身观察,许多网络视频直播或是十分怪诞,或是打色情主题的"擦边球",都是在主流媒体上极少见到、却迎合网民猎奇心理的内容。

微博实名制、"寻衅滋事罪"的范围扩大到互联网[①],尤其是以浦志强、秦火火等一批网络意见领袖因言行"越界"被追究法律责任为标志,微博平台的监管政策逐渐收紧。从 2013 年开始,原先占据微博内容主流的政治意见、社会动态和维权信息越来越少,从 2015 年开始的微博已经成为一个垂直化的营销平台。2014 年 8 月,中央网信办发布《即时通信工具公众信息服务发展管理暂行规定》,直指当时微信平台谣言多、诈骗多、泄露隐私多的问题,提出了取得资质、保护隐私、实名注册、违规处罚等若干细则,被称为"微信十条"。在网络视频领域,早在 2008 年国家广播电视行政主管部门就发布了《互联网视听节目管理服务规定》,对视频网站的资质和内容进行限制。之后,广电行政主管部门通过许可证制、事后审查制等方式多次细化对网络视频行业的管理。

网络视频直播在 2015 年和 2016 年之所以能够兴盛,除了前面提到的带宽升级这一技术因素,缺少对这一新传播形态的有效管理也是重要原因。网络视频直播属于广义上的网络视频,但直播这一形态既不涉及版权问题,其

---

① 参见 2013 年 9 月 10 日实施的《最高人民法院、最高人民检察院关于办理利用信息网络实施诽谤等刑事案件适用法律若干问题的解释》。

内容又按照时间线性播出，事后审查难度较大，导致针对网络视频的管理规定不能直接适用于视频直播。在"法无禁止即可为"的逻辑下，网络视频直播的发展可谓是"野蛮生长"，在题材、内容、言辞等方面颇为大胆，很快就积聚了一批趋之若鹜的用户。

但是，与网络视频直播同台竞技的，却是被各类宣传纪律约束的主流媒体和被行政规定限制的其他网络内容。从机会平等和维护市场公平竞争的角度来看，网络视频直播以外的其他媒体处于一种政策上的劣势地位和竞争上的被动角色。

网络视频直播的政策机遇不可能是永久的。2016年9月，国家新闻出版广电总局公布了《关于加强网络视听节目直播服务管理有关问题的通知》，要求开展网络视听节目直播服务应具有相应的许可证。没有获得许可证的主持人，不得在互联网上进行直播业务。这就意味着，目前大部分的网络直播都没有资质，属于违规的性质。笔者认为，随着广电行政主管部门对网络视频直播规制的收紧，网络视频直播的审核门槛将与其他媒体持平。目前网络视频直播的"狂欢"将难以持续，该行业逐渐回归到游戏直播和产品发布会直播等基本业务，不再有今日的繁荣。

（二）"煽风点火"的投资者

目前国内从事网络视频直播业务的平台大多是企业。企业作为市场主体，可以接受各方面的资金。注入该行业的资金越多，该行业的利益共同体就越大，维护行业利益的声音就越高涨——这是简单易懂的道理。

自2008年以来，国际经济局势一直未得到根本性好转，美国、日本、欧洲这三大经济体整体发展乏力。中国在2012年之后进入经济转型换挡期，新的动能未跟上，旧的动能跟不上。在这种经济发展趋势下，传统行业吸引投资的能力大幅下降，资本在全球范围内不断寻找新的投资方向。2015年中国政府提出了大众创业、万众创新和"互联网+"等经济发展思路。一些投资机构借势向中国市场的新兴领域加大投入，人为制造了某些行业的繁荣景象。笔者认为，网络视频直播就是被资本"捧红"的领域之一。以下简单列举国内部分直播网站近期的融资情况。

表1 国内部分网络视频直播平台融资情况[①]

| 网站 | 主营业务 | 金额 | 投资方 |
|---|---|---|---|
| Imba TV | 游戏直播 | 约1亿元人民币（B轮） | 紫金文化基金、普思资本、红杉资本、创新工场等。 |
| 映客直播 | 游戏直播 | 8000万元人民币（A+轮）<br>6800万人民币（B轮） | 赛富、金沙江、紫辉、昆仑万维等。 |
| 龙珠TV | 游戏直播 | 2.78亿元人民币（B轮） | 游久游戏、腾讯、软银中国。 |
| 斗鱼TV | 游戏直播 | 2000万美元（A轮）<br>1亿美元（B轮） | 奥飞动漫、红杉资本、腾讯、南山资本等。 |
| 三好网 | 教育直播 | 7500万元人民币（Pre-A轮） | 亦庄互联基金、沃衍资本等。 |

表1中的红杉资本、创新工场、腾讯、软银中国等先后投资了国内多个互联网企业。尤其是红杉资本、创新工场和软银中国，其资本触角已经深入中国互联网产业的多个领域。一些投资公司与中国互联网企业已经结成利益的共同体。某网站在显要位置大篇幅报道其投资者入股的另一个项目，其实就是为自己谋利。资本一边投资、一边在自己入股的平台上进行宣传，鼓吹自己所投资的行业前途多么光明，以吸引更多的人前来投资，为自己的资本上了双重保险：一来投入企业的钱越多，就越有利于企业发展壮大、提高利润；二来即使将来卖出股份变现撤退，也不愁找不到资金"接盘"。所以有理由怀疑，我们听到的关于网络视频直播的赞美，都是投资者的自我吹嘘，并非真正的行业现实。

表1还透露了一个信息：互联网视频直播平台的主营业务是游戏直播。尽管表1是不完全列举，但我们稍微看一下主流视频直播平台的首页，无一不是以游戏直播为主。网络游戏相对于其他类型的在线活动，有两方面的独特性：第一，游戏（尤其是网络游戏）是听觉视觉全媒体、双手大脑强互动的娱乐方式，信息实时共享的需求度高；第二，游戏直播不涉及专门的内容生

---

[①] 根据互联网公开数据整理。

产，游戏过程本身就是内容。网络游戏的这两项特征，正好契合了网络视频直播的优点、规避了缺点。但是，这仅是针对网络游戏而言，其他类型的在线活动不一定能够与网络视频直播配合得如此默契。

此外，网络游戏也不是互联网生活的全部。从近三年六次《中国互联网络发展状况调查报告》[①]的数据来看，网络游戏用户占总网民数量的比例一直维持在50%左右，已经进入了用户规模扩张的平台期，很难向上突破。善于直播游戏的网络视频，并不能满足所有网民对内容消费的需求。

并非"完人"的网络视频直播，在各类媒体上被吹嘘得攻城略地、无所不能。实际上，我们看到的和听到的关于网络视频直播如何具有革命性和颠覆性的说法，大多都是经不起推敲的。

## 三、电视台应该反思什么

通过以上来自历史角度和现实维度的分析，电视台终于能舒一口气——网络直播的模式一直没有代替主流媒体（何况网络视频直播本身就有"资本泡沫"的嫌疑），而且随着行政管控力度的加强，互联网视频直播的言论空间将越来越小，甚至有可能面对比主流媒体更严格的管控。虽然网络视频直播不能"终结"电视台，但并不意味着电视台可以高枕无忧。网络视频直播带来的喧嚣，需要电视台反思以下两个问题：

第一，为什么网民仍然喜欢视频直播？

直播这种形式，依然是电视节目编排的线性思维模式——节目按照时间顺序播出，播完即消失。这种模式的优点是时效性强，并且借助互联网可以实现主播与观众的实时互动。我们经常在一些产品发布会的视频直播中看到，主播们一边看着实时的弹幕或留言，一边按照观众的要求进行讲解。但是与可回看、可点播的网络视频相比，直播这种线性模式带有鲜明的电视"基因"。从网络视频2005年在中国诞生算起，唱衰电视的论调存在了这么多年，

---

① 数据来源：中国互联网络信息中心第33次、第34次、第35次、第36次、第37次、第38次《中国互联网络发展状况调查报告》。

为什么网民还会喜欢直播这种电视时代的形式呢?

笔者认为,无论哪一种媒介形式,谁能满足受众对信息的需要,谁就是受欢迎的媒介——这是"使用与满足"理论的基本要义。如前文所述,电子化媒介在传输速度上具有先天的优势,且声画语言要比文字语言更直接、更有表现力,因此音视频直播目前依然是最具时效性、最具感染力的传播方式。

第二,为什么电视直播不如网络视频直播受欢迎?

早在20世纪50年代,电视就实现了直播的功能。[①] 随着直播手段的不断丰富,电视直播被用在了许多重大场合。如中央电视台直播三峡工程截留、直播香港回归盛况,都是载入中国电视史的大事。[②] 可以说,在经验积累和技术储备方面,电视直播都要比网络视频直播更有优势。那么,为什么观众会追捧后者呢?

这里面可能有两方面的原因。一方面,网络视频直播的内容是电视直播不愿意做、但是网民喜欢看的。我国的电视台都是由县级、不设区的市以上广播影视行政部门设立的(教育台除外)[③],理论上是我国行政机构的一部分,其一举一动、一言一行都代表了组织而非个人。因此,电视不大可能会直播一些与政府无关的活动,比如网络游戏竞赛、企业新品发布会,更不用说是吃饭、睡觉和各种怪诞的个人行为。电视不愿意直播这些内容,但并不意味着这些内容没有人关注。按照西方流行的长尾理论,当生产的成本足够低廉时,只要有人提供商品,就会有人购买。网络视频直播就是如此,它的成本非常低廉(一台具有拍照和上网功能的智能终端即可),只要有人做直播,就会有观众——只不过观众规模有大小。

另一方面,网络视频直播的互动性是电视直播不可比拟的。网络视频直播增加了实时评论(弹幕)和简易付费(打赏)功能,使它在获取信息、提升消费体验方面比电视直播更有优势。而且弹幕和打赏这两种功能,使讨论

---

① 郭镇之:《中国电视史》,文化艺术出版社,1997年版,第88页。

② 参见孙玉胜著:《十年——从改变电视台的语态开始》,人民文学出版社2012年版,第五章"感悟直播"。

③ 国家广播电视电影总局:《广播影视管理实用手册》,法律出版社2010年版,第19页。

和支付这两种行为变得公开化、社会化,赋予了这两种行为以更直观的体验(屏幕上五颜六色的字体和各种"打赏"信息),将电视直播社交化——这是电视曾经想过却未曾实现的方案。①

笔者认为,这才是电视真正的危机——被后来者抢走优势业务。我们首先应明确一个问题,电视台要不要守住直播业务。答案是肯定的。电视作为目前国内重要的媒体之一,是党的新闻舆论工作的重要载体,承担着高举旗帜、引领导向,围绕中心、服务大局,团结人民、鼓舞士气,成风化人、凝心聚力,澄清谬误、明辨是非,连接中外、沟通世界的重任。放弃直播业务,就是削弱电视台的传播能力,不符合我国电视台的政治角色和社会身份。

那么,电视直播如今为什么岌岌可危?这里面既有电视自身创新动力不足的原因,比如电视社交化的理念找不到有效的形式以实现落地;又有体制机制的因素,使电视有意无意地忽视一些观众有需求的内容。创新能力与灵活机制,这都是网络视频直播的优势所在,并且网络视频直播凭借这两项优势已经使电视台感到"恐惧"。在危机面前,电视台不能只感到害怕,而应该推进自我改革、化危机为专辑,立足自身资源禀赋,深耕直播内容,继续提升满足观众信息需求的能力。这是网络视频直播给中国电视的改革提醒。

不过,这次新技术带来的是提醒,下次会不会就是"革命"呢?总之,中国电视的发展,还是要多一些忧患意识。

(2016 年 11 月《视听界》)

---

① 2014 年国内曾出现过多篇讨论"社交电视"的学术文章,是近五年来同主题文章在数量上的高峰(数据来源:中国知网)。

# 网络视频产业的"规律"与"泡沫"

靳 戈

在 2016 年第四届中国网络视听大会上,有知名视频网站的代表说,用户年增长率不断下降意味着网络视频产业的人口"红利期"已过,未来可供争取的新用户越来越少,这不是一个乐观的现象。一些互联网创业者在公开场合也表达了类似的观点。于是一些人不禁担心:是不是网络视频产业的"泡沫"要破灭了?

增长放缓不一定意味着泡沫破灭,也可能是规律使然。研判产业发展状况除了要看相对增长率,还要看绝对增长量。实际上,2008 年以来每年网络视频用户的年增加量一直在 4000 万人左右,波动并不大。相较于中国 13 亿多的人口和 7 亿多的网民,加上"宽带中国"战略和文化产业繁荣发展的双重推动,网络视频用户规模还是有很大增长空间的。

或许视频行业真正的泡沫是每年出现的"热词"。"大剧""网生内容""网络大电影""IP"等曾经引得人人趋之若鹜,然而后来的发展现实证明这些"热词"大多很难"保温"。譬如,2016 年的行业年度"热词"是"虚拟现实"和"网络直播"。虚拟现实与 3D 技术相似,与内容紧紧地捆绑在一起,需要制作和终端两方面的设备支持。3D 技术从 20 世纪 90 年代出现以来,20 多年都没有闯出电影这一领域。国内一些视频网站虽然开设了虚拟现实频道,但上传了一些实验性内容后纷纷偃旗息鼓,也说明虚拟现实对于网络视频来说太"虚拟"、不现实。

而网络直播更是历史久远,只不过那时的直播方式是文字和图片。图文直播进化为视频直播,算是一种新的观看体验,网民凑个热闹稀罕一阵儿很正常。但要说网络视频直播是具有革命性的、是引领未来的,那就有点儿坐井观天了,因为它既没有显示出产业化的能力(能赚钱的是极少数),又不具备代替剧集、电影和栏目的可能。网络视频直播短暂的野蛮生长,很大程度上是因为恰巧遇到了管理的空白期。2016年9月广电总局出台关于网络视频直播的新规后,这个"热词"很快就冷却了。

为什么网络视频产业每年的"热词"终究昙花一现?这是因为背后"推手"是投机的资本,而非产业规律。互联网企业的资本来源高度集中在几家风险投资公司,这些公司的资本触角已经深入中国互联网产业的多个领域,与许多企业结成了利益共同体。这些资本力量实际上既控制了新的投资领域,又控制了有影响力的门户网站和社交媒体,导致许多网络言论和报道变成了隐蔽的"王婆卖瓜"。资本方对此当然乐见其成:一来投入新领域的钱越多,自己的钱就越安全;二来即使将来卖出股份变现撤退,也不愁找不到资金"接盘"。

因此,我们要警惕这个行业的"用词",它很可能是炒作的陷阱,或是一个即将破灭的泡沫。当然,我们也要善于寻找、正确认识产业繁荣背后的规律,毕竟网络视频与电视业的改革有着密切联系。也许网络视频今天的探索,就是电视业明天改革的参考。

(2017年第5期《新闻战线》)

# 后　记

本书的写作构想源自北京大学视听传播研究中心撰写的一篇关于中国网络视频产业十个关键词的文章。当时恰逢中国第一家商业视频网站上线十年，该文章所罗列的十个关键词暗含了网络视频产业发展十年历程的线索。但随着史料收集工作的推进，作者所收集的资料已非一篇文章所能承载。若出版成书，则显分量不足，故而暂时搁置。

机缘巧合，在2015年中国网络视听大会上，合一集团的陈吉先生看到了大会散发的北京大学视听传播研究中心为中国网络视听节目服务协会撰写的《中国优秀网络视频节目评析报告》，遂与陆地教授联系深入合作的可能性。经过沟通，陈吉先生对作者关于网络视频产业发展史的研究思路非常感兴趣，表示愿意提供相应的支持。陆地教授遂召集靳戈等一批对网络视频感兴趣的博士生、硕士生组建课题组，密集走访优酷网、土豆网合并而成的合一集团等一大批视频网站和中国网络视听节目服务协会的负责人以及有关专家学者。经过几个月的采访、挖掘、收集和整理，作者掌握的行业资料已比当初大为丰富，写作思路和篇章结构也大为清晰。

本书第一稿成型于2016年8月，内容的时间跨度为2005年至2015年。之后，课题组举行了内部的讨论会，群策群力，调整了一些章节，也补充了一些新的材料，并将时间跨度扩展为2000年至2015年。2016年12月，第二稿成型后，国家新闻出版广电总局网络视听节目管理司和中国广播影视出版社对书稿提出了一些修改意见，同时提供了新的资料。2017年3月，第三稿成型，时间跨度已经拓展为从 1996 年到 2016 年。至此，中国网络视频产业的十个关键词已经扩展为中国网络视频产业二十年的发展历史。

本书写作过程中，北京大学新闻与传播学院 2015 级硕士研究生杜曙晔、金文恺、吕佳宁、李然、李晓霞、姚怡云（按姓氏首字母音序）和 2016 级硕士研究生陈沫、唐国荣积极参加了原始资料的收集和整理，2013 级博士研究生陈思（现为北京航空航天大学教师）利用在欧美访学的机会，收集并提供了外国网络视频产业的发展概况。吕佳宁、李然等同学放弃假期休息时间帮忙制作图表和校对全文。没有这些同学的辛勤付出，本书前期的推进和后期的写作工作就不会这么顺利。合一集团陈丹青女士、陈吉先生和韩冰先生为本书的写作提供了许多支持，在此表示特别的感谢。

在书稿审校的过程中，国家新闻出版广电总局网络视听节目管理司副司长董年初先生在百忙之中对书稿的写作提出了许多宝贵的意见。中国广播影视出版社编辑余潜飞女士对选题和本书出版立项、沟通与协调，付出了极大的心血。她的专业、职业和敬业精神深深感动了我们。

网络视频史研究涉及面较广，但相关资料匮乏、零散，加之研究时间短暂，在本书即将付梓之际，作者反而有一些惶恐。因为我们深知，书中还有一些我们没有来得及充实完善的章节，还有一些我们没有来得及润色的字词句段，甚至还有一些我们没有发现的漏洞和谬误。在此，谨请业界的精英和学界的专家同行不吝指教。我们也期望不久的将来还会有再版修正的机会。

陆地　靳戈<br>
丁酉年仲夏于燕园

**图书在版编目（CIP）数据**

中国网络视频史 / 陆地，靳戈著. — 北京：中国广播影视出版社，2017.8
ISBN 978-7-5043-7937-5

Ⅰ.①中… Ⅱ.①陆… ②靳… Ⅲ.①计算机网络—视频系统—历史—中国 Ⅳ.①TN941.3-092 ②TN919.8-092

中国版本图书馆CIP数据核字(2017)第148253号

## 中国网络视频史

陆地 靳戈 著

| 责任编辑 | 余潜飞 |
| --- | --- |
| 封面设计 | 成晟视觉 |
| 责任校对 | 张 哲 |

| 出版发行 | 中国广播影视出版社 |
| --- | --- |
| 电 话 | 010-86093580　010-86093583 |
| 社 址 | 北京市西城区真武庙二条9号 |
| 邮 编 | 100045 |
| 网 址 | www.crtp.com.cn |
| 电子信箱 | crtp8@sina.com |

| 经 销 | 全国各地新华书店 |
| --- | --- |
| 印 刷 | 三河市人民印务有限公司 |

| 开 本 | 710毫米×1000毫米　1/16 |
| --- | --- |
| 字 数 | 240(千)字 |
| 印 张 | 17.5 |
| 版 次 | 2017年8月第1版　2017年8月第1次印刷 |

| 书 号 | ISBN 978-7-5043-7937-5 |
| --- | --- |
| 定 价 | 43.00元 |

（版权所有 翻印必究·印装有误 负责调换）